大数据应用人才培养系列教材

大数据导论技术实训

总主编　刘　鹏
主　编　李四明　刘　鹏

清華大學出版社
北　京

内 容 简 介

本书作为《大数据导论》（ISBN 9787302500704）的配套实训教材，旨在帮助读者夯实基础知识，还原企业真实业务，提升实操能力。本书从大数据开发所需要的基础编程知识出发，首先阐述 Linux 开发环境中常用的命令。接着介绍数据清洗工具 Kettle 的基础操作以及常见的数据可视化效果，如饼图、柱状图、折线图、平行坐标图等。最后通过数据清洗、数据可视化、数据挖掘等热门大数据技术在环境、金融、电商等行业的具体应用，给读者提供真实的大数据体验情景。

本书提供了丰富的项目实训案例，结合实际情况进行真实的行业数据研究，从而培养实用型人才的专业项目能力。本书既可作为培养应用型人才的课程教材，也可作为相关开发人员的自学教材和参考手册。

图书在版编目（CIP）数据

大数据导论技术实训 / 刘鹏总主编；李四明，刘鹏主编. —北京：清华大学出版社，2024.1
大数据应用人才培养系列教材
ISBN 978-7-302-65142-0

Ⅰ. ①大… Ⅱ. ①刘… ②李… Ⅲ. ①数据处理—教材 Ⅳ. ①TP274

中国国家版本馆 CIP 数据核字（2023）第 244753 号

责任编辑：邓　艳
封面设计：秦　丽
版式设计：文森时代
责任校对：马军令
责任印制：杨　艳

出版发行：清华大学出版社
网　　址：https://www.tup.com.cn，https://www.wqxuetang.com
地　　址：北京清华大学学研大厦 A 座　　**邮　　编：**100084
社 总 机：010-83470000　　**邮　　购：**010-62786544
投稿与读者服务：010-62776969，c-service@tup.tsinghua.edu.cn
质量反馈：010-62772015，zhiliang@tup.tsinghua.edu.cn
印 装 者：三河市人民印务有限公司
经　　销：全国新华书店
开　　本：185mm×260mm　　**印　　张：**16.25　　**字　　数：**371 千字
版　　次：2024 年 1 月第 1 版　　**印　　次：**2024 年 1 月第 1 次印刷
定　　价：69.00 元

产品编号：096140-01

编写委员会

总主编　刘　鹏

主　编　李四明　刘　鹏

副主编　韩叶忠　陈天昊　许小影

参　编　吴彩云　陈佳梁　高中强

谢佳成　翁启文

总　序

短短几年间，大数据飞速发展，快速实现了从概念到落地，直接带动了相关产业的井喷式发展。数据采集、数据存储、数据挖掘、数据分析等大数据技术在越来越多的行业中得到应用，随之而来的是大数据人才缺口问题。根据《人民日报》的报道，未来3～5年，中国需要180万大数据人才，但目前只有约30万人，人才缺口达到150万之多。

大数据是一门实践性很强的学科，在其呈现金字塔型的人才资源模型中，数据科学家居于塔尖位置，然而该领域对经验丰富的数据科学家的需求相对有限，反而对大数据底层设计、数据清洗、数据挖掘及大数据安全等相关人才的需求急剧上升，可以说占据了大数据人才需求的80%以上。

迫切的人才需求直接催热了相应的大数据应用专业。2021年，全国892所高职院校成功备案了大数据技术专业，40所院校新增备案了数据科学与大数据技术专业，42所院校新增备案了大数据管理与应用专业。随着大数据的深入发展，未来几年申请与获批该专业的院校数量仍将持续走高。

即便如此，就目前而言，在大数据人才培养和大数据课程建设方面，大部分专科院校仍然处于起步阶段，需要探索的问题还有很多。首先，大数据是一个新生事物，懂大数据的老师少之又少，院校缺“人”；其次，院校尚未形成完善的大数据人才培养和课程体系，缺乏“机制”；再次，大数据实验需要为每位学生提供集群计算机，院校缺“机器”；最后，院校没有海量数据，开展大数据教学实验工作缺少“原材料”。

对于注重实操的大数据专业专科建设而言，需要重点面向网络爬虫、大数据分析、大数据开发、大数据可视化、大数据运维工程师的工作岗位，帮助学生掌握大数据专业必备知识，使其具备大数据采集、存储、清洗、分析、开发及系统维护的专业能力和技能，成为能够服务区域经济的发展型、创新型或复合型技术人才。所以，无论是缺“人”、缺“机制”、缺“机器”，还是缺少“原材料”，最终都难以培养出合格的大数据人才。

其实，早在网格计算和云计算兴起时，我国科技工作者就曾遇到过类似的挑战，我有幸参与了这些问题的解决过程。为了解决网格计算问题，我在清华大学读博期间，于2001年创办了中国网格信息中转站网站，每天花几个小时收集有价值的资料分享给学术界，此后我也多次筹办和主持全国性的网格计算学术会议，进行信息传递与知识共享。2002年，我与其他专家合作的《网格计算》教材正式面世。

2008年，当云计算萌芽之时，我创办了中国云计算网站（现已更名为云计算世界），2010年编写了《云计算》一书，2011年编写了《云计算（第2版）》，2015年编写了《云计算（第3版）》，每一版都花费了大量成本制作并免费分享配套的教学PPT。目前，《云计算》已成为国内高校的优秀教材，2010—2014年，该书在中国知网公布的高被引图书名单中，位居自动化和计算机领域第一位。

除了资料分享，2010 年，我们在南京组织了全国高校云计算师资培训班，培养了国内第一批云计算老师，并通过与华为、中兴、奇虎 360 等知名企业合作，输出云计算技术，培养云计算研发人才。这些工作获得了大家的认可与好评，此后我先后担任了工业和信息化部云计算研究中心专家、中国云计算专家委员会云存储组组长、中国大数据应用联盟人工智能专家委员会主任、第 45 届世界技能大赛中国云计算专家指导组组长/裁判长、中国信息协会教育分会人工智能教育专家委员会主任、教育部全国普通高校毕业生就业创业指导委员会委员等。

近年来，面对日益突出的大数据发展难题，我们也正在尝试使用此前类似的办法应对这些挑战。为了解决大数据技术资料缺乏和交流不够通透的问题，我们于 2013 年创办了大数据世界网站，投入大量人力进行日常维护。为了解决大数据师资匮乏的问题，我们面向全国院校陆续举办多期大数据师资培训班，致力解决“缺人”的问题。

至今，我们已举办上百场线上线下培训，入选“教育部第四批职业教育培训评价组织”，被教育部学校规划建设发展中心认定为“大数据与人工智能智慧学习工场”，被工业和信息化部教育与考试中心授权为“工业和信息化人才培养工程培训基地”。同时，云创智学网站向成人提供新一代信息技术在线学习和实验环境；云创编程网站向青少年提供人工智能编程学习和实验环境。

此外，我们构建了云计算、大数据、人工智能实验实训平台，被多个省赛选为竞赛平台，其中云计算实训平台被选为中国第一届职业技能大赛竞赛平台；第 46 届世界技能大赛安徽省/江西省/吉林省/贵州省/海南省/浙江省等多个选拔赛，以及第一届全国技能大赛甘肃省/河北省云计算选拔赛等多项赛事，均采用了云计算实训平台作为比赛平台。

在大数据教学中，本科院校的实践教学更加系统性，偏向新技术应用，且对工程实践能力要求更高，而高职、高专院校则偏向技能训练，理论知识以够用为主，学生将主要从事数据清洗和运维方面的工作。基于此，我们联合多家高职院校专家准备了《云计算导论》《大数据导论》《数据挖掘基础》《R 语言》《数据清洗》《大数据系统运维》《大数据实践》系列教材，帮助解决缺“机制”的问题。

此外，我们也将继续在大数据世界和云计算世界等网站免费提供配套 PPT 和其他资料。同时，通过智能硬件大数据免费托管平台——万物云，以及环境大数据开放平台——环境云，使资源与数据随手可得，让大数据学习变得更加轻松。

在此，特别感谢我的硕士生导师谢希仁教授和博士生导师李三立院士。谢希仁教授所著的《计算机网络》已经更新到第 8 版，与时俱进，日臻完善，时时提醒学生要以这样的标准来写书。李三立院士是留苏博士，为我国计算机事业做出了杰出贡献，曾任国家攀登计划项目首席科学家。他严谨治学，带出了一大批杰出的学生。

本丛书是集体智慧的结晶，在此谨向付出辛勤劳动的各位作者致敬！书中难免会有不当之处，请读者不吝赐教。

刘　鹏

2023 年 8 月

前　言

在大数据教学中，概念讲授并不难，但是要帮助学习者真正理解、掌握和运用大数据技术并完整地进行系统开发，除了理论知识的学习外，技术实训的重要性不言而喻，甚至可以说大数据技术实训直接关系到学生的职业前景。为了帮助应用型院校学生学习和掌握大数据基本知识以及基本应用技能，我们以通俗易懂、简明扼要并结合实际应用的方式编写了本书。

本书紧扣应用型人才培养需求，本着“有用、够用、实用”的原则，在某些知识点上做了适当的扩充和提高，在突出重点、有效化解难点方面认真考虑和合理安排，打破了纸上谈兵的传统模式，同时设计大量的大数据技术实训项目，使纸质图书的实际功能辐射到学生实际操作中，引导学生对某些内容与观点进行探究。

本书是为配合读者学习大数据专业知识而编写的，从大数据开发所需的基础编程知识出发，阐述 Linux 开发环境中常用的命令，介绍数据清洗工具 Kettle 的基础操作以及常见的数据可视化效果，最后通过数据清洗、数据可视化、数据挖掘等热门大数据技术在环境、金融、电商等行业的具体应用，给读者提供真实的大数据体验情景。

本书充分发挥校企合作优势，汇聚大数据行业前沿的真实项目应用，建议与高校普遍采用的《大数据导论》（ISBN 9787302500704）配套使用，可根据《大数据导论》的学习内容选择本书与之相匹配的章节，通过理论+实训的学习过程，一步步夯实学习成果。

本书是集体智慧的结晶，在编写过程中，编委老师相互鼓励、相互学习、相互促进，为本书的完成付出了辛勤的劳动！本书的问世也要感谢清华大学出版社编辑王莉给予的宝贵意见和指导。

《大数据导论技术实训》编写组

2023 年 8 月

目　　录

第一篇　Linux 入门

第二篇　数据清洗

第三篇 数据可视化

第四篇 环境大数据实战

第五篇 金融大数据实战

第六篇 商业大数据实战

第一篇

Linux 入门

文件的创建、访问、修改、删除

1.1 实训目的

学会 Linux 常用命令（cd、ls、pwd、mkdir、rm、cp、mv）的使用方法。

1.2 实训要求

掌握 Linux 常用命令的基本用法。

1.3 实训原理

1．cd 命令

cd 是打开某个路径的命令，也就是打开某个文件夹，并跳转到该处。命令格式如下。

```
cd path    # path 为所要打开的路径
```

其中，path 有绝对路径和相对路径之分，绝对路径强调从“/”起，一直到所在路径。相对路径则是相对于当前路径，假设当前目录有 etc 文件夹（绝对路径应为/home/username/etc），如果直接执行命令 cd etc 则进入此文件夹，但若执行命令 cd/etc/则进入系统 etc。另外在 Linux 中，“.” 代表当前目录，“..” 代表上级目录，因此返回上级目录可以使用命令 cd ..。

2．ls 命令

```
ls                          # 即 list，列出文件
ls  目录名                  # 列出目录名下的可见文件
ls -l  目录名               # 列出目录名下的可见文件详细信息
ls -hl  目录名              # 列出详细信息并以可读大小显示文件大小
ls -al  目录名              # 列出所有文件（包括隐藏文件）的详细信息
```

注意：Linux 中以“.”开头的文件或文件夹均为隐藏文件或隐藏文件夹。

3．pwd 命令

```
pwd                         # 用于返回当前工作目录的名字，为绝对路径名
```

4．mkdir 命令

```
mkdir  文件夹名             # 用于新建文件夹
```

5．rm 命令

```
rm  文件名                  # 即 remove，删除文件或文件夹
```

6．cp 命令

```
cp  文件名                  # 即 copy，复制文件
```

7．mv 命令

```
mv  文件名                  # 即 move，移动文件
```

1.4　实训步骤

1．验证 cd 和 pwd 命令

启动实训，连接 OpenVPN 后，登录 master 服务器，执行下列指令，验证 Linux 环境下的 cd 和 pwd 命令。

```
[root@master ~]# pwd             # 查看当前目录
/root
[root@master ~]# cd   /usr/      # 使用绝对路径跳转目录
[root@master usr]# pwd
/usr
[root@master usr]# cd    cstor   # 使用相对路径跳转目录
[root@master cstor]# pwd
/usr/cstor
[root@master cstor]#
```

2．验证 ls 命令

```
[root@master ~]# ls .            # 仅列出当前目录可见文件
anaconda-ks.cfg    dataset    original-ks.cfg
[root@master ~]# ls -l .         # 列出当前目录可见文件的详细信息
```

```
total 8
-rw------- 1 root root 3407 Sep 11 23:53 anaconda-ks.cfg
drwxr-xr-x 2 root root    41 Oct   9 15:50 dataset
-rw------- 1 root root 3221 Sep 11 23:53 original-ks.cfg
[root@master ~]# ls -hl .          # 列出详细信息并以可读大小显示文件大小
total 8.0K
-rw------- 1 root root 3.4K Sep 11 23:53 anaconda-ks.cfg
drwxr-xr-x 2 root root    41 Oct   9 15:50 dataset
-rw------- 1 root root 3.2K Sep 11 23:53 original-ks.cfg
[root@master ~]# ls -al .          # 列出所有文件（包括隐藏文件）的详细信息
total 28
dr-xr-x---   5 root root   178 Oct   9 15:50 .
drwxr-xr-x 17 root root   294 Oct 10 09:48 ..
-rw-r--r--   1 root root    18 Dec 29   2013 .bash_logout
-rw-r--r--   1 root root 1283 Oct 10 09:48 .bash_profile
-rw-r--r--   1 root root   176 Dec 29   2013 .bashrc
drwx------   3 root root    17 Oct   9 15:13 .cache
-rw-r--r--   1 root root   100 Dec 29   2013 .cshrc
drwxr-----   3 root root    19 Sep 28 15:32 .pki
-rw-r--r--   1 root root   129 Dec 29   2013 .tcshrc
-rw-------   1 root root 3407 Sep 11 23:53 anaconda-ks.cfg
drwxr-xr-x   2 root root    41 Oct   9 15:50 dataset
-rw-------   1 root root 3221 Sep 11 23:53 original-ks.cfg
[root@master ~]#
```

3．验证 mkdir 命令

```
[root@master ~]# ls -l
total 8
-rw------- 1 root root 3407 Sep 11 23:53 anaconda-ks.cfg
drwxr-xr-x 2 root root    41 Oct   9 15:50 dataset
-rw------- 1 root root 3221 Sep 11 23:53 original-ks.cfg
[root@master ~]# mkdir folder
[root@master ~]# ls -l
total 8
-rw------- 1 root root 3407 Sep 11 23:53 anaconda-ks.cfg
drwxr-xr-x 2 root root    41 Oct   9 15:50 dataset
drwxr-xr-x 2 root root     6 Oct 10 09:57 folder
-rw------- 1 root root 3221 Sep 11 23:53 original-ks.cfg
[root@master ~]# ls -l folder/
total 0
[root@master ~]# mkdir -p folder/subfolder     # -p 参数的含义：若父目录存在则忽略，若父目录不存在则建立，用此参数可建立多级文件夹
[root@master ~]# ls -l folder/
total 0
drwxr-xr-x 2 root root 6 Oct 10 09:58 subfolder
[root@master ~]#
```

4. 验证 cp、mv 和 rm 命令

```
[root@master ~]# cd /home/
[root@master home]# ls -l
total 0
[root@master home]# cp /root/dataset/area.csv /home/     # 复制单个文件
[root@master home]# ls -l
total 272
-rw-r--r-- 1 root root 277422 Oct 10 10:07 area.csv
[root@master home]# cp /root/dataset/* /home/             # 复制目录下所有文件
cp: overwrite '/home/area.csv'? y
[root@master home]# cp -r /root/folder/ /home/            # 复制文件夹
[root@master home]# ls -l
total 2164
-rw-r--r-- 1 root root    277422 Oct 10 10:08 area.csv
drwxr-xr-x 3 root root        23 Oct 10 10:08 folder
-rw-r--r-- 1 root root 1933320 Oct 10 10:08 weather.csv
[root@master home]# mv area.csv area-bak.csv              # 重命名文件，也可移动至其他目录
[root@master home]# ls -l
total 2164
-rw-r--r-- 1 root root    277422 Oct 10 10:08 area-bak.csv
drwxr-xr-x 3 root root        23 Oct 10 10:08 folder
-rw-r--r-- 1 root root 1933320 Oct 10 10:08 weather.csv
[root@master home]# mv folder newfolder                   # 重命名目录，也可移动至其他目录
[root@master home]# ls -l
total 2164
-rw-r--r-- 1 root root    277422 Oct 10 10:08 area-bak.csv
drwxr-xr-x 3 root root        23 Oct 10 10:08 newfolder
-rw-r--r-- 1 root root 1933320 Oct 10 10:08 weather.csv
[root@master home]# rm weather.csv                        # 删除单个文件
rm: remove regular file 'weather.csv'? y
[root@master home]# ls -l
total 272
-rw-r--r-- 1 root root 277422 Oct 10 10:08 area-bak.csv
drwxr-xr-x 3 root root       23 Oct 10 10:08 newfolder
[root@master home]# rm -f area-bak.csv                    # 强制删除单个文件(跳过确认步骤)
[root@master home]# ls -l
total 0
drwxr-xr-x 3 root root 23 Oct 10 10:08 newfolder
[root@master home]# rm -rf newfolder/subfolder/           # 强制删除指定目录
[root@master home]# ls -l newfolder/
total 0
[root@master home]# touch a.txt b.txt c.txt               # touch 命令创建空文件
[root@master home]# ls -l
total 0
-rw-r--r-- 1 root root 0 Oct 10 10:11 a.txt
-rw-r--r-- 1 root root 0 Oct 10 10:11 b.txt
-rw-r--r-- 1 root root 0 Oct 10 10:11 c.txt
```

```
drwxr-xr-x 2 root root 6 Oct 10 10:11 newfolder
[root@master home]# rm -rf *              # 强制删除当前目录下所有文件和文件夹(谨慎使用)
[root@master home]# ls -l
total 0
```

1.5 实训结果

- cd 和 pwd 命令验证结果如图 1-1 所示。

```
[root@master ~]# pwd
/root
[root@master ~]# cd /usr/
[root@master usr]# pwd
/usr
[root@master usr]# cd cstor/
[root@master cstor]# pwd
/usr/cstor
[root@master cstor]# █
```

图 1-1　cd 和 pwd 命令验证结果

- ls 命令验证结果如图 1-2 所示。

```
[root@master ~]# ls .
anaconda-ks.cfg  dataset  original-ks.cfg
[root@master ~]# ls -l .
total 8
-rw------- 1 root root 3407 Sep 11 23:53 anaconda-ks.cfg
drwxr-xr-x 2 root root   41 Oct  9 15:50 dataset
-rw------- 1 root root 3221 Sep 11 23:53 original-ks.cfg
[root@master ~]# ls -hl .
total 8.0K
-rw------- 1 root root 3.4K Sep 11 23:53 anaconda-ks.cfg
drwxr-xr-x 2 root root   41 Oct  9 15:50 dataset
-rw------- 1 root root 3.2K Sep 11 23:53 original-ks.cfg
[root@master ~]# ls -al .
total 28
dr-xr-x---   5 root root  178 Oct  9 15:50 .
drwxr-xr-x  17 root root  294 Oct 10 09:48 ..
-rw-r--r--   1 root root   18 Dec 29  2013 .bash_logout
-rw-r--r--   1 root root 1283 Oct 10 09:48 .bash_profile
-rw-r--r--   1 root root  176 Dec 29  2013 .bashrc
drwx------   3 root root   17 Oct  9 15:13 .cache
-rw-r--r--   1 root root  100 Dec 29  2013 .cshrc
drwxr-----   3 root root   19 Sep 28 15:32 .pki
-rw-r--r--   1 root root  129 Dec 29  2013 .tcshrc
-rw-------   1 root root 3407 Sep 11 23:53 anaconda-ks.cfg
drwxr-xr-x   2 root root   41 Oct  9 15:50 dataset
-rw-------   1 root root 3221 Sep 11 23:53 original-ks.cfg
[root@master ~]# █
```

图 1-2　ls 命令验证结果

- mkdir 命令验证结果如图 1-3 所示。

```
[root@master ~]# ls -l
total 8
-rw------- 1 root root 3407 Sep 11 23:53 anaconda-ks.cfg
drwxr-xr-x 2 root root   41 Oct  9 15:50 dataset
-rw------- 1 root root 3221 Sep 11 23:53 original-ks.cfg
[root@master ~]# mkdir folder
[root@master ~]# ls -l
total 8
-rw------- 1 root root 3407 Sep 11 23:53 anaconda-ks.cfg
drwxr-xr-x 2 root root   41 Oct  9 15:50 dataset
drwxr-xr-x 2 root root    6 Oct 10 09:57 folder
-rw------- 1 root root 3221 Sep 11 23:53 original-ks.cfg
[root@master ~]# ls -l folder/
total 0
[root@master ~]# mkdir -p folder/subfolder
[root@master ~]# ls -l folder/
total 0
drwxr-xr-x 2 root root 6 Oct 10 09:58 subfolder
[root@master ~]#
```

图 1-3　mkdir 命令验证结果

- cp、mv 和 rm 命令验证结果如图 1-4 所示。

```
[root@master ~]# cd /home/
[root@master home]# ls -l
total 0
[root@master home]# cp /root/dataset/area.csv /home/
[root@master home]# ls -l
total 272
-rw-r--r-- 1 root root 277422 Oct 10 10:07 area.csv
[root@master home]# cp /root/dataset/* /home/
cp: overwrite '/home/area.csv'? y
[root@master home]# cp -r /root/folder/ /home/
[root@master home]# ls -l
total 2164
-rw-r--r-- 1 root root  277422 Oct 10 10:08 area.csv
drwxr-xr-x 3 root root      23 Oct 10 10:08 folder
-rw-r--r-- 1 root root 1933320 Oct 10 10:08 weather.csv
[root@master home]# mv area.csv area-bak.csv
[root@master home]# ls -l
total 2164
-rw-r--r-- 1 root root  277422 Oct 10 10:08 area-bak.csv
drwxr-xr-x 3 root root      23 Oct 10 10:08 folder
-rw-r--r-- 1 root root 1933320 Oct 10 10:08 weather.csv
[root@master home]# mv folder newfolder
[root@master home]# ls -l
total 2164
-rw-r--r-- 1 root root  277422 Oct 10 10:08 area-bak.csv
drwxr-xr-x 3 root root      23 Oct 10 10:08 newfolder
-rw-r--r-- 1 root root 1933320 Oct 10 10:08 weather.csv
[root@master home]# rm weather.csv
rm: remove regular file 'weather.csv'? y
[root@master home]# ls -l
total 272
-rw-r--r-- 1 root root 277422 Oct 10 10:08 area-bak.csv
drwxr-xr-x 3 root root     23 Oct 10 10:08 newfolder
[root@master home]# rm -f area-bak.csv
[root@master home]# ls -l
total 0
drwxr-xr-x 3 root root 23 Oct 10 10:08 newfolder
[root@master home]# rm -rf newfolder/subfolder/
[root@master home]# ls -l newfolder/
total 0
[root@master home]# touch a.txt b.txt c.txt
[root@master home]# ls -l
total 0
-rw-r--r-- 1 root root 0 Oct 10 10:11 a.txt
-rw-r--r-- 1 root root 0 Oct 10 10:11 b.txt
-rw-r--r-- 1 root root 0 Oct 10 10:11 c.txt
drwxr-xr-x 2 root root 6 Oct 10 10:11 newfolder
[root@master home]# rm -rf *
[root@master home]# ls -l
total 0
[root@master home]#
```

图 1-4　cp、mv 和 rm 命令验证结果

文件的创建、查看、内容修改

2.1 实训目的

学会 Linux 文件操作命令（touch、cat、more）的使用方法。

2.2 实训要求

掌握 Linux 文件操作命令的基本用法。

2.3 实训原理

1．touch 命令

touch 命令用于修改文件或者目录的时间属性，包括存取时间和更改时间。若文件不存在，系统会建立一个新的文件。

2．cat 命令

cat 命令用于输出文件内容到标准输出设备上。

3．more 命令

more 与 cat 相似，都可以查看文件内容，但不同的是，当一个文档太长时，cat 只能展示最后布满屏幕的内容，前面的内容是不可见的。这时候可使用 more 逐行显示内容，该命令会以一页一页的形式显示文件内容，更方便使用者逐页阅读，其中最基本的指令就是按 Enter 键或 Space 键显示下一页内容，按 B 键（back）显示上一页内容。

2.4　实训步骤

1. 验证 touch 命令

启动实训，连接 OpenVPN 后，登录 master 服务器，验证 Linux 的 touch 命令。

```
[root@master ~]# ls -l
total 4
-rw------- 1 root root 3068 Nov  2  2016 anaconda-ks.cfg
-rw-r--r-- 1 root root    0 Sep 27 17:04 rename.csv
-rw-r--r-- 1 root root    0 Sep 27 17:04 weather.csv
[root@master ~]# touch yunchuang.txt    # 创建一个名为“yunchuang”的新的空白 TXT 文件
[root@master ~]# ls -l
total 4
-rw------- 1 root root 3068 Nov  2  2016 anaconda-ks.cfg
-rw-r--r-- 1 root root    0 Sep 27 17:04 rename.csv
-rw-r--r-- 1 root root    0 Sep 27 17:04 weather.csv
-rw-r--r-- 1 root root    0 Sep 28 09:25 yunchuang.txt
[root@master ~]# touch yunchuang.txt    # 修改 yunchuang.txt 文件的时间属性
[root@master ~]# ls -l
total 4
-rw------- 1 root root 3068 Nov  2  2016 anaconda-ks.cfg
-rw-r--r-- 1 root root    0 Sep 27 17:04 rename.csv
-rw-r--r-- 1 root root    0 Sep 27 17:04 weather.csv
-rw-r--r-- 1 root root    0 Sep 28 09:28 yunchuang.txt
```

2. 验证 cat 命令

在 master 服务器上输入如下命令，输出文件 anaconda-ks.cfg 的内容。

```
[root@master ~]# cat  anaconda-ks.cfg
```

3. 验证 more 命令

验证 cat 命令时，由于 anaconda-ks.cfg 文件内容过多，屏幕自动刷到了文件底端，导致前面的文件内容无法正常展示，因此，输入如下命令来验证 more 和 cat 的区别。

```
[root@master ~]# more  anaconda-ks.cfg
```

2.5　实训结果

- touch 命令验证结果如图 2-1 所示。
- cat 命令验证结果如图 2-2 所示。

```
[root@master ~]# ls -l
total 8
-rw------- 1 root root 3407 Sep 11 23:53 anaconda-ks.cfg
drwxr-xr-x 2 root root   41 Oct 10 10:02 dataset
-rw------- 1 root root 3221 Sep 11 23:53 original-ks.cfg
[root@master ~]# touch bigdata.txt
[root@master ~]# ls -l
total 8
-rw------- 1 root root 3407 Sep 11 23:53 anaconda-ks.cfg
-rw-r--r-- 1 root root    0 Oct 10 10:22 bigdata.txt
drwxr-xr-x 2 root root   41 Oct 10 10:02 dataset
-rw------- 1 root root 3221 Sep 11 23:53 original-ks.cfg
[root@master ~]# 
```

图 2-1 touch 命令验证结果

```
rm -rf /etc/sysconfig/network-scripts/ifcfg-*
# do we really need a hardware database in a container?
rm -rf /etc/udev/hwdb.bin
rm -rf /usr/lib/udev/hwdb.d/*

## Systemd fixes
# no machine-id by default.
:> /etc/machine-id
# Fix /run/lock breakage since it's not tmpfs in docker
umount /run
systemd-tmpfiles --create --boot
# Make sure login works
rm /var/run/nologin


#Generate installtime file record
/bin/date +%Y%m%d_%H%M > /etc/BUILDTIME


%end

%packages --excludedocs --nocore --instLangs=en
bash
bind-utils
centos-release
iproute
iputils
kexec-tools
less
passwd
rootfiles
systemd
tar
vim-minimal
yum
yum-plugin-ovl
yum-utils
-*firmware
-GeoIP
-bind-license
-firewalld-filesystem
-freetype
-gettext*
-kernel*
-libteam
-os-prober
-teamd

%end

%addon com_redhat_kdump --enable --reserve-mb='auto'

%end
[root@master ~]#
```

图 2-2 cat 命令验证结果

- more 命令验证结果如图 2-3 所示。

```
#version=DEVEL
# Install OS instead of upgrade
install
# Use network installation
url --url="http://mirrors.kernel.org/centos/7/os/x86_64/"
repo --name="CentOS" --baseurl=http://mirror.centos.org/centos/7/os/x86_64/ --cost=100
repo --name="Updates" --baseurl=http://mirror.centos.org/centos/7/updates/x86_64/ --cost=100
cmdline
# Firewall configuration
firewall --disabled
firstboot --disable
ignoredisk --only-use=sda
# Keyboard layouts
# old format: keyboard us
# new format:
keyboard --vckeymap=us --xlayouts=''
# System language
lang en_US.UTF-8

# Network information
network  --bootproto=dhcp --device=link --activate
network  --hostname=localhost.localdomain
# Shutdown after installation
shutdown
# Root password
rootpw --iscrypted --lock locked
# SELinux configuration
selinux --enforcing
# System services
services --disabled="chronyd"
# Do not configure the X Window System
skipx
# System timezone
timezone UTC --isUtc --nontp
# System bootloader configuration
bootloader --disabled
# Clear the Master Boot Record
zerombr
# Partition clearing information
clearpart --all --initlabel
# Disk partitioning information
part / --fstype="ext4" --size=3000

%post --logfile=/anaconda-post.log
# Post configure tasks for Docker

# remove stuff we don't need that anaconda insists on
# kernel needs to be removed by rpm, because of grubby
rpm -e kernel

yum -y remove bind-libs bind-libs-lite dhclient dhcp-common dhcp-libs \
  dracut-network e2fsprogs e2fsprogs-libs ebtables ethtool file \
  firewalld freetype gettext gettext-libs groff-base grub2 grub2-tools \
--More--(45%)
```

图 2-3　more 命令验证结果

文本编辑常用技巧：复制、粘贴、删除

3.1 实训目的

学会 vi 文本编辑器（命令模式、输入模式、底行模式）的使用方法。

3.2 实训要求

掌握 vi 常用命令的基本用法。

3.3 实训原理

1．命令模式

- 用户启动 vi（启动方式为 vi+文件名），便进入了命令模式。
- 在此状态下敲击键盘动作会被 vi 识别为命令，而非输入字符。比如我们此时输入“i”，并不会输入一个字符，而是被当作了一个命令。

表 3-1 展示了命令模式下的常用命令。

表 3-1　命令模式下的常用命令表

常用命令	作　用
h(←)j(↓)k(↑)l(→)	使用字符按键或者方向键移动光标位置
i	切换到输入模式，以输入字符

续表

常 用 命 令	作　用
x	删除当前光标后的字符
X	删除当前光标前的字符
:	切换到底行模式，在底行输入命令
dd	删除光标所在的那一整行（常用）
ndd	删除光标所在的向下 *n* 行
yy	复制光标所在的那一行（常用）
nyy	复制光标所在的向下 *n* 行
p	将已复制的数据粘贴在光标下一行
P	将已复制的数据粘贴在光标上一行
.	重复之前的命令
u	撤销上一步的操作
Ctrl+G	查看光标所在行的行号

2. 输入模式

我们已经了解了命令模式下的基本操作，当我们想要进行文本编辑工作时，需要输入“i”切换到输入模式，当底行出现 INSERT 字样时，我们便可进行编辑工作，如图 3-1 所示。

图 3-1　输入模式

在输入模式下，我们可以使用表 3-2 中的命令进行操作。

表 3-2　输入模式下的常用命令表

常 用 命 令	作　用
字符按键以及 Shift 组合	输入字符
Enter	文本换行
Backspace	删除光标前一个字符
Delete	删除光标后一个字符
方向键	在文本中移动光标

续表

常用命令	作　用
Home	移动光标到行首
End	移动光标到行尾
Page Up	显示上一页的内容
Page Down	显示下一页的内容
Esc	切换到命令模式

3. 底行模式

在命令模式下输入“:”（英文冒号）进入底行模式，如图 3-2 所示。

图 3-2　底行模式

注意：在底行模式下需要按 Esc 键进入命令模式。随后我们可以输入一些命令完成相应的操作，如表 3-3 所示。

表 3-3　底行模式下的常用命令表

常用命令	作　用
:w	将编辑的数据写入硬盘档案中（常用）
:w!	若文件属性为只读，强制写入该档案
:q	离开 vi（常用）
:q!	使用“!”为强制离开不存储档案
:wq	存储后离开（常用），也可使用 wq!强制命令
:s/old/new/g	替换当前行所有 old 为 new，g 表示替换所有
:set nu	为当前文本添加行号
:set nonu	删除当前行号
:/abc	从头查找 abc，输入 n 寻找下一个，输入 N 寻找上一个
:/?abc	从尾部查找 abc
:行号	输入行号即可跳转至对应行
:$	跳转到底行

4. vi 模式关系转换图

vi 一共有三种工作模式，即命令模式、输入模式、底行模式，它们的转换关系如

图 3-3 所示，我们在下面的实训中会有更深刻的理解。

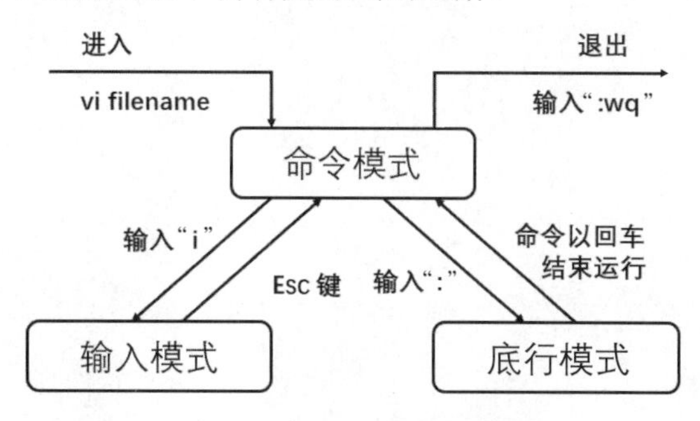

图 3-3　vi 模式关系转换图

3.4　实训步骤

启动实训，连接 OpenVPN 后，登录 master 服务器。首先我们用 vi 命令创建一个 cstor.txt 文件，之后输入“i”，底行会出现 INSERT 字样，表示当前处于输入模式，接着开始编辑文本，在第一行输入“Hello world !”即可，如图 3-4 所示。

完成第一步操作后，仍处于输入模式，按 Esc 键即可进入命令模式，查看光标，当光标在第一行文本时，使用 yy 和 p 或者 P 命令，将之前输入的文本进行复制与粘贴，如图 3-5 所示。

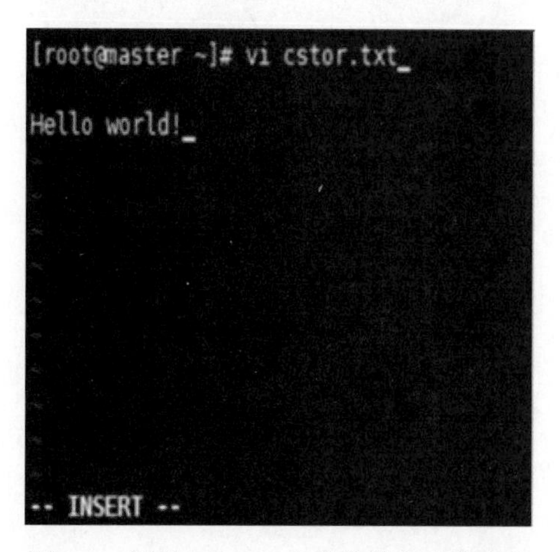

图 3-4　创建 cstor.txt 文件并输入文本内容

图 3-5　复制与粘贴结果

当行数过多，我们无法得知光标所处位置时，在命令模式下使用 Ctrl+G 组合键即可在底行看到光标所在行信息，如图 3-6 所示。

在之前编辑的文本处使用 dd 或者 ndd 命令（n 为想删除的行数）实现整行或多行删除，在具体字符处使用 x 命令进行单个字符的删除。当光标处于第三行时，输入“2dd”即可删除此行之后的 2 行内容，再输入“x”删除单个字符，如图 3-7 所示。

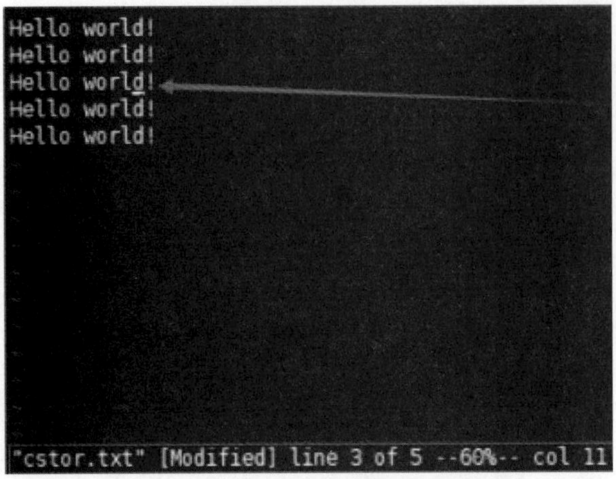

图 3-6 光标所在行信息

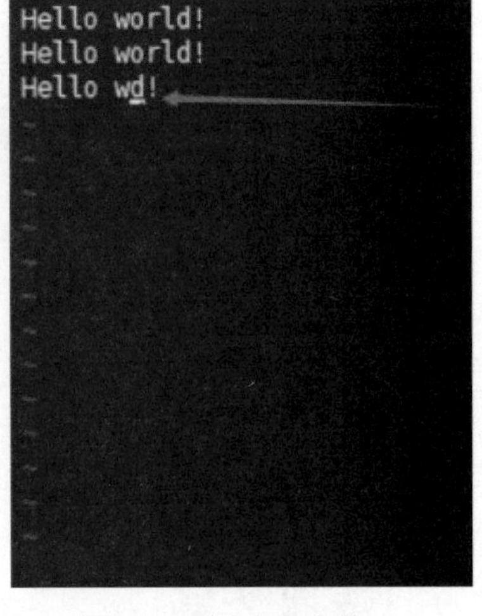

图 3-7 删除行与字符

此时处于命令模式，在命令模式下输入“:”（英文冒号）即可进入底行模式，替换命令为 s/原字符/新字符/g。将光标移动到第三行，进入命令模式后输入“:s/wd/newworld/g”，如图 3-8 所示。

当我们在文本中输入了一些代码时，可以使用:set nu 命令为代码行增加行号，方便我们清晰地查看代码，如图 3-9 所示。如果想取消行号，则执行:set nonu 命令。

图 3-8 替换字符

图 3-9 显示行号

设置行号后，如果想跳转到指定行，我们可以使用:行号命令进行操作，:$命令表示跳转至最后一行。输入“:2”可将光标跳转至第 2 行，如图 3-10 所示。

使用“/字符”命令即可完成指定字符的查找工作，光标会移动到所匹配的字符处，我们可以输入 n 进行向下匹配，输入 N 进行向上匹配。输入“/Hello”进行 Hello 的匹配查找，输入 n 可以向下查找，输入 N 可以向上查找，如图 3-11 所示。

如果已经完成了对文本的编辑、复制、粘贴、替换工作，我们可以使用:wq 命令进行保存与退出操作（图 3-12）；如果不想保存文本内容，可以使用:q!命令直接强制退出（图 3-13）。

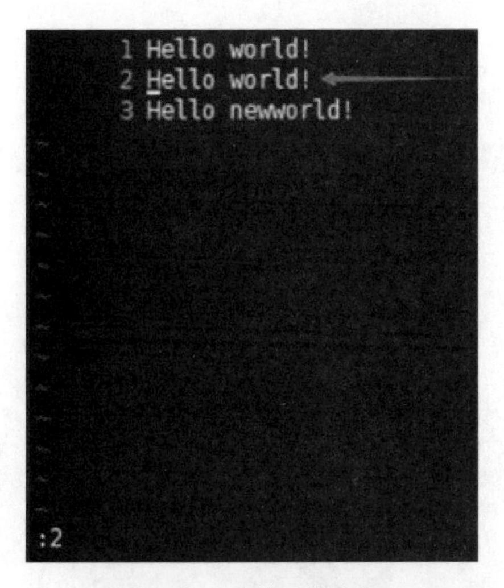

图 3-10　跳转至指定行

图 3-11　查找字符

图 3-12　保存与退出

图 3-13　强制退出且不保存

3.5　实训结果

- 写入文本验证结果如图 3-14 所示。
- 复制与粘贴验证结果如图 3-15 所示。

图 3-14　写入文本验证结果

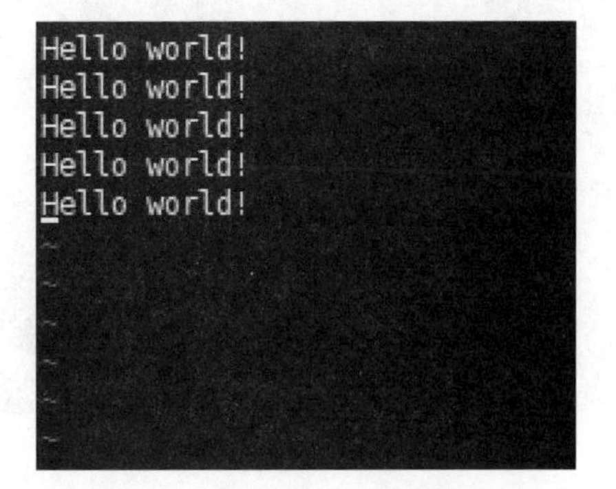

图 3-15　复制与粘贴验证结果

- 获取行信息验证结果如图 3-16 所示。
- 整行删除与单个字符删除验证结果如图 3-17 所示。

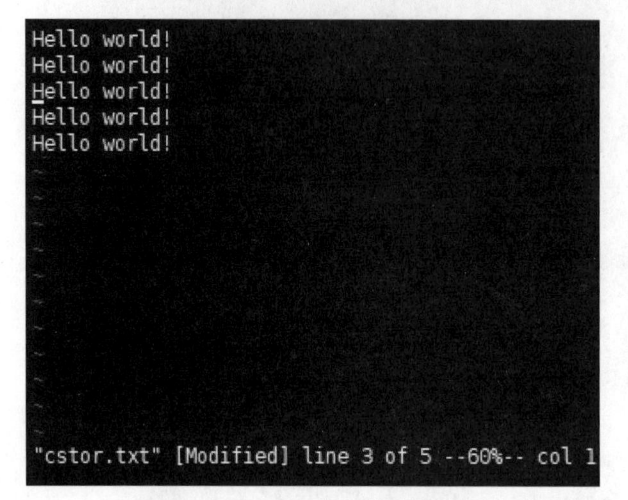

图 3-16　获取行信息验证结果

图 3-17　整行删除与单个字符删除验证结果

- 替换字符验证结果如图 3-18 所示。

图 3-18　替换字符验证结果

- 设置、删除行号验证结果如图 3-19 和图 3-20 所示。

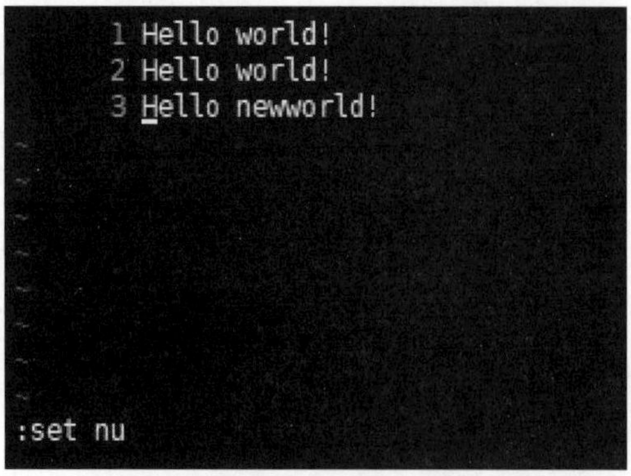

1 Hello world!
2 Hello world!
3 Hello newworld!
:set nu

图 3-19　设置行号验证结果

图 3-20　删除行号验证结果

❑ 跳转至对应行及底行验证结果如图 3-21 和图 3-22 所示。

图 3-21　跳转至对应行验证结果

图 3-22　跳转至底行验证结果

❑ 准确查找字符验证结果如图 3-23 所示。

❑ 保存与退出文本验证结果如图 3-24 所示。

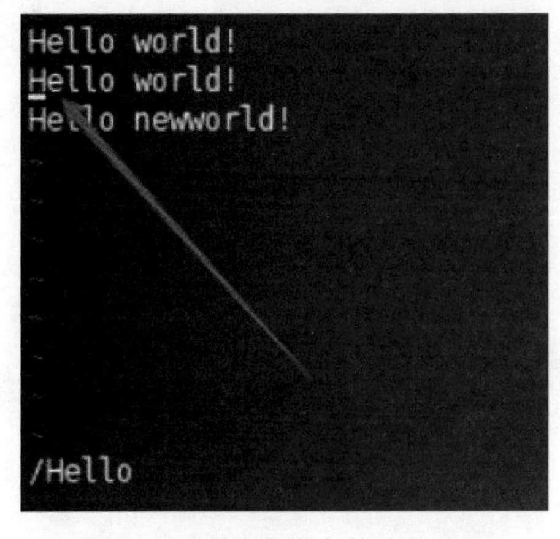

图 3-23　准确查找字符验证结果

图 3-24　保存与退出文本验证结果

第二篇

数据清洗

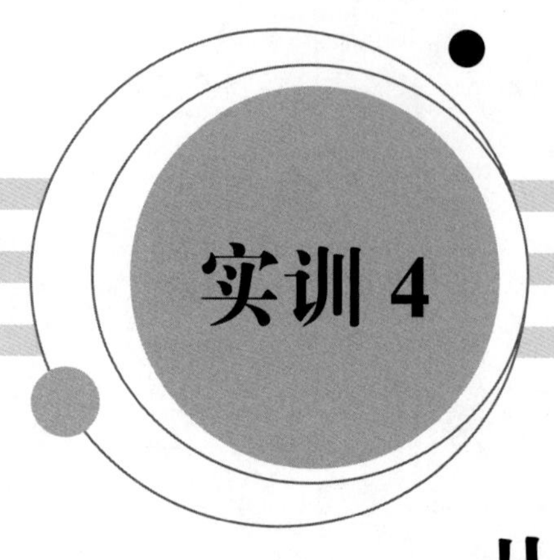

从文本文件中抽取数据到数据库

4.1 实训目的

- 了解 Kettle 的作用。
- 理解 Kettle 的运行原理。
- 了解从文本文件到 MySQL 数据库数据抽取的过程。

4.2 实训要求

- 了解 Kettle。
- 熟悉 Kettle 的核心对象。
- 掌握从文本文件到 MySQL 数据库数据抽取的过程。
- 熟悉数据库组件的使用。

4.3 实训原理

4.3.1 Kettle 简介

Kettle 是一款国外开源的 ETL 工具，采用 Java 语言编写，可以在 Windows、Linux、UNIX 上运行，是世界上流行的开源商务智能软件 Pentaho 的主要组件之一，中文名称为水壶，常用于数据清洗与数据迁移。

Kettle 家族目前包括 4 个产品：Spoon、Pan、Chef、Kitchen。

Spoon 是一个图形化界面，用于设计 ETL 转换过程（Transformation）。

Pan 用于批量运行由 Spoon 设计的 ETL 转换（如使用一个时间调度器）。Pan 是一个后台执行的程序，没有图形界面。

Chef 用于创建任务（Job）。通过设置的转换、任务、脚本等，自动化更新数据仓库的复杂工作。

Kitchen 用于批量使用由 Chef 设计的任务（如使用一个时间调度器）。Kitchen 也是一个后台运行的程序。

4.3.2　从文本文件中抽取数据到数据库的方法

利用 Kettle 从文本文件中获取数据，通过观察文本文件的格式，找到文件的分隔符，如果文件含有头文件，则以头文件作为列名，如果没有头文件，则可以自己定义列名，并将文本文件的数据导入 MySQL 数据库。

4.4　实训步骤

4.4.1　安装

首先确保计算机已经安装 JDK，如果未安装，可通过平台下载并安装；将下载的 Kettle 压缩包解压到自定义的安装路径下。因为 Ketlle 的编写语言为 Java 语言，所以为了实现 Kettle 与 MySQL 数据库的连接，需要一个连接包。此次操作使用的连接包名称为 mysql-connector-java-5.1.49，需放入 Kettle 的 lib 目录下（从平台环境/root/dataset/目录通过 WinSCP 工具下载并移动至 data-integration\lib 目录，如此便可顺利使用 Kettle），所需要的软件可以从平台资料工具的软件下载中获取。

在 data-integration 文件下找到 Spoon.bat，双击打开 Kettle 界面，如图 4-1 所示。

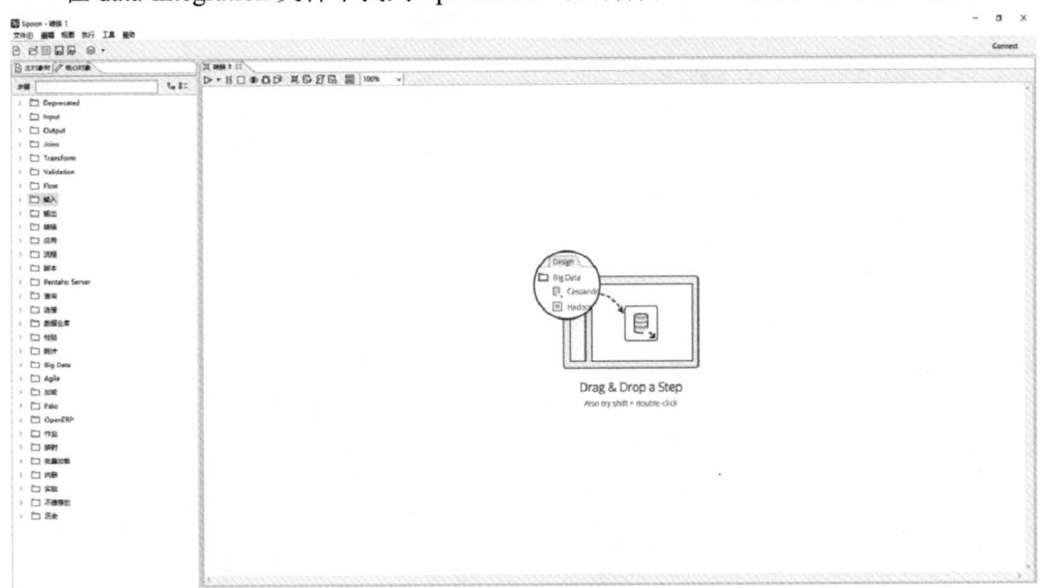

图 4-1　Kettle 界面

在当前界面中选择“文件”→“新建”命令，可以创建“转换”和“作业”，也可以使用快捷键创建，“转换”的快捷键为Ctrl+N，“作业”的快捷键为Ctrl+Alt+N，创建好“转换”或“作业”后，可以选择“核心对象”选项卡，由图4-1可以看到，核心对象包含标签“Input”“Output”“输入”“输出”“连接”“查询”，以及大数据组件“Big Data”等。

常用的“输入”核心对象如图4-2所示。

图4-2　常用的“输入”核心对象

常用的“输出”核心对象如图4-3所示。

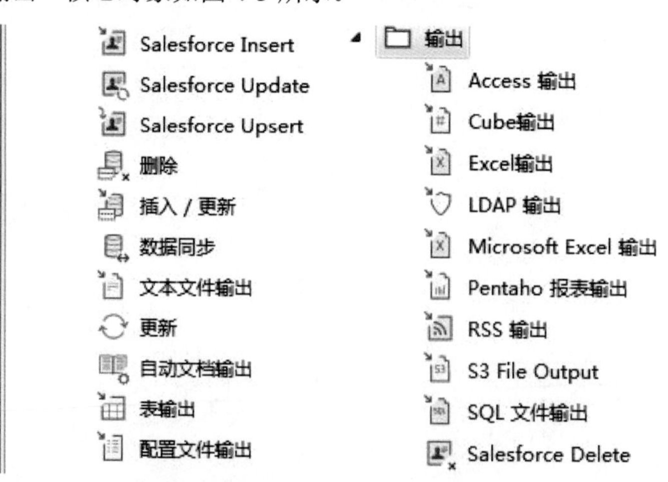

图4-3　常用的“输出”核心对象

常用的“Big Data”核心对象如图4-4所示。

其他标签这里不再一一介绍。下面详细介绍常用功能的使用和常用 Job，如图 4-5

和图 4-6 所示。

Big Data
- Avro Input
- Cassandra Input
- Cassandra Output
- CouchDb Input
- HBase Input
- HBase Output
- HBase Row Decoder
- Hadoop File Input
- Hadoop File Output
- MapReduce Input
- MapReduce Output
- MongoDB Input
- MongoDB Output
- SSTable Output

图 4-4　常用的“Big Data”核心对象

图　标	功　能
▷	运行这个转换(快捷键为F9)
⏸	暂停这个转换
□	停止这个转换
👁	预览这个转换
	调试转换
	重放这个转换
	校验这个转换
	分析这个转换在数据库的影响
	产生需要运行这个转换的 SQL
	探索可用数据库连接之一

图 4-5　常用功能

类　别	环 节 名 称	功 能 说 明
Job entries	START	开始
	DUMMY	结束
	Transformation	引用 Transformation 流程
	Job	引用 Job 流程
	Shell	调用 Shell 脚本
	SQL	执行 SQL 语句
	FTP	通过 FTP 下载
	Table exists	检查目标表是否存在，返回布尔值
	File exists	检查文件是否存在，返回布尔值
	Javascript	执行 JavaScript 脚本
	Create file	创建文件
	Delete file	删除文件
	Wait for file	等待文件，文件出现后继续下一个环节
	File Compare	文件比较，返回布尔值
	Wait for	等待时间，设定一段时间，Kettle 流程处于等待状态
	Zip file	压缩文件为 ZIP 包

图 4-6　常用 Job

4.4.2 从文本文件中抽取数据到数据库的步骤

准备实训数据，利用 WinSCP 登录 master 节点，从 master 的/root/dataset 目录中下载实训需要的 TxtExtract_test.txt 文件。实训数据如图 4-7 所示。

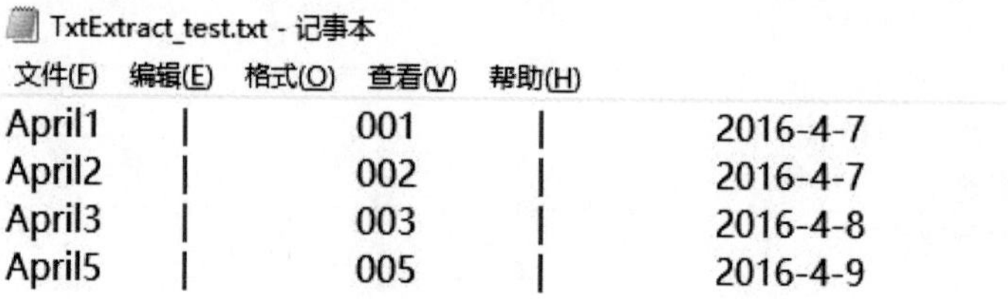

TxtExtract_test.txt - 记事本

文件(F) 编辑(E) 格式(O) 查看(V) 帮助(H)

```
April1 | 001 | 2016-4-7
April2 | 002 | 2016-4-7
April3 | 003 | 2016-4-8
April5 | 005 | 2016-4-9
```

图 4-7 实训数据

启动 Kettle 软件，新建一个转换并保存。选择“核心对象”树中的“输入”标签，选择“文本文件输入”选项，双击打开设置窗口。通过“浏览”按钮选取需要的文本文件后单击“增加”按钮（图 4-8），然后选择“内容”选项卡，设置分隔符为“|”，取消选中“头部”复选框（图 4-9）。

选择“字段”选项卡，在其中输入如图 4-10 所示的内容。

图 4-8 添加文件

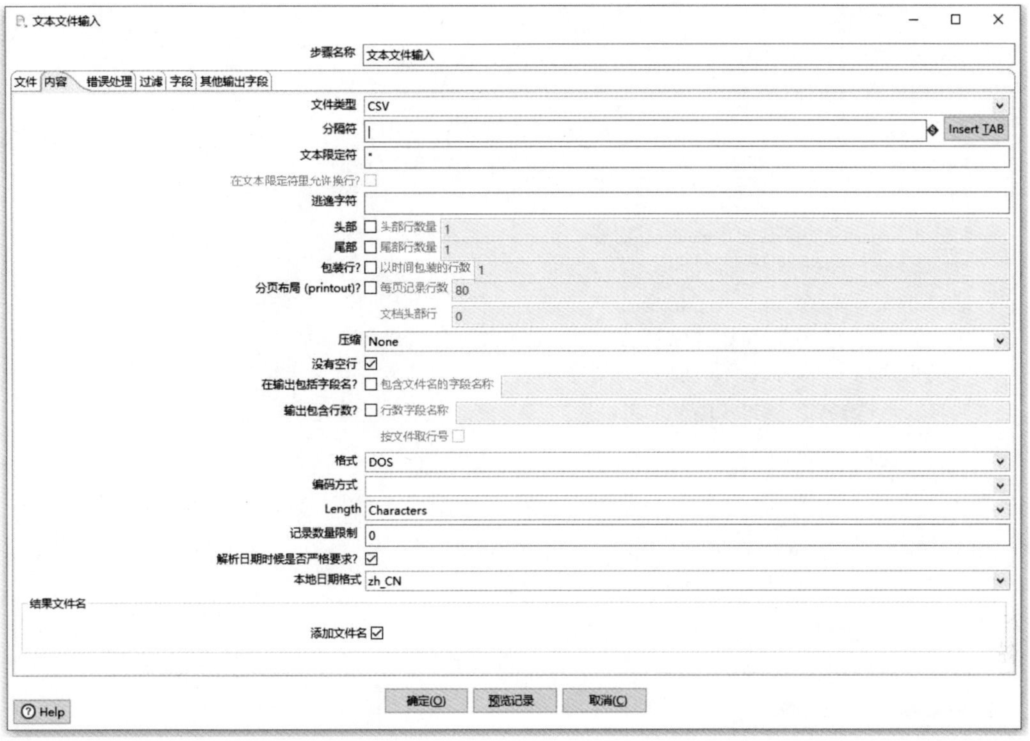

文本文件输入

步骤名称 文本文件输入

文件 内容 错误处理 过滤 字段 其他输出字段

文件类型 CSV
分隔符 | Insert TAB
文本限定符 "
在文本限定符里允许换行?
逃逸字符
头部 头部行数量 1
尾部 尾部行数量 1
包装行? 以时间包装的行数 1
分页布局 (printout)? 每页记录行数 80
文档头部行 0
压缩 None
没有空行 ☑
在输出包括字段名? 包含文件名的字段名称
输出包含行数? 行数字段名称
按文件取行号
格式 DOS
编码方式
Length Characters
记录数量限制 0
解析日期时候是否严格要求? ☑
本地日期格式 zh_CN
结果文件名
添加文件名 ☑

Help　确定(O)　预览记录　取消(C)

图 4-9　设置内容

文本文件输入

步骤名称 文本文件输入

文件 内容 错误处理 过滤 字段 其他输出字段

#	名称	类型	格式	位置	长度	精度	货币类型	小数	分组	Null if	默认	去除空字符串方式	重复
1	name	String											
2	id	String											
3	date	String											
4													

获取字段　Minimal width

Help　确定(O)　预览记录　取消(C)

图 4-10　输入列名

检查平台环境的 MySQL 是否配置，如果没有配置，可参考如下代码。

```
# mysqladmin -u root password '1234567'
//master 节点登录 MySQL
# mysql -u root -p
Enter password:
MariaDB [(none)]> GRANT ALL PRIVILEGES ON *.* TO 'root'@'%'
IDENTIFIED BY '1234567' WITH GRANT OPTION;
MariaDB [(none)]> use mysql;
Database changed
MariaDB [mysql]> update user set
password='*6BB4837EB74329105EE4568DDA7DC67ED2CA2AD9' where
host='master' and user='root';
MariaDB [mysql]> flush privileges;
```

在“主对象树”中找到“DB 连接”并右击新建连接：自定义“连接名称”，将节点 IP 填入“主机名称”，需要连接的数据库填入“数据库名称”（数据库必须存在于 MySQL 中），“端口号”默认是 3306，“用户名”为 root，“密码”为 1234567（图 4-11），单击“测试”按钮判断是否连接成功。图 4-12 所示为连接成功，如果连接失败，会弹出报错信息，便于查找错误原因。

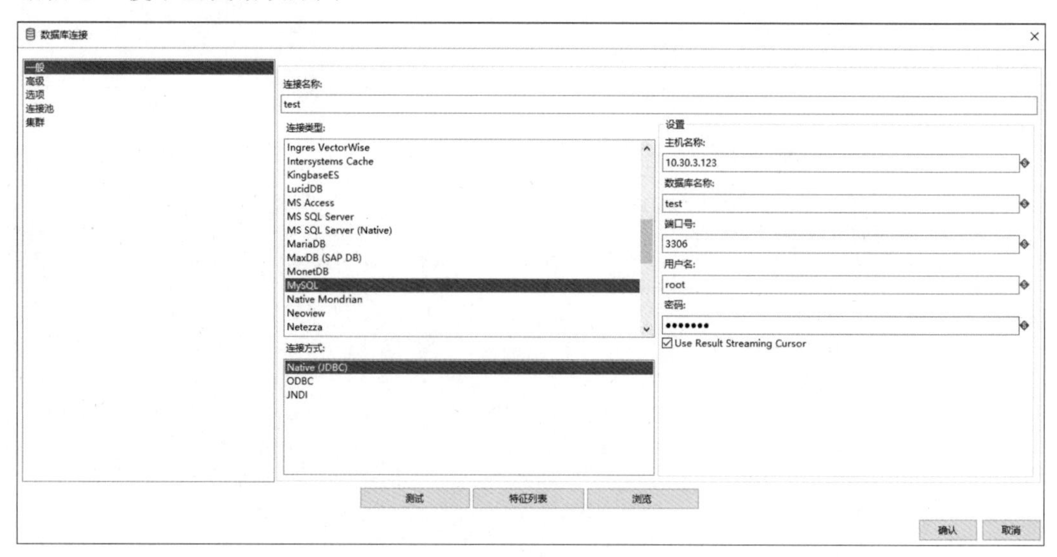

图 4-11　数据库连接

图 4-12　数据库连接测试（连接成功）

在“核心对象”树中选择“输出”→“表输出”选项，双击打开设置窗口。在输入参数之前需要登录 master 节点，输入“mysql -u root -p1234567”，其中“1234567”是 MySQL 数据库密码，根据自己的实际情况进行输入。进入后如下所示。

```
//进入 test 数据库
use test;
DROP TABLE IF EXISTS `test`;
CREATE TABLE `test` (
`id` varchar(255) NOT NULL,
`name` varchar(255) DEFAULT NULL,
`date` datetime DEFAULT NULL
)ENGINE=InnoDB DEFAULT CHARSET=utf8;
```

建好数据库后就可以直接在 Kettle 软件中连接 test 表，如图 4-13 所示。

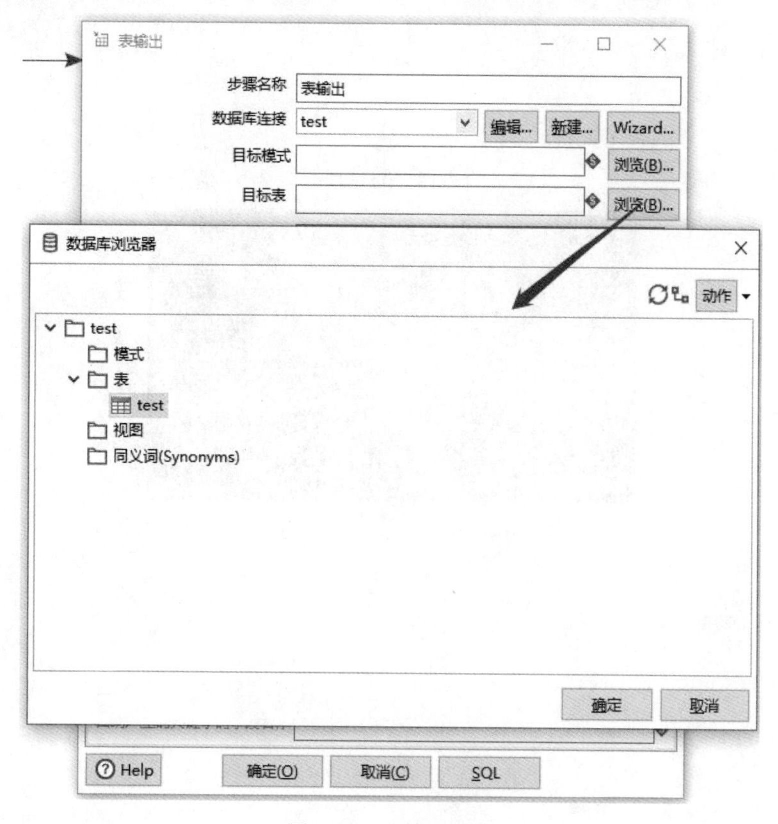

图 4-13　连接 test 表

4.5　实训结果

单击“文本文件输入”，按住 Shift 键引出一根线，连到“表输出”，然后进行步骤链接，最后按 F9 键执行程序。执行成功后，在“执行结果”的“Preview data”选项卡中可以看到数据抽取到 MySQL 数据库的 test 库中，直接在 test 库中执行 SQL 语句进行查看。由于数据库名称跟表名称重复，为了保证 SQL 语句的正确执行，输入“select * from test.test;”，结果如图 4-14 和图 4-15 所示。

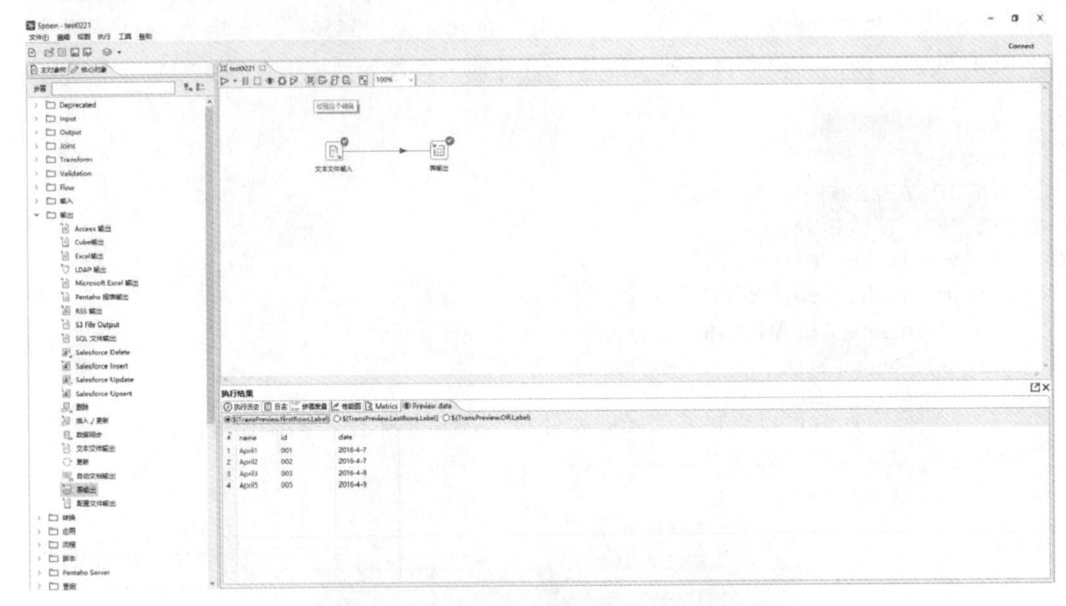

图 4-14　数据抽取

```
Database changed
MySQL [test]> select * from test.test;
+-------+--------+---------------------+
| id    | name   | date                |
+-------+--------+---------------------+
|  001  | April  | 2016-04-07 00:00:00 |
|  002  | Apri2  | 2016-04-07 00:00:00 |
|  003  | Apri3  | 2016-04-08 00:00:00 |
|  005  | Apri5  | 2016-04-09 00:00:00 |
+-------+--------+---------------------+
4 rows in set (0.00 sec)
```

图 4-15　执行 SQL 语句查看结果

实训 5 从 CSV 文件中抽取数据到数据库

5.1 实训目的

利用 Kettle 把数据从 CSV 文件导入 MySQL 数据库的表中。

5.2 实训要求

- 了解 CSV 文件的格式。
- 掌握 Kettle CSV 输入组件的使用。
- 掌握“表输出”组件的使用。
- 掌握从 CSV 到数据库的数据抽取方法。
- 掌握创建 MySQL 数据表的方法。

5.3 实训原理

CSV（comma-separated values）即逗号分隔值，其文件以纯文本形式存储表格数据（数字和文本），文件的每一行都是一个数据记录。每个记录由一个或多个字段组成，用逗号分隔。使用逗号作为字段分隔符是此文件格式的名称来源，因为分隔字符也可以不用逗号，所以有时也称为字符分隔值。

利用 Kettle 从 CSV 文件获取数据，通过 CSV 文件的格式，以逗号作为分隔符，如果文件含有头文件，以头文件作为列名，如果没有头文件，则可以自己定义列名，并将

CSV 文件的数据导入 MySQL 数据库。

5.4 实训步骤

准备实训数据，利用 WinSCP 登录 master 节点，从 master 节点的/root/dataset 目录中下载实训需要的 csv.csv 文件。实训数据如下所示。

```
April ,  1 ,  2016/4/7
Apri2 ,  2 ,  2016/4/7
Apri3 ,  3 ,  2016/4/8
Apri5 ,  5 ,  2016/4/9
```

启动 Kettle 软件，新建一个转换并保存。在“核心对象”树中选择“输入”→“CSV 文件输入”选项，双击打开设置窗口。选取下载的 CSV 文件，然后单击“内容”按钮，列分隔符采用默认格式，取消选中“包含列头行”复选框，手动设置列名，操作如图 5-1 所示。

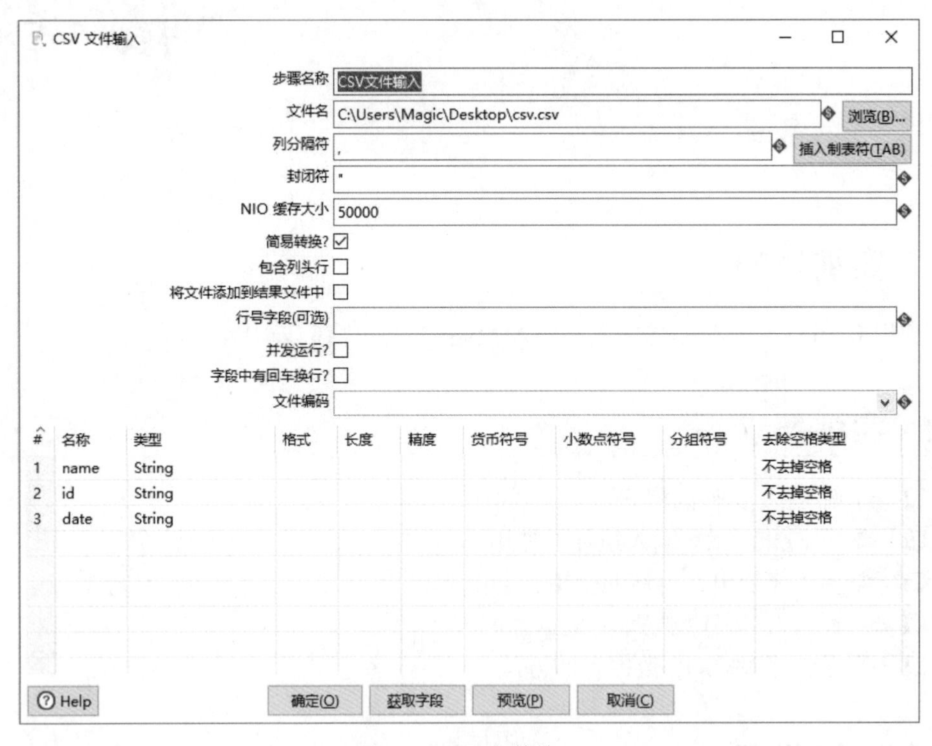

图 5-1 CSV 文件输入

数据库连接相关操作已在实训 4“从文本文件中抽取数据到数据库”中详细介绍，这里不再赘述。实训需要提前创建好数据表，并设计好表字段。

输入“mysql-u root–p 密码”(其中“密码”为自己数据库的密码)，进入 MySQL 中。

```
进入 test 数据库
use test;
DROP TABLE IF EXISTS `test1`;
```

```
CREATE TABLE `test1` (
  `id` varchar(255) NOT NULL,
  `name` varchar(255) DEFAULT NULL,
  `date` datetime DEFAULT NULL
) ENGINE=InnoDB DEFAULT CHARSET=utf8;
```

在“核心对象”树中选择“输出”→“表输出”选项，双击打开设置窗口。选中“指定数据库字段”复选框，再单击“输入字段映射”按钮，进行列名、表字段名的映射，结果如图 5-2 所示。

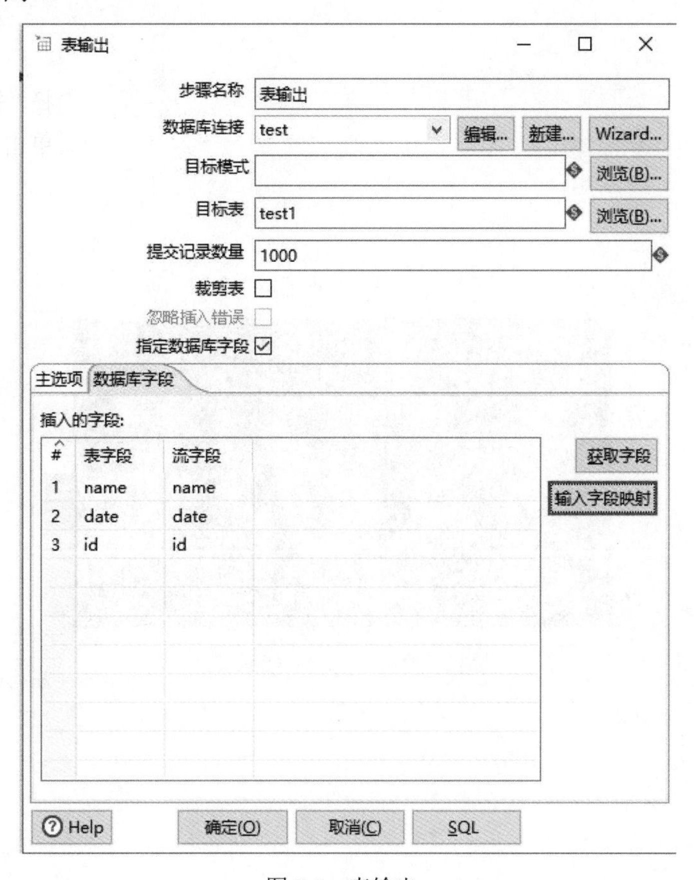

图 5-2 表输出

5.5 实训结果

按 F9 键执行程序，执行成功后，在“Preview data”选项卡下可以看到数据抽取到 MySQL 数据库的 test 库中。登录 master 节点，输入“mysql -u root –p”，根据实际情况输入 MySQL 密码。

进入后，直接在 test 库中执行 SQL 语句进行查看，由于数据库名称跟表名称重复，为了保证 SQL 语句的正确执行，输入“select * from test.test1;”，结果如图 5-3 和图 5-4 所示。

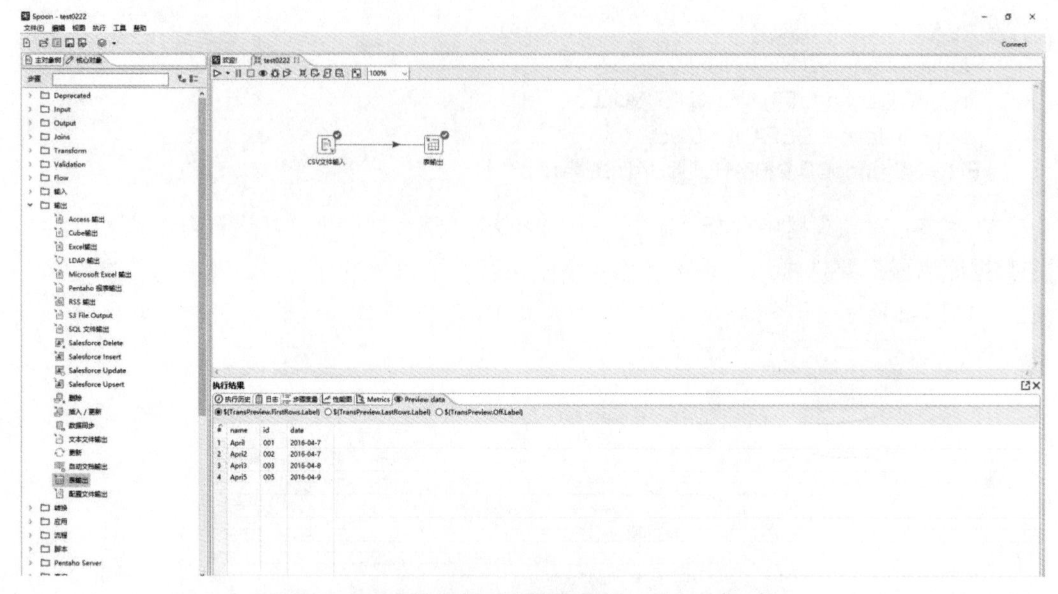

图 5-3 数据抽取

```
MySQL [test]> select * from test.test1;
+--------+--------+---------------------+
| id     | name   | date                |
+--------+--------+---------------------+
|  001   | April  | 2016-04-07 00:00:00 |
|  002   | Apri2  | 2016-04-07 00:00:00 |
|  003   | Apri3  | 2016-04-08 00:00:00 |
|  005   | Apri5  | 2016-04-09 00:00:00 |
+--------+--------+---------------------+
4 rows in set (0.00 sec)
```

图 5-4 使用 SQL 语句查看结果

将 Excel 文件数据导入数据库

6.1 实训目的

把 Excel 文件中的数据导入 MySQL 数据库的表中。

6.2 实训要求

- ❑ 掌握 Excel 组件的使用方法。
- ❑ 掌握“表输出”组件的使用方法。
- ❑ 掌握创建 MySQL 数据表的方法。

6.3 实训原理

在实际应用中，我们用到的数据文件大部分是 Excel 文件。本实训通过 Kettle 将 Excel 文件数据导入数据库表中。

6.4 实训步骤

准备实训数据，利用 WinSCP 登录 master 节点，从 master 节点的/root/dataset 目录中下载实训需要的 course_info.xls 文件。

打开 Kettle 软件并新建一个转换，命名为“excel_to_mysql”，在“核心对象”树的搜索框中输入“Excel 输入”和“表输出”，拖曳到右边设计区，单击“Excel 输入”，按住 Shift 键拉出一根线连向“表输出”（图 6-1）。双击“Excel 输入”进入设置窗口。在“文件”选项卡中进行设置（图 6-2）。

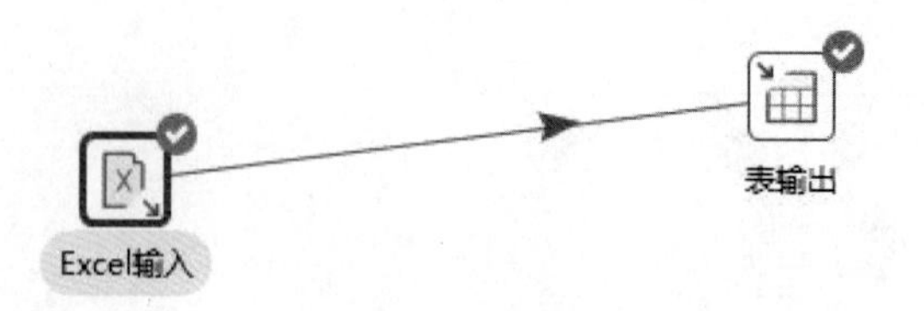

图 6-1　拉取连线

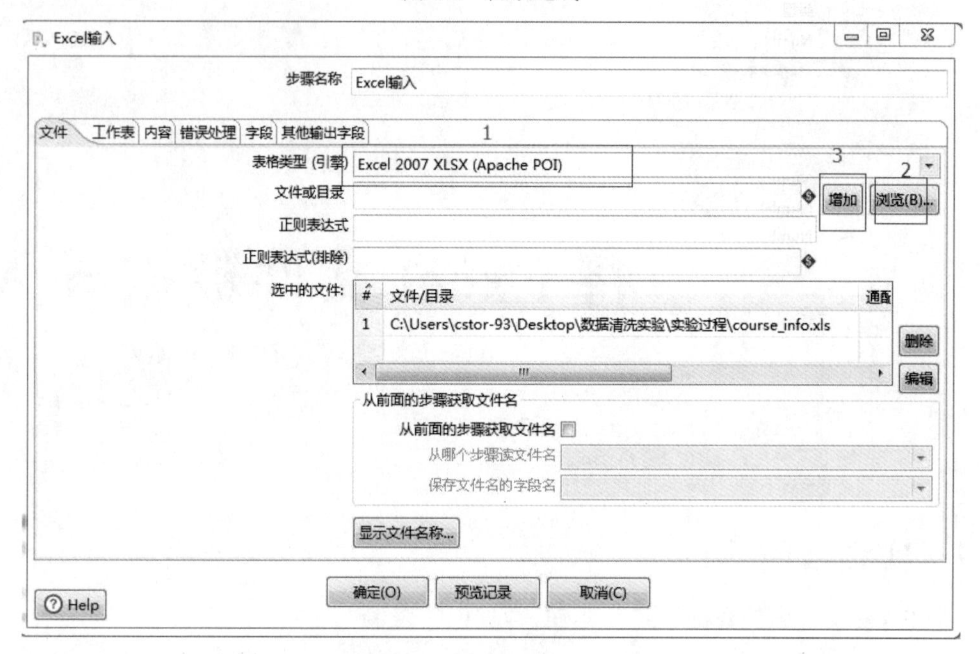

图 6-2　设置“Excel 输入”

选择“工作表”选项卡，设置输入列表，如图 6-3 所示。

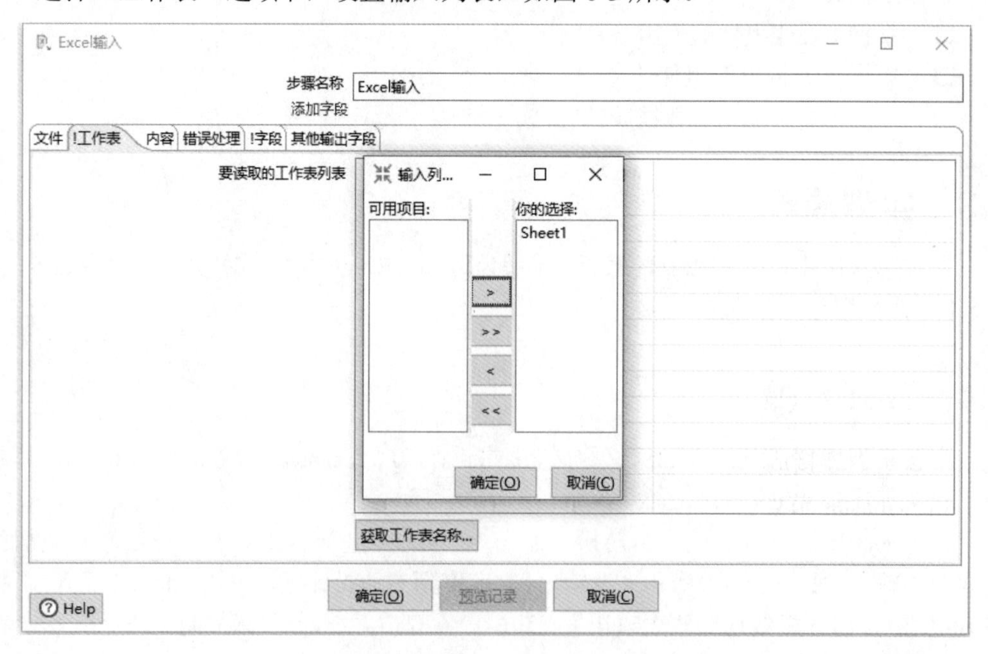

图 6-3　设置“输入列表”

选择“字段”选项卡，单击“获取来自头部数据的字段”按钮，如图 6-4 所示。

Excel输入

步骤名称 Excel输入

文件 | 工作表 | 内容 | 错误处理 | 字段 | 其他输出字段

#	名称	类型	长度	精度	去除空格类型	重复	格式	货币符号	小数	分组
1	c_id	Number			none	N				
2	c_name	String			none	N				
3	t_id	Number			none	N				
4	t_name	String			none	N				
5	professional	String			none	N				
6	week_time	Number			none	N				
7	credit	Number			none	N				
8	all_time	Number			none	N				

获取来自头部数据的字段...

确定(O)　预览记录　取消(C)

Help

图 6-4　获取来自头部数据的字段

单击“预览记录”按钮查看预览数据，如图 6-5 所示。

预览数据

步骤 Excel输入 的数据 (5 rows)

#	c_id	c_name	t_id	t_name	professional	week_time	credit	all_time
1	121.0	hadoop	1001.0	zhangsan	lecturer	3.0	5.0	18.0
2	122.0	spark	1005.0	wangwu	<null>	3.0	5.0	18.0
3	123.0	hbase	1002.0	lisi	<null>	3.0	5.0	18.0
4	124.0	hive	1004.0	joker	<null>	3.0	5.0	18.0
5	125.0	java	1003.0	tom	<null>	3.0	5.0	18.0

关闭(C)　显示日志(L)

图 6-5　预览数据

在“表输入”属性界面中单击“新建”按钮，输入自己节点的信息，并单击“测试”按钮判断是否连接成功，如图 6-6 所示。

登录 master 节点，输入“mysql -u root -p1234567”进入 MySQL 数据库的命令行模式，输入如下 SQL 代码。

```
create databse test;
use test;
```

```
DROP TABLE IF EXISTS `course_info`;
CREATE TABLE  course_info (
  `c_id` int(5) NOT NULL,
  `c_name` varchar(255) DEFAULT NULL,
  `t_id` int(5) DEFAULT NULL,
  `t_name` varchar(255) DEFAULT NULL,
  `professional` varchar(255) DEFAULT NULL,
  `week_time` int(5) DEFAULT NULL,
  `credit` int(5) DEFAULT NULL,
  `all_time` int(5) DEFAULT NULL,
  PRIMARY KEY (`c_id`)
) ENGINE=InnoDB DEFAULT CHARSET=utf8;
```

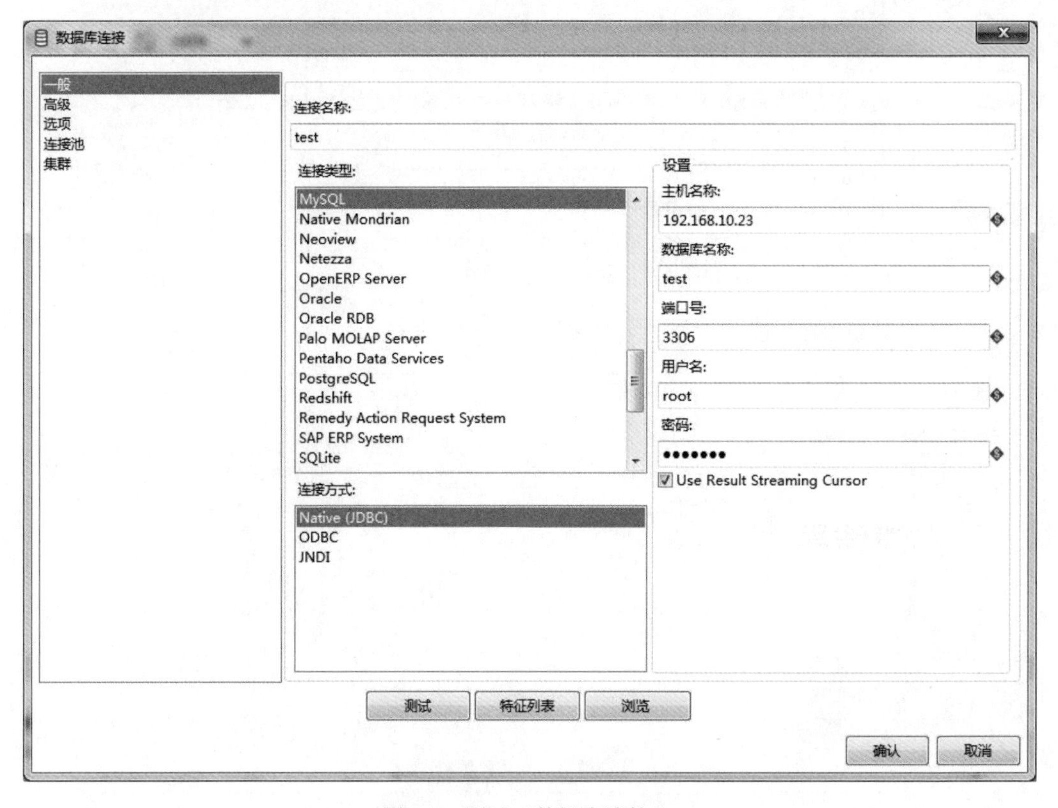

图 6-6　测试“数据库连接”

在 Kettle 中双击“表输出”控件进入设置界面：选择目标表为“course_info”，选中“指定数据库字段”复选框，单击“输入字段映射”按钮，对表字段和流字段进行映射，如图 6-7 所示。

表输出

步骤名称：表输出
数据库连接：test　编辑...　新建...　Wizard...
目标模式：　浏览(B)...
目标表：course_info　浏览(B)...
提交记录数量：1000
裁剪表 ☐
忽略插入错误 ☐
指定数据库字段 ☑

主选项　数据库字段

插入的字段:

#	表字段	流字段
1	c_id	c_id
2	c_name	c_name
3	t_id	t_id
4	t_name	t_name
5	professional	professional
6	week_time	week_time
7	credit	credit
8	all_time	all_time

获取字段　输入字段映射

Help　确定(O)　取消(C)　SQL

图 6-7　设置“表输出”

6.5　实训结果

在数据库命令行输入“select * from course_info;”，可以看到实训执行成功，结果如图 6-8 所示。

```
MySQL [test]> select * from course_info;
+------+--------+------+----------+--------------+-----------+--------+----------+
| c_id | c_name | t_id | t_name   | professional | week_time | credit | all_time |
+------+--------+------+----------+--------------+-----------+--------+----------+
|  121 | hadoop | 1001 | zhangsan | lecturer     |         3 |      5 |       18 |
|  122 | spark  | 1005 | wangwu   | NULL         |         3 |      5 |       18 |
|  123 | hbase  | 1002 | lisi     | NULL         |         3 |      5 |       18 |
|  124 | hive   | 1004 | joker    | NULL         |         3 |      5 |       18 |
|  125 | java   | 1003 | tom      | NULL         |         3 |      5 |       18 |
+------+--------+------+----------+--------------+-----------+--------+----------+
5 rows in set (0.00 sec)
```

图 6-8　输入 SQL 语句查看结果

将 MySQL 数据迁移至 MongoDB

7.1 实训目的

实现数据从 MySQL 数据库迁移至 MongoDB 数据库。

7.2 实训要求

- 掌握简单的数据查询 SQL 语句。
- 掌握简单的 MongoDB 查询语句。
- 掌握实训相关组件的使用。
- 实现数据从 MySQL 数据库到 MongoDB 数据库的迁移。

7.3 实训原理

MySQL 是一个关系型数据库管理系统，关系型数据库将数据保存在不同的表中，而不是将所有数据放在一个大仓库内，这样就增加了运行速度并提高了灵活性。其由瑞典 MySQL AB 公司开发，目前属于 Oracle 旗下产品。MySQL 是流行的关系型数据库管理系统之一。

MongoDB 是一个基于分布式文件存储的数据库，由 C++语言编写，旨在为 Web 应用提供可扩展的高性能数据存储解决方案。MongoDB 是一个介于关系型数据库和非关系型数据库之间的产品，是非关系型数据库当中功能丰富且最像关系型数据库的。它支持的数据结构非常松散，是类似 JSON 的 BSON 格式，因此可以存储比较复杂的数据类型。MongoDB 的一大特点是它支持的查询语言非常强大，其语法类似于面向对象的查询语言，几乎可以实现关系型数据库单表查询的绝大部分功能，而且支持对数据建立索引。

本实训将 MySQL 中的数据先转化成 JSON 数据，再将 JSON 数据导入 MongoDB 数据库。

7.4　实训步骤

在大数据平台启动实训，登录 master 节点，在/root/dataset 目录下，利用 WinSCP 下载实训需要的 SQL 文件，文件名为“user1.sql”，文件内容不再展示，读者可自行查看。

打开 Kettle 软件，新建一个转换，在左边搜索框搜索“表输入”、“JSON Output”和“MongoDB Output”组件，拖曳到右边工作区。按住 Shift 键的同时分别将鼠标从“表输入”移到“JSON Output”、从“JSON Output”移到“MongoDB Output”，拉出一根连接线（图 7-1）。

表输入
JSON Output
MongoDB Output

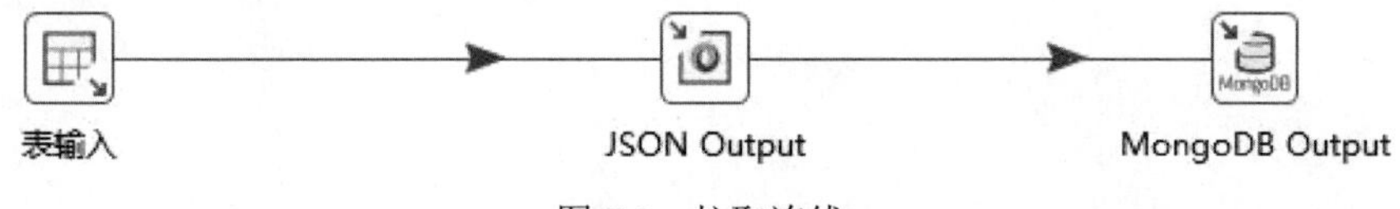

图 7-1　拉取连线

在 MySQL 节点输入“mysql -u root –p 密码”（其中“密码”为自己数据库的密码）。

```
create databse test;
mysql> use test;
mysql> source /root/dataset/user1.sql;
```

新建数据库连接，上文已多次介绍，这里不再赘述。在 SQL 中输入以下命令。

```
select * from test.user;
```

设置表输入，如图 7-2 所示。

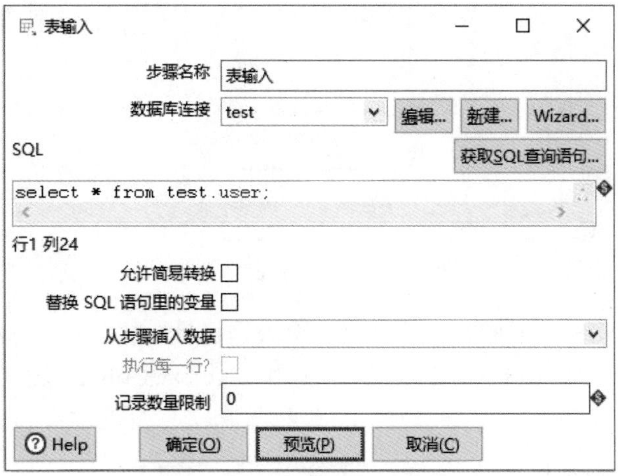

表输入
步骤名称
表输入
数据库连接
test
编辑...
新建...
Wizard...
SQL
获取SQL查询语句...
select * from test.user;
行1 列24
允许简易转换
替换 SQL 语句里的变量
从步骤插入数据
执行每一行?
记录数量限制
0
Help
确定(O)
预览(P)
取消(C)

图 7-2　设置“表输入”

单击“预览”按钮，判断该步骤是否成功，如果成功则直接显示数据，失败则会报错。预览结果如图 7-3 所示。

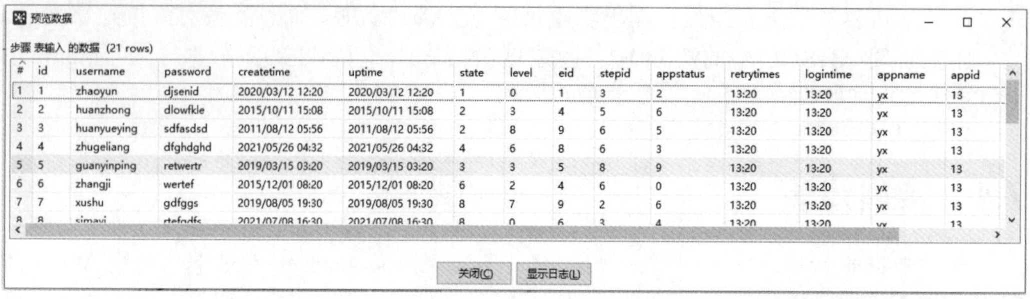

预览数据

步骤 表输入 的数据 (21 rows)

#	id	username	password	createtime	uptime	state	level	eid	stepid	appstatus	retrytimes	logintime	appname	appid
1	1	zhaoyun	djsenid	2020/03/12 12:20	2020/03/12 12:20	1	0	1	3	2	13:20	13:20	yx	13
2	2	huanzhong	dlowfkle	2015/10/11 15:08	2015/10/11 15:08	2	3	4	5	6	13:20	13:20	yx	13
3	3	huanyueying	sdfasdsd	2011/08/12 05:56	2011/08/12 05:56	2	8	9	6	5	13:20	13:20	yx	13
4	4	zhugeliang	dfghdghd	2021/05/26 04:32	2021/05/26 04:32	4	6	8	6	3	13:20	13:20	yx	13
5	5	guanyinping	retwertr	2019/03/15 03:20	2019/03/15 03:20	3	3	5	8	9	13:20	13:20	yx	13
6	6	zhangji	wertef	2015/12/01 08:20	2015/12/01 08:20	6	2	4	6	0	13:20	13:20	yx	13
7	7	xushu	gdfggs	2019/08/05 19:30	2019/08/05 19:30	8	7	9	2	6	13:20	13:20	yx	13
8	8	simayi	rtefgdfs	2021/07/08 16:30	2021/07/08 16:30	8	0	6	3	4	13:20	13:20	yx	13

关闭(C) 显示日志(L)

图 7-3　预览数据

双击“JSON Output”组件，在“一般”选项卡中设置“操作”为“Output value”，其他保持不变，在“字段”选项卡中单击“获取字段”按钮，如图 7-4 所示。

Json 输出

步骤名称 JSON Output

一般 字段

#	字段名	元素名称
1	id	id
2	username	username
3	password	password
4	createtime	createtime
5	uptime	uptime
6	state	state
7	level	level
8	eid	eid
9	stepid	stepid
10	appstatus	appstatus
11	retrytimes	retrytimes
12	logintime	logintime
13	appname	appname
14	appid	appid
15	mode	mode
16	token	token

获取字段

Help 确定(O) 取消(C)

图 7-4　设置“Json 输出”

首先在 MongoDB 的安装目录下建立一个数据目录，然后进入 MongoDB 安装目录下的 bin 目录，启动 MongoDB 服务。使用 db.createCollection("weather")创建连接（图 7-5）。

```
# cd /usr/cstor/mongodb/
# mkdir data
```

```
# bin/mongod --dbpath ./data &
// 连接使用 MongoDB
// 使用命令连接到 MongoDB 服务
# bin/mongo
连接到 MongoDB 之后，进入 Shell 环境执行如下操作
创建一个 Collection
> db.createCollection("weather");
```

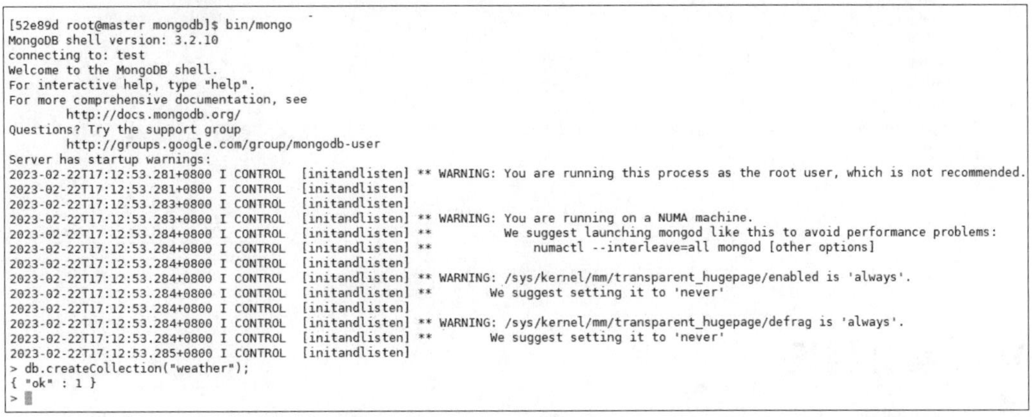
[52e89d root@master mongodb]$ bin/mongo
MongoDB shell version: 3.2.10
connecting to: test
Welcome to the MongoDB shell.
For interactive help, type "help".
For more comprehensive documentation, see
http://docs.mongodb.org/
Questions? Try the support group
http://groups.google.com/group/mongodb-user
Server has startup warnings:
2023-02-22T17:12:53.281+0800 I CONTROL [initandlisten] ** WARNING: You are running this process as the root user, which is not recommended.
2023-02-22T17:12:53.281+0800 I CONTROL [initandlisten]
2023-02-22T17:12:53.283+0800 I CONTROL [initandlisten]
2023-02-22T17:12:53.283+0800 I CONTROL [initandlisten] ** WARNING: You are running on a NUMA machine.
2023-02-22T17:12:53.284+0800 I CONTROL [initandlisten] ** We suggest launching mongod like this to avoid performance problems:
2023-02-22T17:12:53.284+0800 I CONTROL [initandlisten] ** numactl --interleave=all mongod [other options]
2023-02-22T17:12:53.284+0800 I CONTROL [initandlisten]
2023-02-22T17:12:53.284+0800 I CONTROL [initandlisten] ** WARNING: /sys/kernel/mm/transparent_hugepage/enabled is 'always'.
2023-02-22T17:12:53.284+0800 I CONTROL [initandlisten] ** We suggest setting it to 'never'
2023-02-22T17:12:53.284+0800 I CONTROL [initandlisten]
2023-02-22T17:12:53.284+0800 I CONTROL [initandlisten] ** WARNING: /sys/kernel/mm/transparent_hugepage/defrag is 'always'.
2023-02-22T17:12:53.284+0800 I CONTROL [initandlisten] ** We suggest setting it to 'never'
2023-02-22T17:12:53.285+0800 I CONTROL [initandlisten]
> db.createCollection("weather");
{ "ok" : 1 }
>

图 7-5　创建连接

输入后系统会自动创建 test 数据库，并在 test 数据库中创建一个名为“weather”的 Collection。

双击“MongoDB Output”，在“Configure connection”选项卡的“Host name(s) or IP address(es)”中输入 master 的 IP 地址，“port”保持为“27017”不变，在“Output options”选项卡中单击“Get DBs”按钮并在下拉列表框中选择“test”数据库。单击“Get collections”按钮并在下拉列表框中选择“weather”选项，如图 7-6 所示。

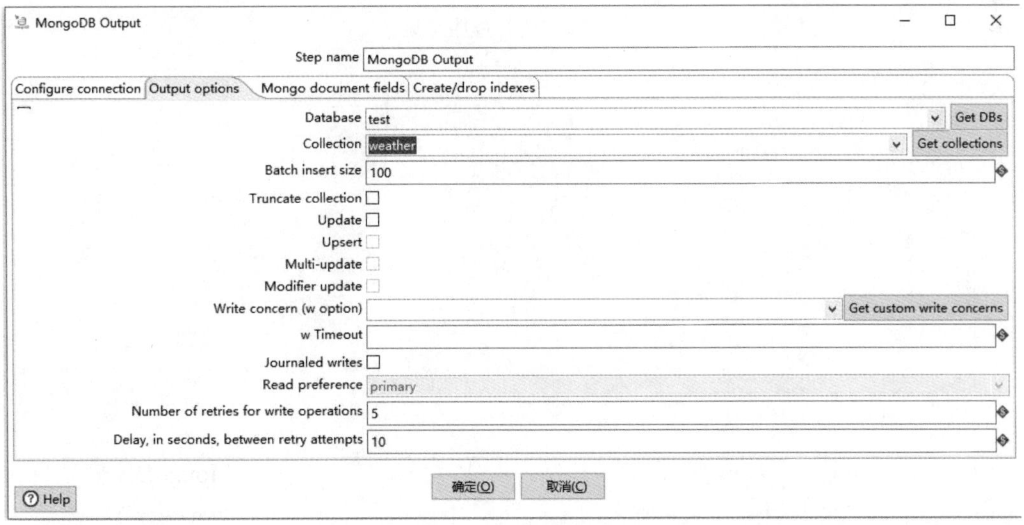
MongoDB Output
Step name
MongoDB Output
Configure connection
Output options
Mongo document fields
Create/drop indexes
Database
test
Get DBs
Collection
weather
Get collections
Batch insert size
100
Truncate collection
Update
Upsert
Multi-update
Modifier update
Write concern (w option)
Get custom write concerns
w Timeout
Journaled writes
Read preference
primary
Number of retries for write operations
5
Delay, in seconds, between retry attempts
10
Help
确定(O)
取消(C)

图 7-6　设置“MongoDB Output”

在“Mongo document fields”选项卡中单击“Get fields”按钮，得到图 7-7 所示的列名。

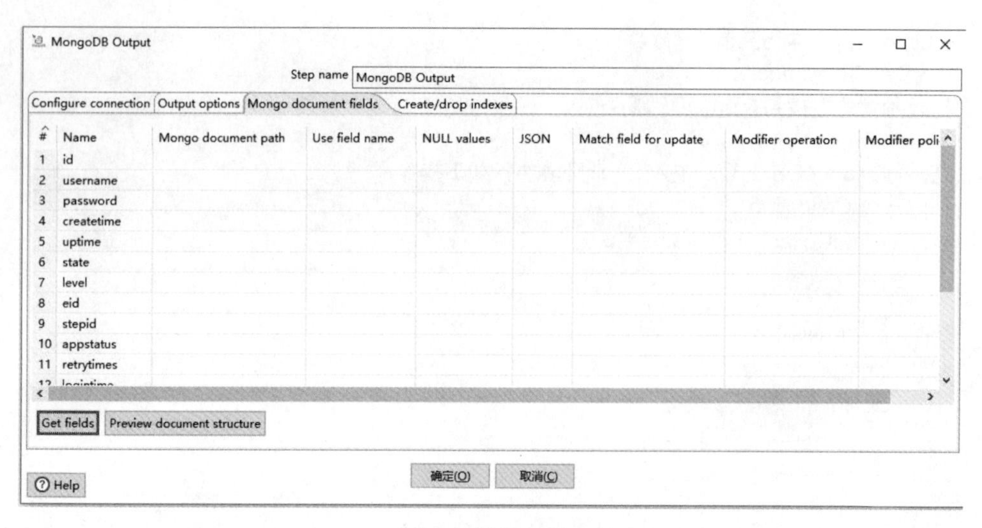

图 7-7　得到列名

7.5　实训结果

按 F9 键执行程序，在“步骤度量”选项卡中可以看到，MySQL 表中的数据已经成功导入 MongoDB 数据库中（图 7-8）。

执行历史 | 日志 | 步骤度量 | 性能图 | Metrics | Preview data

#	步骤名称	复制的记录行数	读	写	输入	输出	更新	拒绝	错误	激活	时间	速度 (条记录/秒)	Pri/in/out
1	表输入	0	0	21	21	0	0	0	0	已完成	0.0s	840	-
2	JSON Output	0	21	21	0	21	0	0	0	已完成	0.0s	553	-
3	MongoDB Output	0	21	0	0	0	0	0	0	已完成	0.1s	164	-

图 7-8　运行程序结果

查看 MongoDB 数据库结果，如图 7-9 所示。

```
> db.weather.find();
{ "_id" : ObjectId("63f5dede6224891e108ced7c"), "id" : "1", "username" : "zhaoyun", "password" : "djsenid", "createtime" : "2020/03/12 12:20", "uptime" : "
2020/03/12 12:20", "state" : "1", "level" : "0", "eid" : "1", "stepid" : "3", "appstatus" : "2", "retrytimes" : "13:20", "logintime" : "13:20", "appname" :
 "yx", "appid" : "13", "mode" : "2", "token" : "h", "outputValue" : "{\"data\":[{\"eid\":\"1\",\"createtime\":\"2020\\/03\\/12 12:20\",\"logintime\":\"13:2
0\",\"level\":\"0\",\"stepid\":\"3\",\"appstatus\":\"2\",\"uptime\":\"2020\\/03\\/12 12:20\",\"retrytimes\":\"13:20\",\"token\":\"h\",\"mode\":\"2\",\"pass
word\":\"djsenid\",\"appname\":\"yx\",\"appid\":\"13\",\"id\":\"1\",\"state\":\"1\",\"username\":\"zhaoyun\"}]}" }
{ "_id" : ObjectId("63f5dede6224891e108ced7d"), "id" : "2", "username" : "huanzhong", "password" : "dlowfkle", "createtime" : "2015/10/11 15:08", "uptime"
: "2015/10/11 15:08", "state" : "2", "level" : "3", "eid" : "4", "stepid" : "5", "appstatus" : "6", "retrytimes" : "13:20", "logintime" : "13:20", "appname
" : "yx", "appid" : "13", "mode" : "2", "token" : "h", "outputValue" : "{\"data\":[{\"eid\":\"4\",\"createtime\":\"2015\\/10\\/11 15:08\",\"logintime\":\"1
3:20\",\"level\":\"3\",\"stepid\":\"5\",\"appstatus\":\"6\",\"uptime\":\"2015\\/10\\/11 15:08\",\"retrytimes\":\"13:20\",\"token\":\"h\",\"mode\":\"2\",\"p
assword\":\"dlowfkle\",\"appname\":\"yx\",\"appid\":\"13\",\"id\":\"2\",\"state\":\"2\",\"username\":\"huanzhong\"}]}" }
{ "_id" : ObjectId("63f5dede6224891e108ced7e"), "id" : "3", "username" : "huanyueying", "password" : "sdfasdsd", "createtime" : "2011/08/12 05:56", "uptime
" : "2011/08/12 05:56", "state" : "2", "level" : "8", "eid" : "9", "stepid" : "6", "appstatus" : "5", "retrytimes" : "13:20", "logintime" : "13:20", "appna
me" : "yx", "appid" : "13", "mode" : "2", "token" : "h", "outputValue" : "{\"data\":[{\"eid\":\"9\",\"createtime\":\"2011\\/08\\/12 05:56\",\"logintime\":\
"13:20\",\"level\":\"8\",\"stepid\":\"6\",\"appstatus\":\"5\",\"uptime\":\"2011\\/08\\/12 05:56\",\"retrytimes\":\"13:20\",\"token\":\"h\",\"mode\":\"2\",\
"password\":\"sdfasdsd\",\"appname\":\"yx\",\"appid\":\"13\",\"id\":\"3\",\"state\":\"2\",\"username\":\"huanyueying\"}]}" }
{ "_id" : ObjectId("63f5dede6224891e108ced7f"), "id" : "4", "username" : "zhugeliang", "password" : "dfghdghd", "createtime" : "2021/05/26 04:32", "uptime"
 : "2021/05/26 04:32", "state" : "4", "level" : "6", "eid" : "8", "stepid" : "6", "appstatus" : "3", "retrytimes" : "13:20", "logintime" : "13:20", "appnam
e" : "yx", "appid" : "13", "mode" : "2", "token" : "h", "outputValue" : "{\"data\":[{\"eid\":\"8\",\"createtime\":\"2021\\/05\\/26 04:32\",\"logintime\":\"
13:20\",\"level\":\"6\",\"stepid\":\"6\",\"appstatus\":\"3\",\"uptime\":\"2021\\/05\\/26 04:32\",\"retrytimes\":\"13:20\",\"token\":\"h\",\"mode\":\"2\",\"
password\":\"dfghdghd\",\"appname\":\"yx\",\"appid\":\"13\",\"id\":\"4\",\"state\":\"4\",\"username\":\"zhugeliang\"}]}" }
{ "_id" : ObjectId("63f5dede6224891e108ced80"), "id" : "5", "username" : "guanyinping", "password" : "retwertr", "createtime" : "2019/03/15 03:20", "uptime
" : "2019/03/15 03:20", "state" : "3", "level" : "3", "eid" : "5", "stepid" : "8", "appstatus" : "9", "retrytimes" : "13:20", "logintime" : "13:20", "appna
me" : "yx", "appid" : "13", "mode" : "2", "token" : "h", "outputValue" : "{\"data\":[{\"eid\":\"5\",\"createtime\":\"2019\\/03\\/15 03:20\",\"logintime\":\
"13:20\",\"level\":\"3\",\"stepid\":\"8\",\"appstatus\":\"9\",\"uptime\":\"2019\\/03\\/15 03:20\",\"retrytimes\":\"13:20\",\"token\":\"h\",\"mode\":\"2\",\
"password\":\"retwertr\",\"appname\":\"yx\",\"appid\":\"13\",\"id\":\"5\",\"state\":\"3\",\"username\":\"guanyinping\"}]}" }
{ "_id" : ObjectId("63f5dede6224891e108ced81"), "id" : "6", "username" : "zhangji", "password" : "wertef", "createtime" : "2015/12/01 08:20", "uptime" : "2
015/12/01 08:20", "state" : "6", "level" : "2", "eid" : "4", "stepid" : "6", "appstatus" : "0", "retrytimes" : "13:20", "logintime" : "13:20", "appname" :
"yx", "appid" : "13", "mode" : "2", "token" : "h", "outputValue" : "{\"data\":[{\"eid\":\"4\",\"createtime\":\"2015\\/12\\/01 08:20\",\"logintime\":\"13:20
\",\"level\":\"2\",\"stepid\":\"6\",\"appstatus\":\"0\",\"uptime\":\"2015\\/12\\/01 08:20\",\"retrytimes\":\"13:20\",\"token\":\"h\",\"mode\":\"2\",\"passw
ord\":\"wertef\",\"appname\":\"yx\",\"appid\":\"13\",\"id\":\"6\",\"state\":\"6\",\"username\":\"zhangji\"}]}" }
{ "_id" : ObjectId("63f5dede6224891e108ced82"), "id" : "7", "username" : "xushu", "password" : "gdfggs", "createtime" : "2019/08/05 19:30", "uptime" : "201
9/08/05 19:30", "state" : "8", "level" : "7", "eid" : "9", "stepid" : "2", "appstatus" : "6", "retrytimes" : "13:20", "logintime" : "13:20", "appname" : "y
x", "appid" : "13", "mode" : "2", "token" : "h", "outputValue" : "{\"data\":[{\"eid\":\"9\",\"createtime\":\"2019\\/08\\/05 19:30\",\"logintime\":\"13:20\"
,\"level\":\"7\",\"stepid\":\"2\",\"appstatus\":\"6\",\"uptime\":\"2019\\/08\\/05 19:30\",\"retrytimes\":\"13:20\",\"token\":\"h\",\"mode\":\"2\",\"passwor
d\":\"gdfggs\",\"appname\":\"yx\",\"appid\":\"13\",\"id\":\"7\",\"state\":\"8\",\"username\":\"xushu\"}]}" }
{ "_id" : ObjectId("63f5dede6224891e108ced83"), "id" : "8", "username" : "simayi", "password" : "rtefgdfs", "createtime" : "2021/07/08 16:30", "uptime" : "
2021/07/08 16:30", "state" : "8", "level" : "0", "eid" : "6", "stepid" : "3", "appstatus" : "4", "retrytimes" : "13:20", "logintime" : "13:20", "appname" :
```

图 7-9　查看 MongoDB 数据库结果

由图 7-9 可以看出，MySQL 中 user 表的数据已经迁移到 MongoDB 数据库中。

数据库增量数据抽取

8.1 实训目的

- ❑ 了解数据库增量数据抽取的方法。
- ❑ 定义增量数据抽取的条件，实现数据抽取。

8.2 实训要求

- ❑ 掌握数据库增量数据抽取的方法。
- ❑ 理解以时间戳作为增量数据抽取的条件，实现数据抽取。
- ❑ 掌握简单的数据表创建、查询语句。
- ❑ 掌握相关组件的使用方法。

8.3 实训原理

在实际应用中，增量数据抽取比全量数据抽取更加高效和普遍。增量数据抽取一般通过基于时间戳和标识字段两种方式来实现。

- ❑ 时间戳方式：在数据表中增加一个时间戳字段，以时间戳字段的值为依据，判断数据表中是否存在最新数据，然后把新增或更新的数据抽取出来。
- ❑ 标识字段方式：在数据表中指定标识字段，类似自增长的主键，增量数据抽取时先比对标识字段最大值，把大于最大值的数据抽取出来。

本实训自动生成数据库文件，并利用生成的数据库文件，完成全量数据抽取、增量数据抽取实训。

8.4 实训步骤

在 MySQL 数据库中创建数据表 time_job 和备份表 time_job_bak。数据表 time_job 和备份表 time_job_bak 的表结构相同，均包含 uuid、create_time、update_time 三个字段。创建数据库代码如下。

```
create databse test;
// 进入 test 数据库
use  test;
// 创建 time_job 表
Create  table time_job(
uuid varchar(255) NOT NULL,
cteate_time datetime DEFAULT NULL,
update_time datetime DEFAULT NULL
) ENGINE=InnoDB DEFAULT CHARSET=utf8;
// 创建 time_job_bak 表
Create table time_job_bak(
uuid varchar(255) NOT NULL,
create_time datetime DEFAULT NULL,
update_time datetime DEFAULT NULL
)ENGINE=InnoDB DEFAULT CHARSET=utf8;
```

在 master 节点输入“mysql -u root –p 密码”（其中“密码”为自己数据库的密码）。

启动 Kettle 软件，新建一个转换并保存。这里不再展示效果图。在左边核心组件的“步骤”中搜索“生成随机数”和“获取系统信息”，拖曳到右边设计区，双击打开设置窗口，按照图 8-1 填写参数。

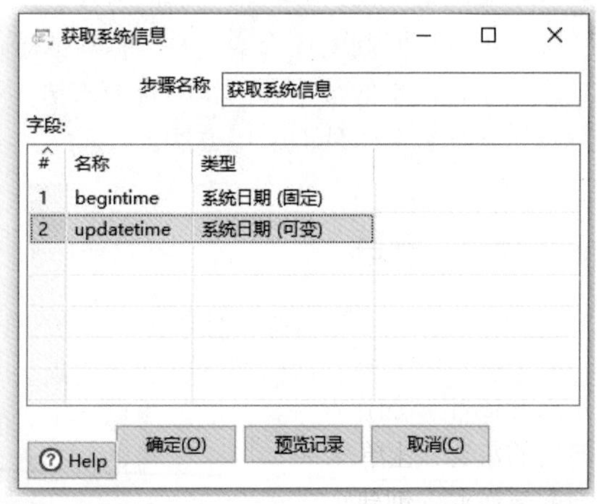

图 8-1 参数填写

在左边的核心组件中选择“表输出”，双击打开设置窗口，按照图 8-2 填写参数。

保存并命名为“增量抽取源表生成”，按 F9 键，如果执行结果无异常则表示执行成功，在“Preview data”选项卡中可以直接查看运行结果，如图 8-3 所示。

图 8-2 “表输出”参数填写

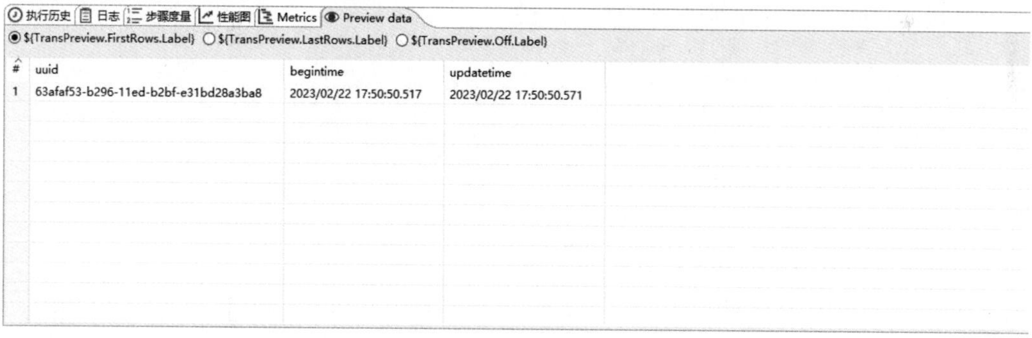

图 8-3 运行结果

定时增加数据源。作为增量数据抽取的数据源表，需要对该表添加更多的数据，通过在 Kettle 中添加作业（Job）来实现持续向 time_job 表中添加记录。作业作为包含多个转换的集合，让单次执行的转换成为持续或定时调度运行的工作。通过 Ctrl+Alt+N 组合键创建作业，创建后保存并命名为“生成增量测试源表”。在搜索框中输入“START”“转换”“写日志”，拖曳到设计区，日志文件不必设置，执行时，具体的执行日志会在下面打印出来。

创建作业定时调度与转换的操作如图 8-4 和图 8-5 所示。

图 8-4　作业定时调度

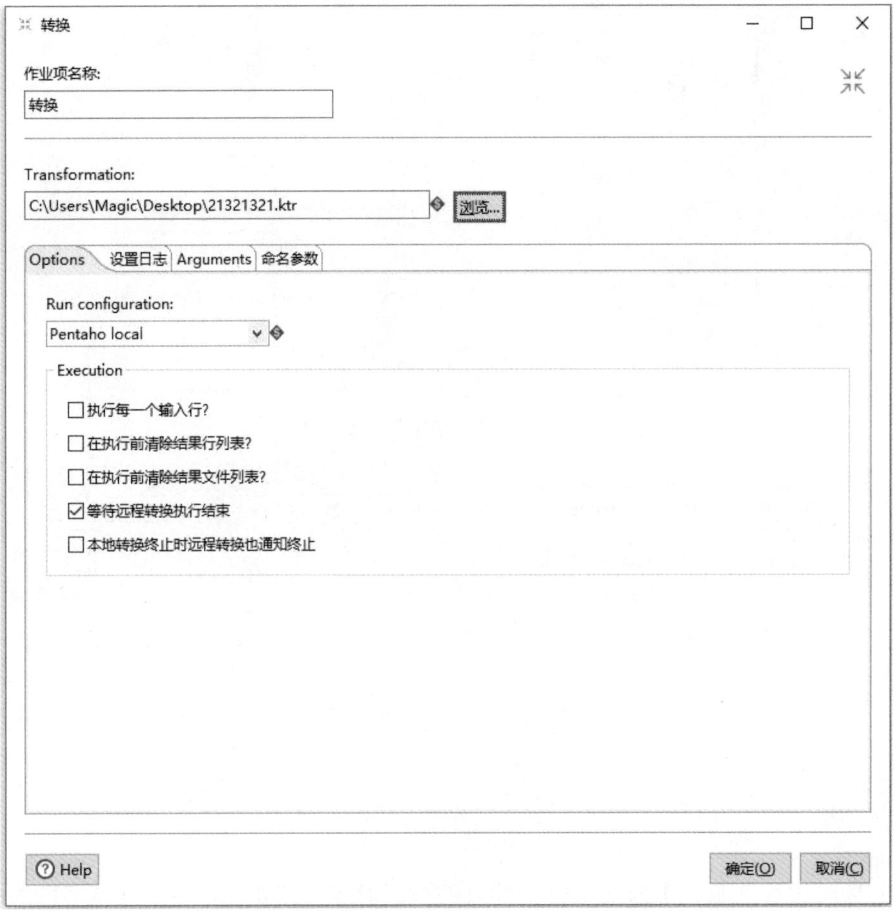

图 8-5　转换

注意："Transformation"选项根据转换所保存的路径进行选择。

按 F9 键，如果执行结果无异常则表示执行成功（图 8-6），但是 Job 中"START"设置有时间间隔，程序会持续执行转换，向 time_job 表添加数据，1 分钟后单击"Stop thecurrently running job"按钮，停止该作业，然后在数据库中查看数据（图 8-7）。

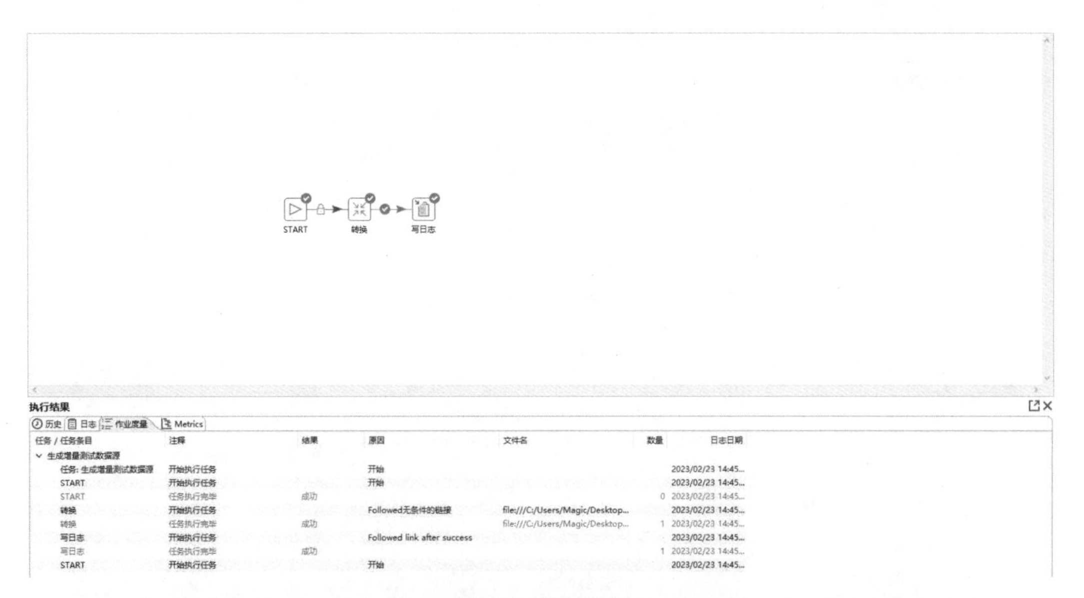

图 8-6　执行结果

```
MySQL [(none)]> select count(*) from test.time_job;
+----------+
| count(*) |
+----------+
|       60 |
+----------+
1 row in set (0.00 sec)

MySQL [(none)]> select * from test.time_job;
+--------------------------------------+---------------------+---------------------+
| uuid                                 | create_time         | update_time         |
+--------------------------------------+---------------------+---------------------+
| 0245dcaf-a4ec-11e8-96e1-7f867943fdec | 2018-08-21 10:43:39 | 2018-08-21 10:43:39 |
| 056210d0-a4ec-11e8-96e1-7f867943fdec | 2018-08-21 10:43:44 | 2018-08-21 10:43:44 |
| 087b10a1-a4ec-11e8-96e1-7f867943fdec | 2018-08-21 10:43:49 | 2018-08-21 10:43:50 |
| 0b9485a2-a4ec-11e8-96e1-7f867943fdec | 2018-08-21 10:43:55 | 2018-08-21 10:43:55 |
| 0ead3753-a4ec-11e8-96e1-7f867943fdec | 2018-08-21 10:44:00 | 2018-08-21 10:44:00 |
| 11c80be4-a4ec-11e8-96e1-7f867943fdec | 2018-08-21 10:44:05 | 2018-08-21 10:44:05 |
| 14e2e075-a4ec-11e8-96e1-7f867943fdec | 2018-08-21 10:44:10 | 2018-08-21 10:44:10 |
| 17fb1cf6-a4ec-11e8-96e1-7f867943fdec | 2018-08-21 10:44:15 | 2018-08-21 10:44:16 |
| 1b163fa7-a4ec-11e8-96e1-7f867943fdec | 2018-08-21 10:44:21 | 2018-08-21 10:44:21 |
```

图 8-7　在数据库中查看数据

将 time_job 表中的数据全量抽取到 time_job_bak 表中。在左边搜索“表输入”和“表输出”，并拖曳到设计区，此时可以直接在下方“Preview data”选项卡中查看运行结果，其中参数设置如图 8-8 所示。

利用以下代码查看表中数据量。

```
select count(*) from test.time_job;
select count(*) from test.time_job_bak;
```

两者一致，如图 8-9 所示，说明全量抽取步骤正确。

表输入

步骤名称 表输入

数据库连接 test 编辑... 新建... Wizard...

SQL 获取SQL查询语句...

```
SELECT * FROM time_job;
```

行1 列0

允许简易转换

替换 SQL 语句里的变量

从步骤插入数据

执行每一行?

记录数量限制 0

Help 确定(O) 预览(P) 取消(C)

表输出

步骤名称 表输出

数据库连接 test 编辑... 新建... Wizard...

目标模式 浏览(B)...

目标表 time_job_bak 浏览(B)...

提交记录数量 1000

裁剪表

忽略插入错误

指定数据库字段 ☑

主选项 数据库字段

插入的字段:

#	表字段	流字段
1	uuid	uuid
2	cteate_time	cteate_time
3	update_time	update_time

获取字段 输入字段映射

Help 确定(O) 取消(C) SQL

图 8-8　全量抽取过程中的参数设置

```
MariaDB [test]> select count(*) from test.time_job_bak;
+----------+
| count(*) |
+----------+
|        5 |
+----------+
1 row in set (0.00 sec)

MariaDB [test]> select count(*) from test.time_job;
+----------+
| count(*) |
+----------+
|        5 |
+----------+
1 row in set (0.00 sec)
```

图 8-9　查看结果

新建转换并命名为“设置增量抽取最大时间戳”，在左边搜索框中输入“表输入”和“设置变量”，拖曳到设计区，并对步骤名称进行重命名。随着步骤越来越多，对步骤重命名有利于别人阅读和自己检查。需要注意的是，在设置“设置最大更新变量”时，输入参数并单击“确定”按钮后，会弹出警告信息，这是因为当前设置的环境变量在这个转换中无法使用，解决方法是在作业的第一转化中使用“设置变量”对象；或者忽略警告，因为接下来的步骤会获取该变量。具体操作如图 8-10 和图 8-11 所示。

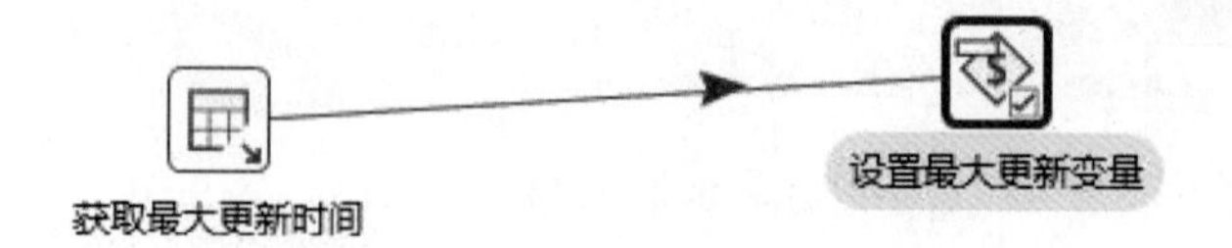

图 8-10　拉取连线

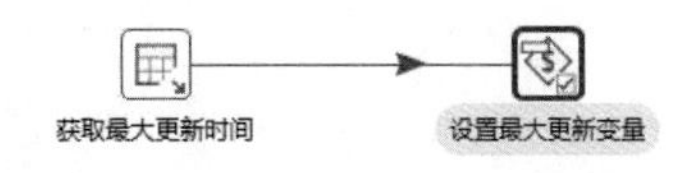

图 8-11　设置步骤

新建转换并命名为“增量抽取到目标表”，在左边搜索框中输入“获取变量”“表输入”“表输出”，拖曳到设计区，三个组件的设置如图 8-12～图 8-15 所示。

新建 Job（工作）并命名为“增量抽取测试作业”，在左边搜索框中输入“START”“转换”“转换”，拖曳到设计区，分别将两个“转换”组件重命名为“设置增量抽取最大时间戳”和“设置增量抽取目标表”，三个组件的设置如图 8-16 所示。

按照上面的方法，将“转换”组件分别与“设置增量抽取最大时间戳”和“设置增量抽取目标表”转换绑定在一起，执行该 Job 前，先执行“生成增量测试源表”作业，在 time_job 表中增加新数据。

图 8-12　组件流程设置

图 8-13　设置“获取变量”

表输入

步骤名称 表输入

数据库连接 test 编辑... 新建... Wizard...

SQL 获取SQL查询语句...

```
SELECT * FROM time_job WHERE update_time>'${MAXTIME}
```

行1 列51

允许简易转换 ☐

替换 SQL 语句里的变量 ☑

从步骤插入数据

执行每一行? ☐

记录数量限制 0

Help 确定(O) 预览(P) 取消(C)

图 8-14　设置“表输入”

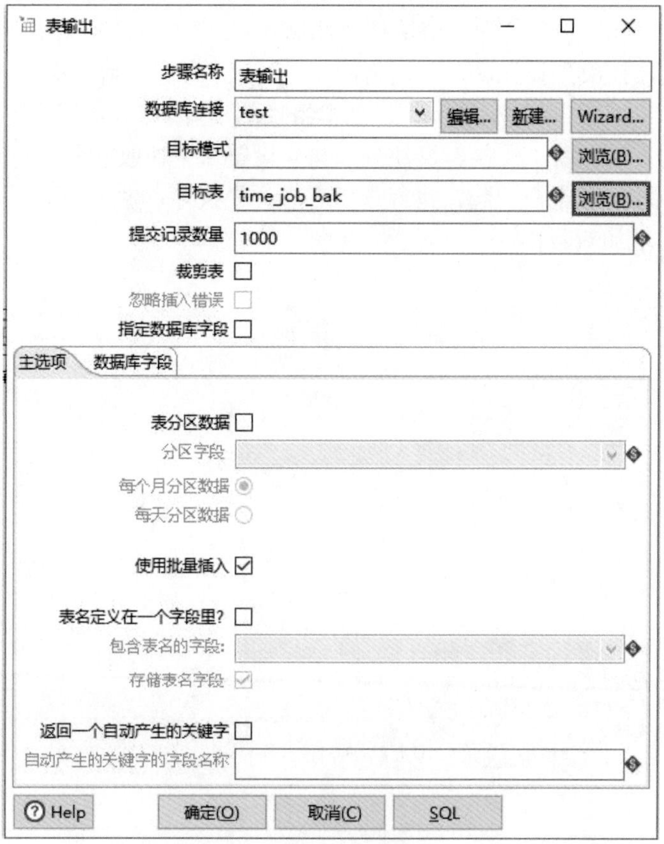

表输出

步骤名称 表输出

数据库连接 test 编辑... 新建... Wizard...

目标模式 浏览(B)...

目标表 time_job_bak 浏览(B)...

提交记录数量 1000

裁剪表 ☐

忽略插入错误 ☐

指定数据库字段 ☐

主选项 数据库字段

表分区数据 ☐

分区字段

每个月分区数据

每天分区数据

使用批量插入 ☑

表名定义在一个字段里? ☐

包含表名的字段:

存储表名字段 ☑

返回一个自动产生的关键字 ☐

自动产生的关键字的字段名称

Help 确定(O) 取消(C) SQL

图 8-15　设置“表输出”

执行结果

历史 | 日志 | 作业度量 | Metrics

任务 / 任务条目	注释	结果	原因	文件名	数量	日志日期
∨ 增量抽取测试作业						
任务: 增量抽取测试作业	开始执行任务		开始			2023/02/23 15:36...
START	开始执行任务		开始			2023/02/23 15:36...
START	任务执行完毕	成功			0	2023/02/23 15:36...
设置增量抽取最大时间戳	开始执行任务		Followed无条件的链接	file:///C:/Users/Magic/Desktop...		2023/02/23 15:36...
设置增量抽取最大时间戳	任务执行完毕	成功		file:///C:/Users/Magic/Desktop...	1	2023/02/23 15:36...
设置增量抽取目标表	开始执行任务		Followed link after success	file:///C:/Users/Magic/Desktop...		2023/02/23 15:36...
设置增量抽取目标表	任务执行完毕	成功		file:///C:/Users/Magic/Desktop...	2	2023/02/23 15:36...
任务: 增量抽取测试作业	任务执行完毕	成功	完成		2	2023/02/23 15:36...

图 8-16 三个组件的设置

8.5 实训结果

原始数据量为 81 条（实训时是 81 条，具体数据量与自己的运行时间有关），结果如图 8-17 和图 8-18 所示。

```
MySQL [test]> select count(*) from time_job;
+----------+
| count(*) |
+----------+
|       81 |
+----------+
```

图 8-17 查看原始数据量

```
MySQL [test]> select count(*) from time_job_bak;
+----------+
| count(*) |
+----------+
|       81 |
+----------+
```

图 8-18 查看原始数据备份数量

运行“生成增量测试源表”作业后，time_job 数据量为 94 条，增加了 13 条，如图 8-19 所示，表明完成了从 time_job 表到 time_job_bak 表的增量抽取。

```
MySQL [test]> select count(*) from time_job;
+----------+
| count(*) |
+----------+
|       94 |
+----------+
1 row in set (0.00 sec)
```

图 8-19 生成增量测试源表结果

数据增删改的增量更新

9.1 实训目的

通过触发器对数据进行增删改同步。

9.2 实训要求

- ❑ 熟悉数据库中触发器的使用方法。
- ❑ 熟悉实训流程，理解实训思路。
- ❑ 完成实训步骤。

9.3 实训原理

本实训使用触发器+快照表进行数据增量更新。

实训的思路是，在进行数据同步时，源数据表为A表，A表要对目标表（target table）B表和C表进行数据的同步更新。即A表中的对应字段发生变化之后，会通过触发器将对应变化的字段在A表中的主键值写入一个临时表temp中（该表作为快照表使用）。快照表中只有两个字段，一个是temp_id，是快照表的主键；另一个是A_id，记录的是在A表中发生变化的字段对应的主键值。

```
temp(temp_id int primary key auto_increment, A_id int);
```

接下来，通过对快照表temp进行扫描，把在B表和C表中出现的与temp表中A_id相匹配的字段从B表和C表中移除。然后，让A表作为源表，让B表和C表作为目标表，对 B 表和 C 表做插入/更新操作，这样就实现了 A 表对 B 表和 C 表的更新，在后续的操作中可以使用 SQL 语句将 temp 表以及触发器进行 drop 操作，以免其浪费内存资源。在创建 trigger（触发器）时，只要针对 A 表的删除、更新操作进行创建即可。

下面来分析一下对 A 表进行不同操作的情况。

（1）向 A 表中插入一行数据：没有对应的触发器，新插入 A 表的 recorder 并没有被记录到 temp 快照表中，所以不会对 B 表和 C 表中对应的字段进行移除操作。不对 A 表的 Insert（插入）操作创建 trigger 可以避免。如果对 A 表进行插入的主键值在 B 表和 C 表中根本找不到，那么无法根据 temp 中记录的主键值对 B 表和 C 表中的字段进行移除。

即便不建立触发器，后续操作中仍会因为有插入/更新这个步骤，对 B 表和 C 表进行插入操作。

（2）从 A 表中删除一行数据：对应创建的触发器会将 A 表中被删除的主键字段写入 temp 这个快照表中，接下来会依照 temp 表中的字段对 B 表和 C 表中的记录进行移除操作。而在后续的插入更新操作中，A 表已经将该记录进行移除，所以没有对应的记录对 B 表和 C 表进行插入操作。

（3）对 A 表中的某一条记录进行 Update（更新）操作：对应 Update 进行创建的触发器会把 A 表中被更新的记录所对应的主键值写入快照表 temp 中，接下来会根据 temp 表中的主键值对 B 表和 C 表中的字段进行移除，然后对 B 表和 C 表依照 A 表中的字段进行插入更新操作。插入更新操作遵循以下规则：如果主键值相等，目标表对应字段与源表对应字段不相同，就会对目标表字段依照源表进行更新；如果某条记录的主键值在源表中出现，但是在目标表中没有出现，则依照源表对目标表进行相应的插入操作。

9.4　实训步骤

准备实训数据；登录 master 节点，输入“mysql -u root –p 密码”。

进入 MySQL 数据库并执行 SQL 语句，代码如下。

```
--进入 test 数据库
create databse test;
Use test;
--创建表 A、B 和 C
CREATE TABLE A (ID INT,NAME CHAR(20),AGE INT);
CREATE TABLE B (ID INT,NAME CHAR(20),AGE INT);
CREATE TABLE C (ID INT,NAME CHAR(20),AGE INT);
--在表中插入数据
INSERT  INTO  A  VALUES(1,'INUYASHA',29),(3,'KAGOME',22),(4,'TEGO',28),(5,'KOKIA',19),
(7,'NARUTOU',18),(8,'SAKURA',16),(12,'TEST_NAME',25);

INSERT  INTO  B  VALUES(1,'INUYASHA',29),(3,'KAGOME',22),(4,'TEGO',28),(5,'KOKIA',19),
(7,'NARUTOU',18),(8,'SAKURA',16),(12,'TEST_NAME',25);

INSERT  INTO  C  VALUES(1,'INUYASHA',29),(3,'KAGOME',22),(4,'TEGO',28),(5,'KOKIA',19),
```

```
(7,'NARUTOU',18),(8,'SAKURA',16),(12,'TEST_NAME',25);
--创建临时表
CREATE TABLE TEMP(TEMP_ID INT PRIMARY KEY AUTO_INCREMENT,A_ID INT);
--创建触发器
--更新
CREATE TRIGGER trig_A_update AFTER UPDATE ON A
FOR EACH ROW
INSERT INTO TEMP VALUES(NULL,NEW.ID);
--删除
CREATE TRIGGER trig_A_delete BEFORE DELETE ON A
FOR EACH ROW
INSERT INTO TEMP VALUES(NULL,OLD.ID);
```

执行完毕后，可以利用“select * from A; select * from B; select * from C;”指令进行查看。数据不再展示。

打开 Kettle 软件后新建一个作业，命名为“增量抽取”，在左边“通用”中找到“START”“作业”“成功”，并拖曳到右边作业区。完成后如图 9-1 所示。

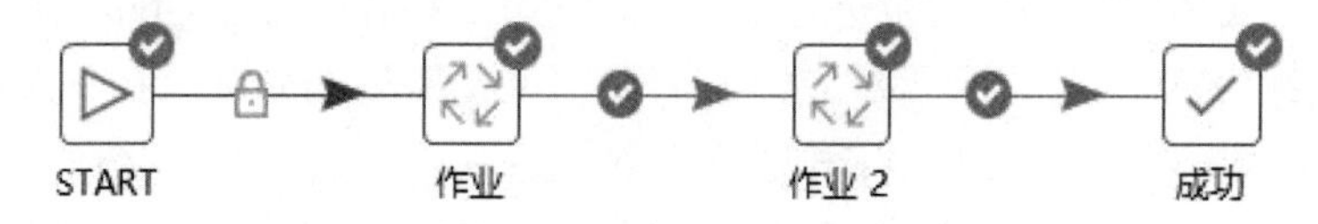

图 9-1 “增量抽取”流程设置

新建一个转换，命名为“删除 BC”，选取组件“表输入”“排序记录”“去除重复记录”“删除”，数据库的配置已介绍多次，这里不再叙述，具体步骤可参考之前的实训。流程图如图 9-2 所示。

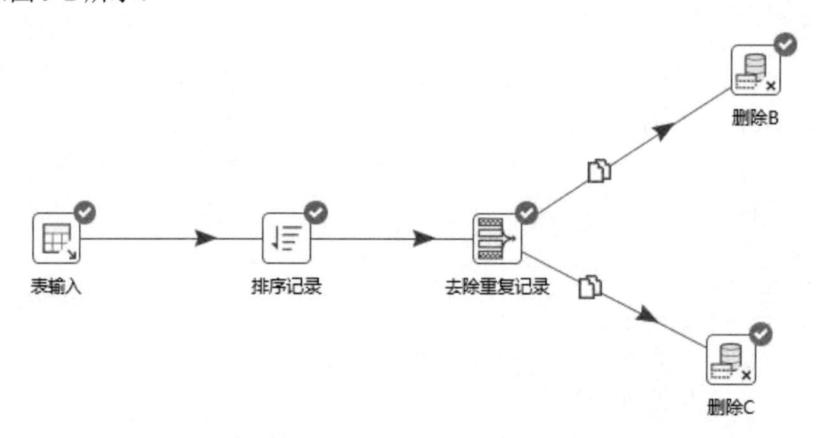

图 9-2 “删除 BC”流程设置

组件“表输入”和“排序记录”的设置如图 9-3 所示，表输入的 SQL 语句为“SELECT A_ID FROM TEMP”。

组件“去除重复记录”和“删除”的设置如图 9-4 所示。“删除 B”和“删除 C”的设置除目标表之外其余都一致。

图 9-3　设置“表输入”和“排序记录”

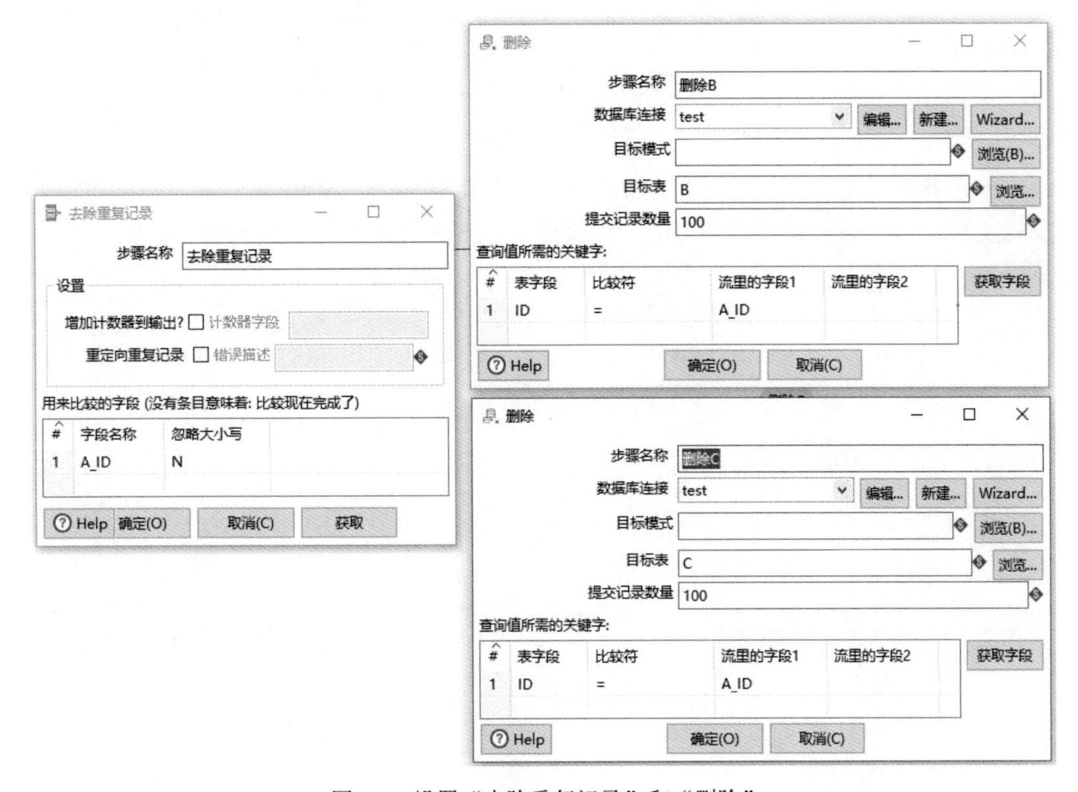

图 9-4　设置“去除重复记录”和“删除”

新建一个转换，命名为“插入更新 BC”，选取组件“表输入”和“插入/更新”，如图 9-5 所示。

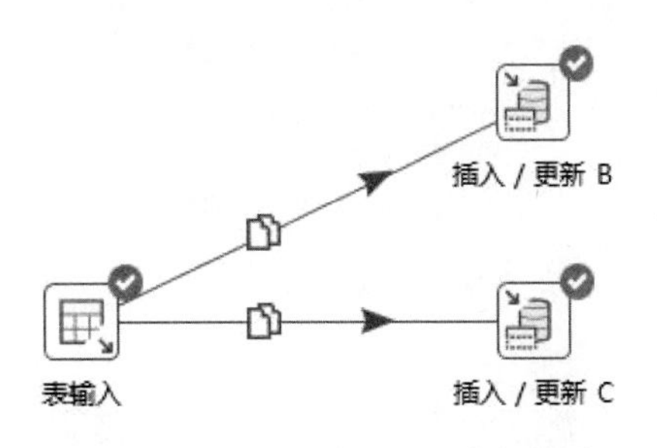

图 9-5　“插入更新 BC”流程设置

“表输入”的配置不再介绍，输入的 SQL 语句为“SELECT ID, NAME, AGE FROM A”（图 9-6）；“插入/更新”配置如下：“插入/更新 B”和“插入/更新 C”的设置几乎一样，只是目标表不一致，其中“插入/更新 C”的目标表是 C 表（图 9-6）。

图 9-6 设置“表输入”和“插入/更新”

新建一个作业，命名为“基于触发器的同步”，选取组件如图 9-7 所示，并将以上步骤“删除 BC”和“插入更新 BC”转换导入对应的组件中，如图 9-8 所示。

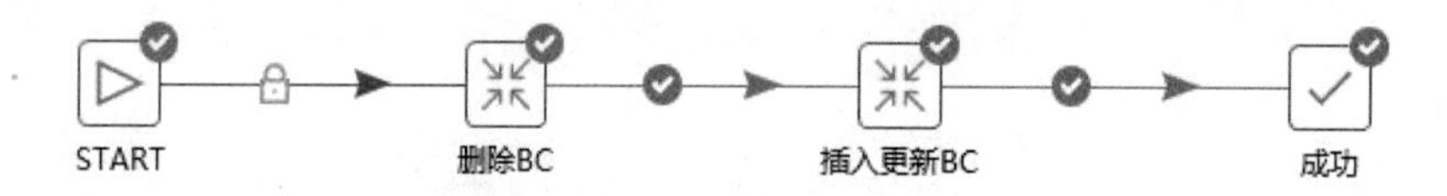

图 9-7 新建作业流程

图 9-8 设置转换

新建一个作业，命名为“基于触发器的删除”，选取“START”“SQL”“成功”三个组件，如图 9-9 所示。

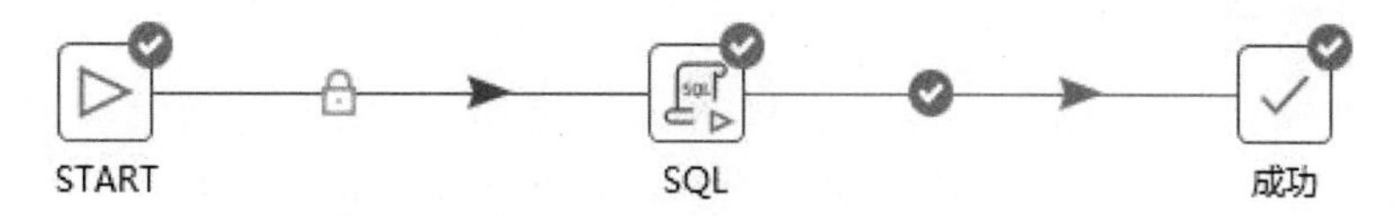

图 9-9　新建作业流程

编辑“SQL”组件：进行数据库连接，连接后输入 SQL 脚本，如图 9-10 所示。

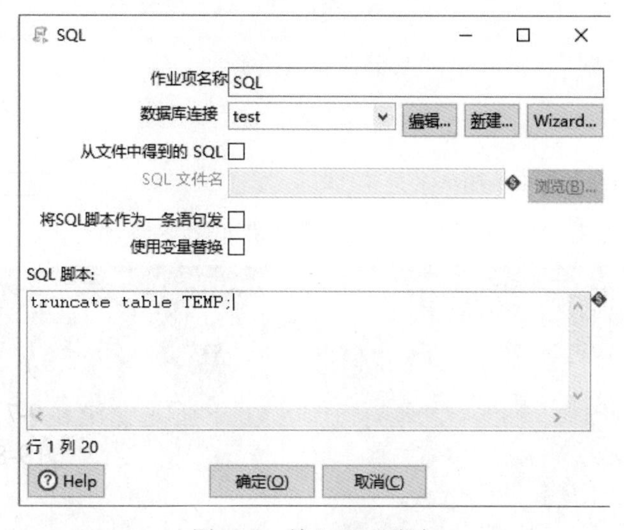

图 9-10　输入 SQL 脚本

删除临时表数据的原因主要是避免影响下次运行的正确性，如果不进行删除，临时表更新时的 ID 会影响删除操作，即将更新后的数据删除。

最后将作业、转换与组件进行绑定，双击“增量抽取”作业中的“作业”组件进入设置窗口。单击“浏览”按钮，选择绑定的文件（图 9-11）。

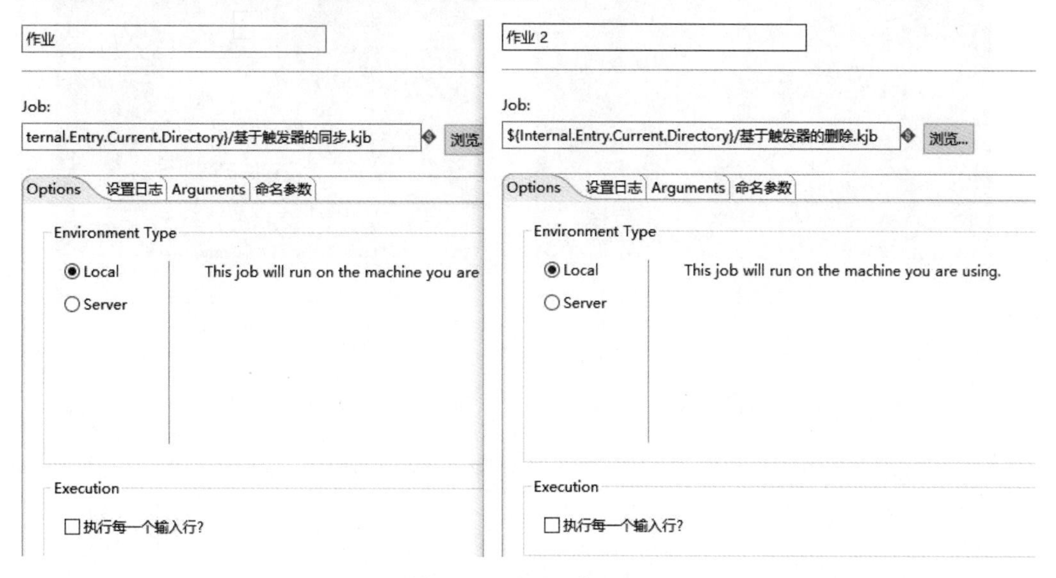

图 9-11　设置“作业”

实训对应的绑定如下。

- “作业”组件与基于触发器的同步.kjb 进行绑定。
- “作业 2”组件与基于触发器的删除.kjb 进行绑定。

9.5 实训结果

在 A 中插入数据，A、B 和 C 三个表的原始数据一致。

```
INSERT INTO A VALUES(66, 'TOM', 30);
```

插入数据后的结果如图 9-12 所示。

按 F9 键，执行“增量抽取”作业。查询结果如图 9-13 所示。

```
MariaDB [test]> select * from A;
+------+-----------+------+
| ID   | NAME      | AGE  |
+------+-----------+------+
|    1 | INUYASHA  |   29 |
|    3 | KAGOME    |   22 |
|    4 | TEGO      |   28 |
|    5 | KOKIA     |   19 |
|    7 | NARUTOU   |   18 |
|    8 | SAKURA    |   16 |
|   12 | TEST_NAME |   25 |
|   66 | TOM       |   30 |
+------+-----------+------+
8 rows in set (0.00 sec)

MariaDB [test]> select * from B;
+------+-----------+------+
| ID   | NAME      | AGE  |
+------+-----------+------+
|    1 | INUYASHA  |   29 |
|    3 | KAGOME    |   22 |
|    4 | TEGO      |   28 |
|    5 | KOKIA     |   19 |
|    7 | NARUTOU   |   18 |
|    8 | SAKURA    |   16 |
|   12 | TEST_NAME |   25 |
+------+-----------+------+
7 rows in set (0.00 sec)
```

图 9-12 插入数据后的结果

```
MariaDB [test]> select * from B;
+------+-----------+------+
| ID   | NAME      | AGE  |
+------+-----------+------+
|    1 | INUYASHA  |   29 |
|    3 | KAGOME    |   22 |
|    4 | TEGO      |   28 |
|    5 | KOKIA     |   19 |
|    7 | NARUTOU   |   18 |
|    8 | SAKURA    |   16 |
|   12 | TEST_NAME |   25 |
|   66 | TOM       |   30 |
+------+-----------+------+
8 rows in set (0.00 sec)

MariaDB [test]> select * from C;
+------+-----------+------+
| ID   | NAME      | AGE  |
+------+-----------+------+
|    1 | INUYASHA  |   29 |
|    3 | KAGOME    |   22 |
|    4 | TEGO      |   28 |
|    5 | KOKIA     |   19 |
|    7 | NARUTOU   |   18 |
|    8 | SAKURA    |   16 |
|   12 | TEST_NAME |   25 |
|   66 | TOM       |   30 |
+------+-----------+------+
8 rows in set (0.00 sec)
```

图 9-13 查询结果

执行更新操作，结果如图 9-14 所示。

```
update A set AGE=100 where id =66;
```

再次执行“增量抽取”作业，运行结果与图 9-14 一致，如图 9-15 所示。

执行删除操作，结果如图 9-16 所示。

```
delete from A where id=66;
```

```
MariaDB [test]> select * from A;
+------+-----------+------+
| ID   | NAME      | AGE  |
+------+-----------+------+
|    1 | INUYASHA  |   29 |
|    3 | KAGOME    |   22 |
|    4 | TEGO      |   28 |
|    5 | KOKIA     |   19 |
|    7 | NARUTOU   |   18 |
|    8 | SAKURA    |   16 |
|   12 | TEST_NAME |   25 |
|   66 | TOM       |  100 |
+------+-----------+------+
8 rows in set (0.00 sec)
```

图 9-14　执行更新后的结果

```
MariaDB [test]> select * from B;
+------+-----------+------+
| ID   | NAME      | AGE  |
+------+-----------+------+
|    1 | INUYASHA  |   29 |
|    3 | KAGOME    |   22 |
|    4 | TEGO      |   28 |
|    5 | KOKIA     |   19 |
|    7 | NARUTOU   |   18 |
|    8 | SAKURA    |   16 |
|   12 | TEST_NAME |   25 |
|   66 | TOM       |  100 |
+------+-----------+------+
8 rows in set (0.00 sec)

MariaDB [test]> select * from C;
+------+-----------+------+
| ID   | NAME      | AGE  |
+------+-----------+------+
|    1 | INUYASHA  |   29 |
|    3 | KAGOME    |   22 |
|    4 | TEGO      |   28 |
|    5 | KOKIA     |   19 |
|    7 | NARUTOU   |   18 |
|    8 | SAKURA    |   16 |
|   12 | TEST_NAME |   25 |
|   66 | TOM       |  100 |
+------+-----------+------+
8 rows in set (0.00 sec)
```

图 9-15　再次执行“增量抽取”作业的运行结果

再次执行“增量抽取”作业，运行结果如图 9-17 所示。

```
MariaDB [test]> select * from A;
+------+-----------+------+
| ID   | NAME      | AGE  |
+------+-----------+------+
|    1 | INUYASHA  |   29 |
|    3 | KAGOME    |   22 |
|    4 | TEGO      |   28 |
|    5 | KOKIA     |   19 |
|    7 | NARUTOU   |   18 |
|    8 | SAKURA    |   16 |
|   12 | TEST_NAME |   25 |
+------+-----------+------+
7 rows in set (0.00 sec)
```

图 9-16　执行删除操作后的结果

```
MariaDB [test]> select * from B;
+------+-----------+------+
| ID   | NAME      | AGE  |
+------+-----------+------+
|    1 | INUYASHA  |   29 |
|    3 | KAGOME    |   22 |
|    4 | TEGO      |   28 |
|    5 | KOKIA     |   19 |
|    7 | NARUTOU   |   18 |
|    8 | SAKURA    |   16 |
|   12 | TEST_NAME |   25 |
+------+-----------+------+
7 rows in set (0.00 sec)

MariaDB [test]> select * from C;
+------+-----------+------+
| ID   | NAME      | AGE  |
+------+-----------+------+
|    1 | INUYASHA  |   29 |
|    3 | KAGOME    |   22 |
|    4 | TEGO      |   28 |
|    5 | KOKIA     |   19 |
|    7 | NARUTOU   |   18 |
|    8 | SAKURA    |   16 |
|   12 | TEST_NAME |   25 |
+------+-----------+------+
7 rows in set (0.00 sec)
```

图 9-17　执行删除操作后再次执行“增量抽取”作业的运行结果

数据脱敏

10.1 实训目的

了解数据脱敏的原理。

10.2 实训要求

- ❑ 掌握数据脱敏的原理。
- ❑ 掌握 des 加密组件的使用方法。
- ❑ 掌握部分正则表达式的使用方法。

10.3 实训原理

数据脱敏是指对某些敏感信息通过脱敏规则进行数据的变形，实现敏感隐私数据的可靠保护。在涉及客户安全数据或者一些商业性敏感数据时，在不违反系统规则的条件下，对真实数据进行改造并提供测试使用，如身份证号、手机号、卡号、客户号等个人信息，都需要进行数据脱敏。

des 对称加密是一种比较传统的加密方式，其加密运算、解密运算使用的是同样的密钥，信息的发送者和信息的接收者在进行信息的传输与处理时，必须共同持有该密码（称为对称密码），是一种对称加密算法。

10.4　实训步骤

登录 master 节点，在/root/dataset 目录中下载实训需要的数据 student.sql。

在 master 节点输入“mysql -u root –p 密码”。

```
create databse test;
mysql> use test;
mysql> source /root/dataset/student.sql;
```

打开 Kettle 软件，新建转换。在左边核心组件中搜索“表输入”，拖曳到右边设计区，实训所需的组件如图 10-1 所示，这里不再一一叙述。

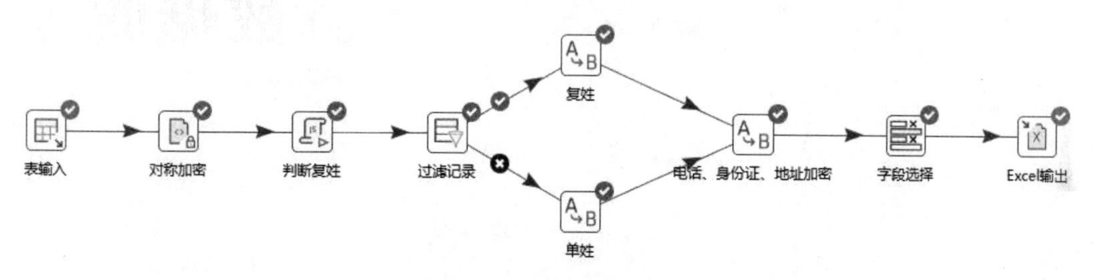

图 10-1　组件流程设计

“表输入”的数据库连接设置在前面的实训中已展示多次，此处不再赘述。配置好连接后，输入 SQL 语句“SELECT * FROM student;”，再单击“预览”按钮，观察组件是否正常运行（图 10-2）。

预览数据

步骤 表输入 的数据 (6 rows)

#	id	name	age	sex	address	Telephone	id_card
1	1	张三	28	男	江苏省南京市	15912345678	411134199011113333
2	2	李四	28	男	浙江省杭州市	15612345678	411134199011223279
3	3	王丽	20	女	上海市静安区	15978456321	411134199811227856
4	5	张小明	30	男	河南省郑州市	15765478123	41134199811226589
5	6	百里守约	20	男	安徽省合肥市	13632145687	411134198801013489
6	7	张三小明	10	男	黑龙江省齐齐哈尔市	18315975368	411134200801013449

关闭(C)　显示日志(L)

图 10-2　预览数据

双击“对称加密”组件进入设置窗口，“操作”选择 Encrypt（加密），“算法”选择 DES。“秘钥”可以自己设置，本实训的秘钥是“1234567812345678”。“明文字段”选择 Telephone，即对电话号码进行 des 加密，如图 10-3 所示。

图 10-3　设置“对称加密”

对姓名进行脱敏处理。我们知道，姓名是由姓和名字组成的，姓氏又分为单姓和复姓，在对姓名脱敏时，我们要先对单复姓进行判断。js 代码如下，如图 10-4 所示。

```
var a=["欧阳", "太史", "端木", "上官", "司马", "东方", "独孤", "南宫", "万俟",
"闻人", "夏侯", "诸葛", "尉迟", "公羊", "赫连", "澹台", "皇甫", "宗政",
"濮阳", "公冶", "太叔", "申屠", "公孙", "慕容", "仲孙", "钟离", "长孙",
"宇文", "司徒", "鲜于", "司空", "闾丘", "子车", "亓官", "司寇", "巫马",
"公西", "颛孙", "壤驷", "公良", "漆雕", "乐正", "宰父", "谷梁", "拓跋",
"夹谷", "轩辕", "令狐", "段干", "百里", "呼延", "东郭", "南门", "羊舌",
"微生", "公户", "公玉", "公仪", "梁丘", "公仲", "公上", "公门", "公山",
"公坚", "左丘", "公伯", "西门", "公祖", "第五", "公乘", "贯丘", "公皙",
"南荣", "东里", "东宫", "仲长", "子书", "子桑", "即墨", "达奚", "褚师",
"吴铭"];
//用变量 b 判断是否为复姓，如果是复姓，则 b=1.0，否则 b=0
var b=0;
var c=name.substring(0, 2);
//Alert(a[1]);
for(var i=0;i<81;i++){

    if(c==a[i])
        b=1.0;
}
```

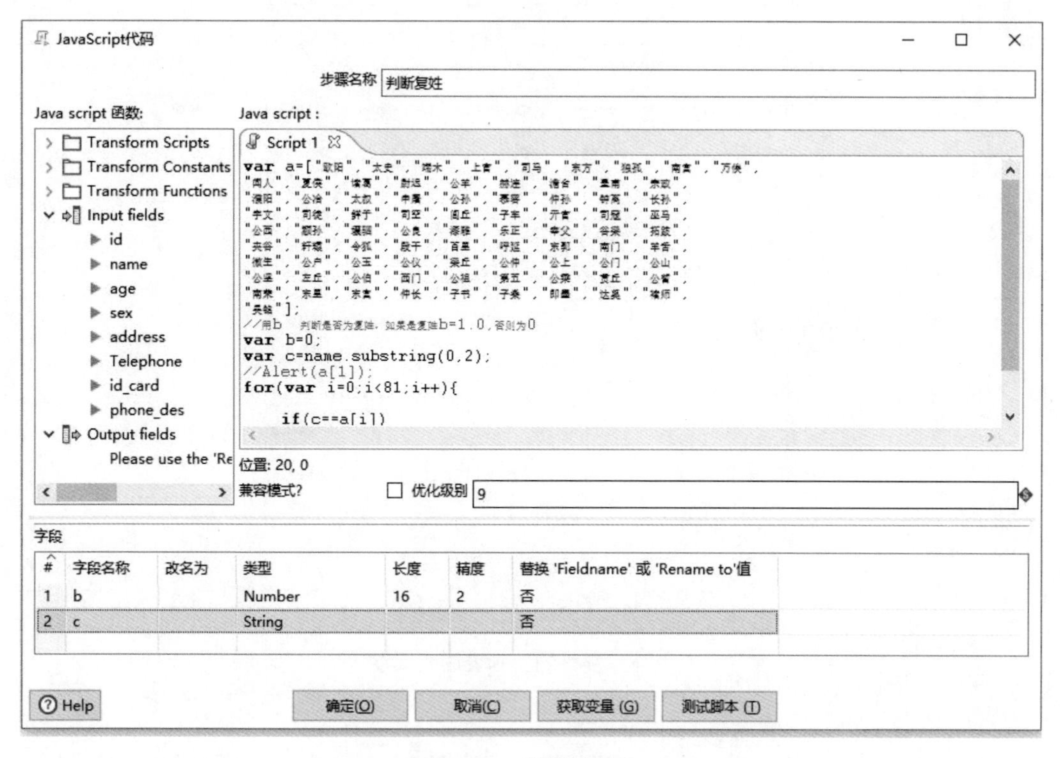

图 10-4　判断单复姓

通过“过滤记录”组件对单复姓进行分组处理，如图 10-5 所示。

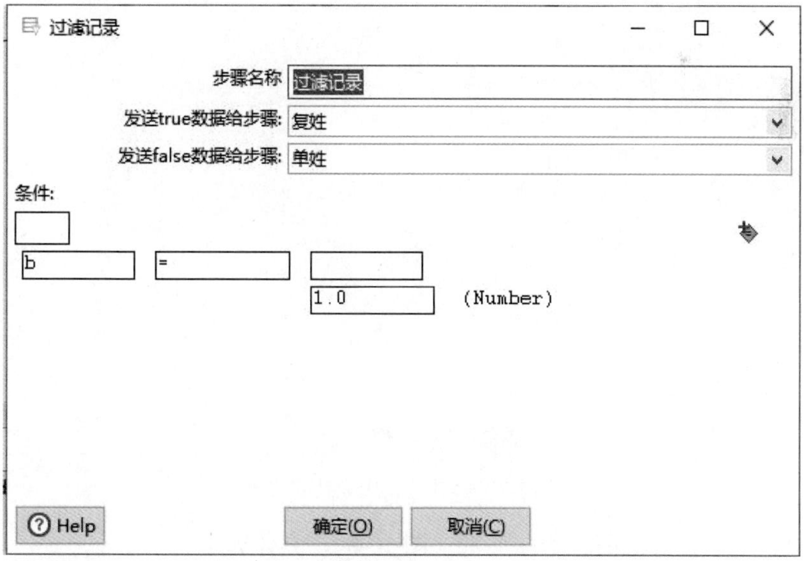

过滤记录
步骤名称　过滤记录
发送true数据给步骤:　复姓
发送false数据给步骤:　单姓
条件:
b　=　1.0　(Number)
Help　确定(O)　取消(C)

图 10-5　设置“过滤记录”

字符串“复姓”和“单姓”的设置如下：正则表达式分别为([^x00-xff]{2})和([^x00-xff]{1})([^x00-xff]{1})，使用$1* 替换，如图 10-6 和图 10-7 所示。

字符串替换

步骤名称 复姓

字段

#	输入流字段	输出流字段	使用正则表达式	搜索	使用...替换	设置为空串?	使用字段值替换	整个单词匹配	大小写敏感
1	name		否			否		否	否
2	sex		否			否		否	否
3	address		否			否		否	否
4	Telephone		否			否		否	否
5	id_card		否			否		否	否
6	phone_des		否			否		否	否
7	c		是	([^x00-xff]{2})	$1*	否		否	否

Help 确定(O) 获取字段(G) 取消(C)

图 10-6　复姓的正则表达式设置

字符串替换

步骤名称 单姓

字段

#	输入流字段	输出流字段	使用正则表达式	搜索	使用...替换	设置为空串?	使用字段值替换	整个单词匹配	大小写敏感
1	name		否			否		否	否
2	sex		否			否		否	否
3	address		否			否		否	否
4	Telephone		否			否		否	否
5	id_card		否			否		否	否
6	phone_des		否			否		否	否
7	c		是	([^x00-xff]{1})([^x00-xff]{1})	$1*	否		否	否

Help 确定(O) 获取字段(G) 取消(C)

图 10-7　单姓的正则表达式设置

然后进行电话、身份证、地址加密（图 10-8），具体如下。

address 正则表达式为([\s\S]*?(省|市))([\s\S]*?(省|市|区))，使用$1****替换。Telephone 正则表达式为(\d{3})(\d{4})(\d{4})，使用$1****$3 替换。id_card 正则表达式为(\d{8})(\d{6})(\d{4})，使用$1******$3 替换。

在“字段选择”中过滤掉原始字段和过渡字段，如图 10-9 所示。

最后导入 Excel 文件，文件配置不再叙述。

字符串替换

步骤名称　电话、身份证、地址加密

字段

<table>
<tr><th>#</th><th>输入流字段</th><th>输出流字段</th><th>使用正则表达式</th><th>搜索</th><th>使用...替换</th><th>设置为空串?</th><th>使用字段值替换</th><th>整个单词匹配</th><th>大小写敏感</th></tr>
<tr><td>1</td><td>sex</td><td></td><td>否</td><td></td><td></td><td>否</td><td></td><td>否</td><td>否</td></tr>
<tr><td>2</td><td>address</td><td></td><td>是</td><td>([\s|\S]*?(省|市))([\s|\S]*?(省|市|区))</td><td>$1****</td><td>否</td><td></td><td>否</td><td>否</td></tr>
<tr><td>3</td><td>Telephone</td><td></td><td>是</td><td>(\d{3})(\d{4})(\d{4})</td><td>$1****$3</td><td>否</td><td></td><td>否</td><td>否</td></tr>
<tr><td>4</td><td>id_card</td><td></td><td>是</td><td>(\d{8})(\d{6})(\d{4})</td><td>$1******$3</td><td>否</td><td></td><td>否</td><td>否</td></tr>
<tr><td>5</td><td>phone_des</td><td></td><td>否</td><td></td><td></td><td>否</td><td></td><td>否</td><td>否</td></tr>
<tr><td>6</td><td>c</td><td></td><td>否</td><td></td><td></td><td>否</td><td></td><td>否</td><td>否</td></tr>
</table>

Help　确定(O)　获取字段(G)　取消(C)

图 10-8　设置电话、身份证、地址加密

选择/改名值

步骤名称　字段选择

选择和修改　移除　元数据

字段：

#	字段名称	改名成	长度	精度
1	c	name		
2	age			
3	sex			
4	address			
5	Telephone			
6	id_card			
7	phone_des			

获取选择的字段　列映射

包含未指定的列,按名称排序 ☐

Help　确定(O)　取消(C)

图 10-9　过滤字段

10.5　实训结果

按 F9 键执行程序，结果如图 10-10 所示。

原始数据如图 10-11 所示。

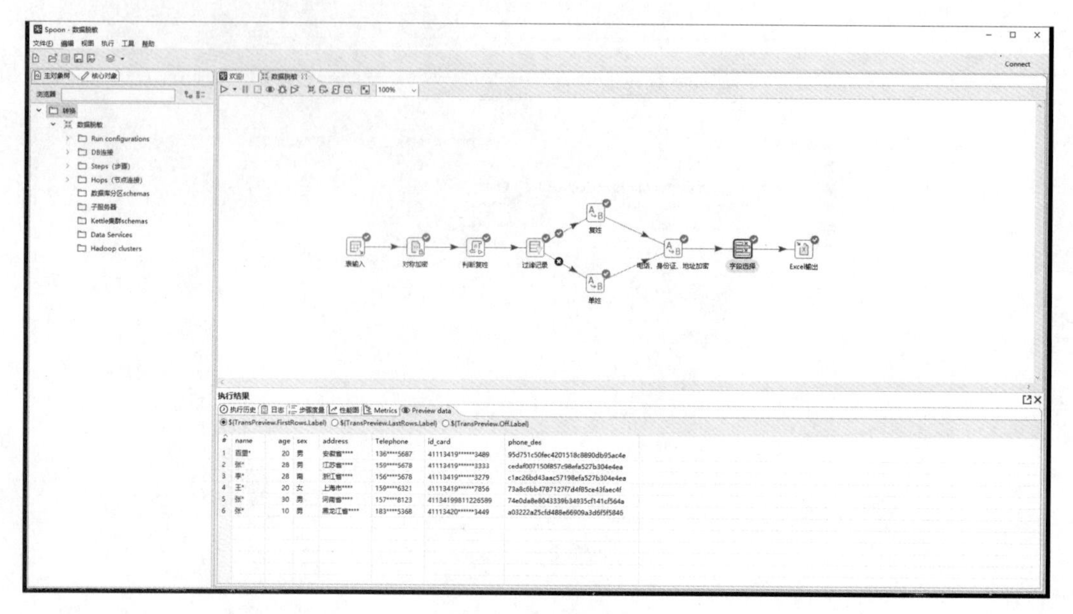

图 10-10 执行结果

#	id	name	age	sex	address	Telephone	id_card
1	1	张三	28	男	江苏省南京市	15912345678	411134199011113333
2	2	李四	28	男	浙江省杭州市	15612345678	411134199011223279
3	3	王丽	20	女	上海市静安区	15978456321	411134199811227856
4	5	张小明	30	男	河南省郑州市	15765478123	41134199811226589
5	6	百里守约	20	男	安徽省合肥市	13632145687	411134198801013489
6	7	张三小明	10	男	黑龙江省齐齐哈尔市	18315975368	411134200801013449

图 10-11 原始数据

脱敏数据如图 10-12 所示。

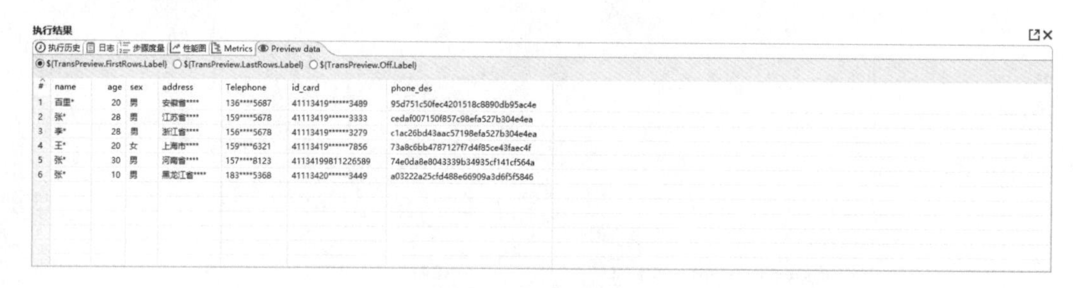

#	name	age	sex	address	Telephone	id_card	phone_des
1	百里*	20	男	安徽省****	136****5687	41113419******3489	95d751c50fec4201518c8890db95ac4e
2	张*	28	男	江苏省****	159****5678	41113419******3333	cedaf007150f857c98efa527b304e4ea
3	李*	28	男	浙江省****	156****5678	41113419******3279	c1ac26bd43aac57198efa527b304e4ea
4	王*	20	女	上海市****	159****6321	41113419******7856	73a8c6bb4787127f7d4f85ce43faec4f
5	张*	30	男	河南省****	157****8123	41134199811226589	74e0da8e8043339b34935cf141cf564a
6	张*	10	男	黑龙江省****	183****5368	41113420******3449	a03222a25cfd488e66909a3d6f5f5846

图 10-12 脱敏数据

数据检验

11.1 实训目的

- 了解数据检验的方法。
- 了解数据检验的规则。

11.2 实训要求

- 掌握数据检验的方法。
- 掌握数据检验的规则。

11.3 实训原理

数据检验是在数据清洗转换过程中，通过对转换的数据项增加验证约束，实现对数据转换过程的有效性验证。可能存在的数据验证方法有数据项规则设置、数据类型检验、正则表达式约束检验、查询表检验等。对数据执行检验后，ETL 工具提供验证结果的输出。

11.4 实训步骤

11.4.1 设置检验规则

打开 Kettle 软件，针对需要验证的数据项，进行验证规则设置。在“数据检验”的属性设置界面中单击“增加检验”按钮，为当前需要验证的数据项添加相应的检验规则，如图 11-1 所示。

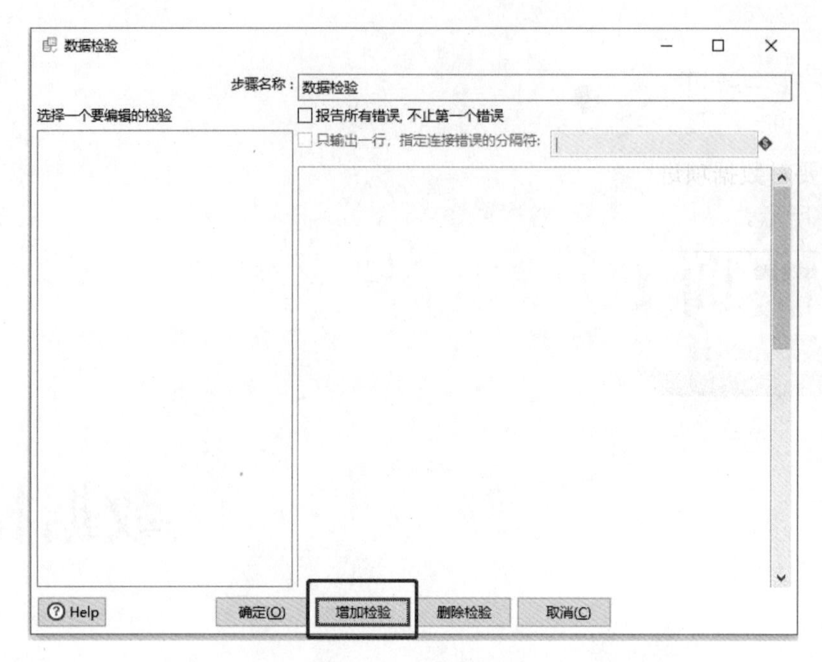

图 11-1 增加检验

在输入唯一的检验名称之后，在右侧的检验规则设置中设置“要检验的字段名”“错误代码”“错误描述”选项，并在“类型”和“数据”选项组中对具体的检验项进行设定，如图 11-2 所示。

图 11-2 设置“数据检验”

11.4.2 非空验证

若需要对数据项进行非空验证，仅需要在验证规则中取消选中“允许空？”复选框，如图 11-3 所示。

图 11-3 非空验证

11.4.3 日期类型验证

对出生日期进行格式和限定值检验，规定日期格式为 yyyy/MM/dd，最小值为 1995/05/05。

设置常量数据源。在“核心对象”树中选择“输入”→“自定义常量数据”选项，并设置“元数据”选项卡属性，如图 11-4 所示。

根据指定的元数据，设置“数据”选项卡属性，如图 11-5 所示。

自定义常量数据

步骤名称 Data Grid

元数据 数据

#	名称	类型	格式	长度	精度	货币类型	小数	分组	设为空串?
1	id	Integer							否
2	name	String							否
3	age	Integer							否
4	stature	Number							否
5	address	String							否
6	birth	Date	yyyy/MM/dd						否

Help 确定(O) 预览(P) 取消(C)

图 11-4　设置“元数据”选项卡属性

自定义常量数据

步骤名称 Data Grid

元数据 数据

#	id	name	age	stature	address	birth
1	1	a	13	1.21	sh	1995/05/05
2	2	b	15	1.31	cd	1996/05/05
3	3	c	17	1.52	gz	1997/05/05
4	4	d	18	1.68	hz	1998/05/05
5	5	e	20	1.87	bj	1999/05/05
6	6	f	25	1.75	hk	1995/05/06
7	7	g	30	1.77	tj	1997/05/5
8	8	h	40	1.65	sy	1998/05/5

Help 确定(O) 预览(P) 取消(C)

图 11-5　设置“数据”选项卡属性

在“核心对象”树中选择“检验”→“数据检验”选项，并创建从自定义常量数据“Data Grid”到“数据检验”的连接。在数据检验属性设置中增加检验，根据需要检验的字段 birth，设置“检验描述”为 birth validator，指定“要检验的字段名”为 birth，自定义“错误代码”为 DT，指定“错误描述”为 Invalid date；同时指定“类型”和“数据”选项组中的内容，如图 11-6 所示。

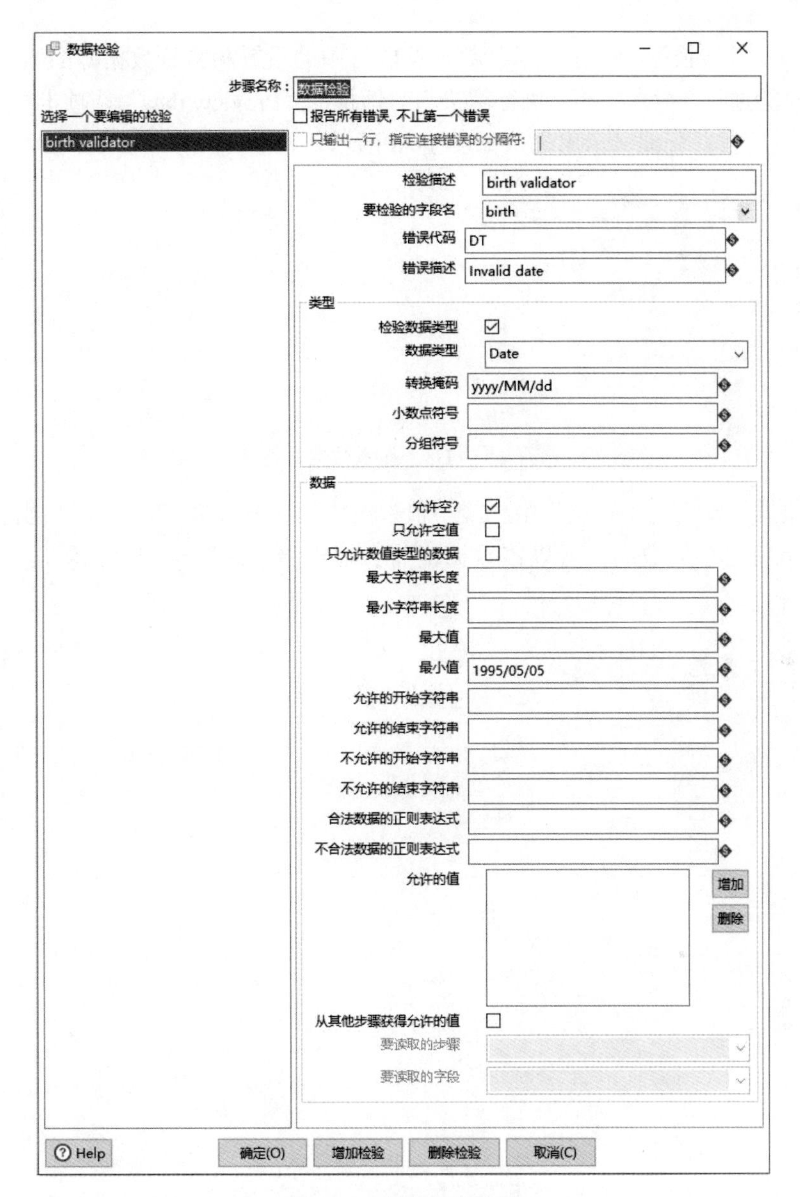

图 11-6　数据检验设置

从“核心对象”树下的“流程”中拖出两个“空操作”，分别命名为“检验通过”和“错误收集”，并从“数据检验”对象中通过“分发”方式将“主输出步骤连接”与“检验通过”连接，“错误处理步骤”与“错误收集”连接，如图 11-7 所示。

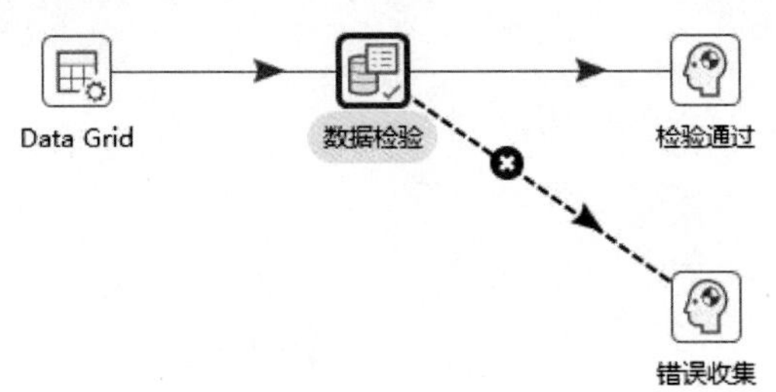

图 11-7　流程操作

单击“运行转换”按钮，由于“数据检验”中的设置和常量数据源的数据一致，所以选中“检验通过”对象，在“执行结果”对话框的“Preview data”选项卡中可以看到，Data Grid 中的数据全部显示出来，如图 11-8 所示。

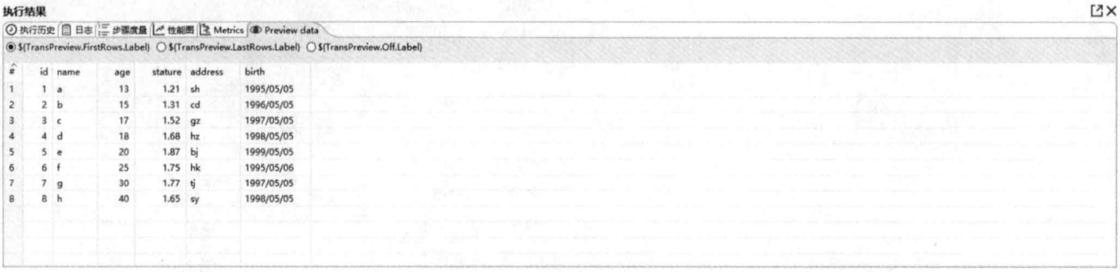

执行结果

执行历史 | 日志 | 步骤度量 | 性能图 | Metrics | Preview data

$(TransPreview.FirstRows.Label)　$(TransPreview.LastRows.Label)　$(TransPreview.Off.Label)

#	id	name	age	stature	address	birth
1	1	a	13	1.21	sh	1995/05/05
2	2	b	15	1.31	cd	1996/05/05
3	3	c	17	1.52	gz	1997/05/05
4	4	d	18	1.68	hz	1998/05/05
5	5	e	20	1.87	bj	1999/05/05
6	6	f	25	1.75	hk	1995/05/06
7	7	g	30	1.77	tj	1997/05/05
8	8	h	40	1.65	sy	1998/05/05

图 11-8　显示数据

把“数据检验”的“数据”中“最小值”改为“1995/05/06”，由于数据源中包含比检验的最小值更小的数据，所以该数据检验会把出错信息发送到“检测出错”中，如图 11-9 所示。

执行结果

执行历史 | 日志 | 步骤度量 | 性能图 | Metrics | Preview data

$(TransPreview.FirstRows.Label)　$(TransPreview.LastRows.Label)　$(TransPreview.Off.Label)

#	id	name	age	stature	address	birth
1	1	a	13	1.21	sh	1995/05/05

图 11-9　出错信息

缺失值清洗

12.1 实训目的

- 了解清洗策略的选择。
- 了解缺失值处理的方法。

12.2 实训要求

- 掌握清洗策略的选择。
- 掌握抽取数据的流程。

12.3 实训原理

字段缺失值的清洗关键在于清洗策略的选择，一般可以根据字段的重要性和字段内容的缺失率进行分类。本实训采用编写 SQL 脚本语言和使用控件两种方式完成缺失值清洗。

12.4 实训步骤

登录 master 节点，在/root/dataset 目录中下载实训需要的数据 teacher_info.sql 和 course_info.sql。在 master 节点输入“mysql -u root –p 密码”。

```
mysql> use test;
mysql> source /root/dataset/teacher_info.sql;
mysql> source /root/dataset/course_info.sql;
```

12.4.1 运行 SQL 脚本进行清洗

新建连接，连接数据库。进入 Spoon 界面，将“脚本”中的“执行 SQL 脚本”控件拖曳到编辑区；然后双击“执行 SQL 脚本”控件，打开“执行 SQL 脚本”设置界面，单击“数据库连接”选项右侧的“新建”按钮，完成与数据库 test 的连接，如图 12-1 所示。

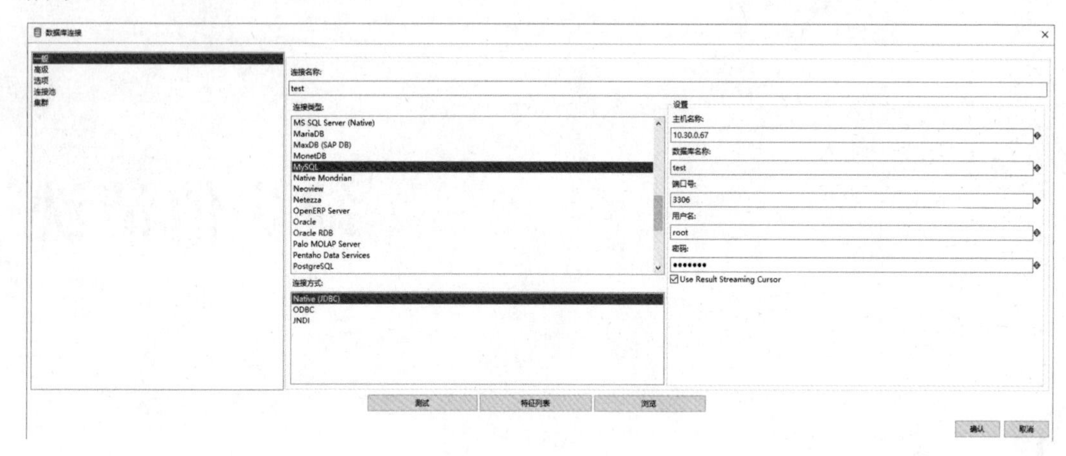

图 12-1 连接数据库

编辑 SQL 脚本。在 SQL 脚本框中输入如下待执行的 SQL 语句。

```
update course_info set course_info.professional=(select professional from teacher_info where teacher_info.tcode=course_info.tcode) where course_info.professional='' or professional is null
```

单击“确定”按钮即可，如图 12-2 所示。

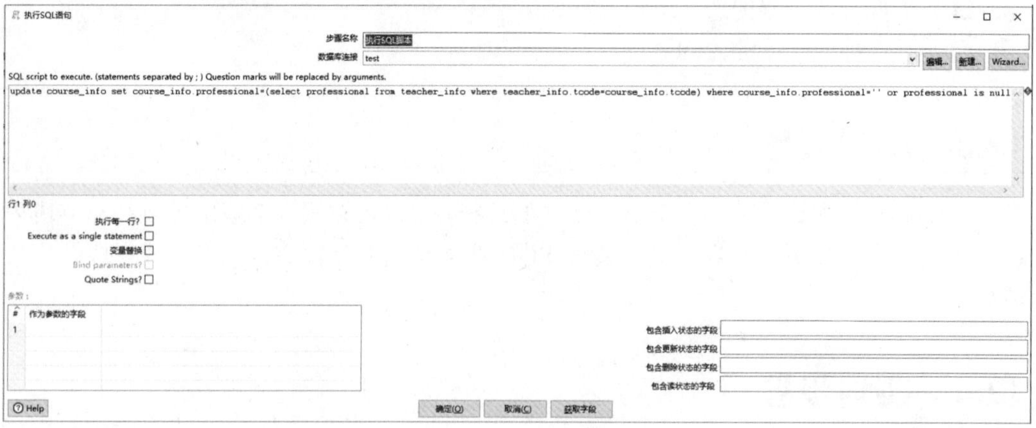

图 12-2 执行 SQL 语句

单击“运行转换”按钮即可执行 SQL 语句。

实训前数据如图 12-3 所示。

实训后数据如图 12-4 所示。

```
MariaDB [test]> select * from course_info;
+------+-------+--------+--------------+
| t_id | tcode | t_name | professional |
+------+-------+--------+--------------+
|    1 |     1 | a      | 1            |
|    2 |     2 | b      | NULL         |
+------+-------+--------+--------------+
2 rows in set (0.00 sec)
```

图 12-3 实训前数据

```
MariaDB [test]> select * from course_info;
+------+-------+--------+--------------+
| t_id | tcode | t_name | professional |
+------+-------+--------+--------------+
|    1 |     1 | a      | 1            |
|    2 |     2 | b      | 2            |
+------+-------+--------+--------------+
2 rows in set (0.00 sec)
```

图 12-4 实训后数据

12.4.2 运用控件进行清洗

建立“表输入”。将“输入”中的“表输入”控件拖曳到编辑区，双击“表输入”控件，打开“表输入”操作界面。单击“数据库连接”选项右侧的“新建”按钮，建立数据库连接。在 SQL 脚本框中编辑 SQL 脚本，如图 12-5 所示。采用外连接实现待填充表 course_info 与填充表 teacher_info 的关联。SQL 语句如下。

```
select c.tcode,c.t_name, c.professional,t.professional from course_info c left join teacher_info t on c.tcode=t.tcode;
```

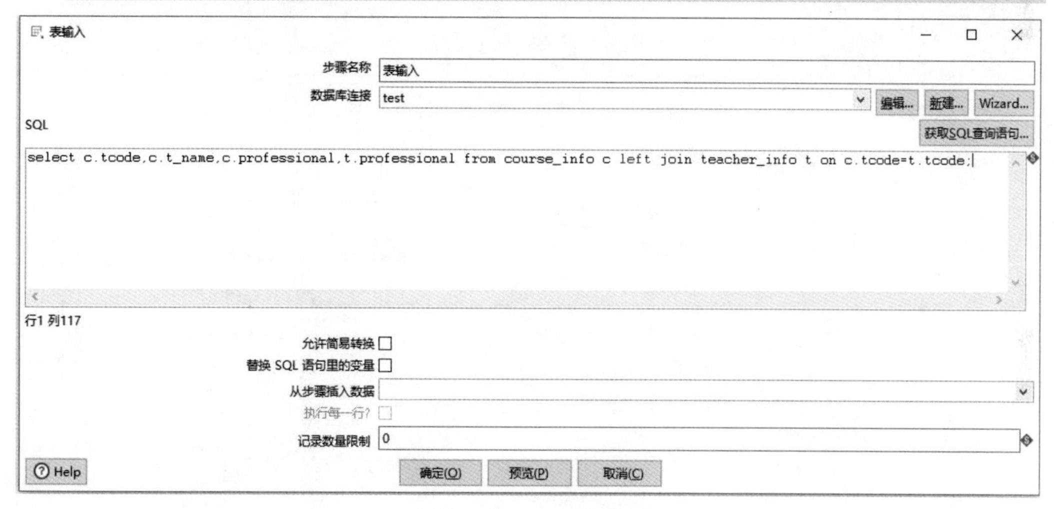

图 12-5 建立“表输入”

然后单击“确定”按钮，将两个表的综合信息作为本次转换的输入流。

建立“表输入”“过滤记录”“插入/更新”之间的连接，如图 12-6 所示。

图 12-6 建立连接

设置“过滤记录”控件属性（图 12-7）。只有当待填充表 course_info 中的 professional 字段值为空或者为空字符串时才实现填充功能，因此在过程记录中需注明过滤条件。

设置“插入/更新”选项。双击“插入/更新”控件，数据库连接与“表输入”数据库连接一致，“目标表”对应待填充表 course_info。在“用来查询的关键字”列表中，“表字段”栏填写目标表流中的字段，“流里的字段 1”栏为输入流中的字段，这里将“course_info 中的 tcode 字段等于流字段 tcode”作为查询条件。在“更新字段”列表中，“流字段”栏填写填充的字段，“更新”栏选择 Y。最后单击“确定”按钮，完成字段的填充，如图 12-8 所示。

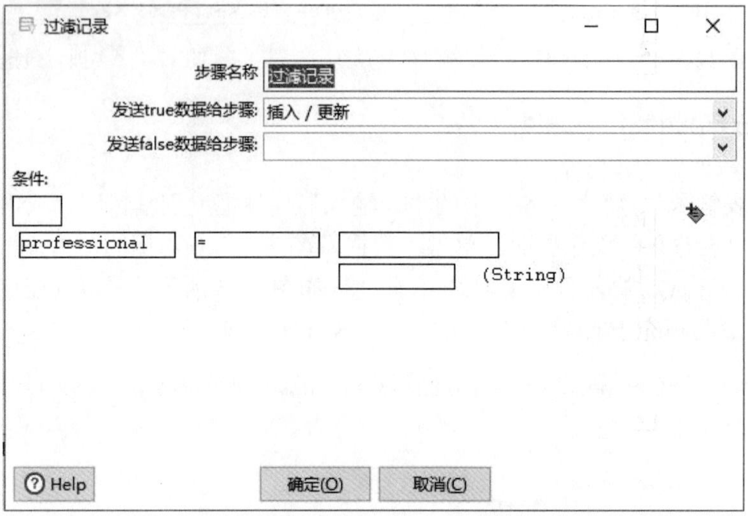

图 12-7　设置“过滤记录”控件属性

图 12-8　设置“插入/更新”选项

实训前数据如图 12-9 所示。

```
MariaDB [test]> select * from course_info;
+------+-------+--------+--------------+
| t_id | tcode | t_name | professional |
+------+-------+--------+--------------+
|    1 |     1 | a      | 1            |
|    2 |     2 | b      | NULL         |
+------+-------+--------+--------------+
2 rows in set (0.00 sec)
```

图 12-9　实训前数据

实训后数据如图 12-10 所示。

```
MariaDB [test]> select * from course_info;
+------+-------+--------+--------------+
| t_id | tcode | t_name | professional |
+------+-------+--------+--------------+
|    1 |     1 | a      | 1            |
|    2 |     2 | b      | 2            |
+------+-------+--------+--------------+
2 rows in set (0.00 sec)
```

图 12-10　实训后数据

格式内容清洗

13.1 实训目的

- ❑ 了解清洗策略的选择。
- ❑ 了解格式内容清洗的方法。

13.2 实训要求

- ❑ 掌握清洗策略的选择。
- ❑ 掌握格式内容清洗的方法。

13.3 实训原理

格式内容错误的原因大致可分为两类：一是不同数据源的数据标准不一致，即使导入过程正确，也可能使得最后的数据显示格式不一致（以下简称“格式错误类型 1”）；二是人工导入过程出现错误或者数据检验工作不充分，导致导入的数据存在不符合常规的内容（以下简称“格式错误类型 2”）。针对以上两种类型，采用编写 SQL 脚本和使用控件两种方式对相关内容进行清洗。

13.4 实训步骤

13.4.1 对“格式错误类型 1”进行清洗

登录 master 节点，在/root/dataset 目录中下载实训需要的数据 course_info1.sql。

在 master 节点输入“mysql -u root –p 密码”。

```
create databse test;
mysql> use test;
mysql> source /root/dataset/course_info1.sql;
```

1. 运行 SQL 脚本对“格式错误类型 1”进行清洗

（1）新建转换。

（2）连接数据库。进入 Spoon 界面，将“脚本”中的“执行 SQL 脚本”控件拖曳到编辑区；然后双击“执行 SQL 脚本”控件，打开设置界面，单击“数据库连接”选项右侧的“新建”按钮，完成与数据库 test 的连接。

（3）编辑 SQL 脚本。在 SQL 脚本框中输入待执行的 SQL 语句，单击“确定”按钮即可，如图 13-1 所示。SQL 语句如下。

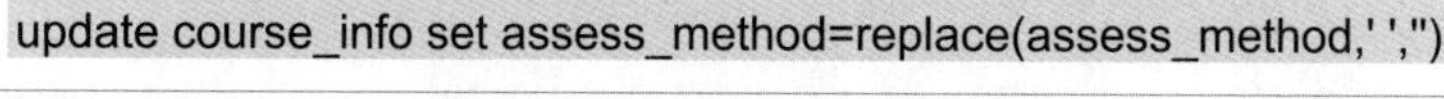

```
update course_info set assess_method=replace(assess_method,' ','')
```

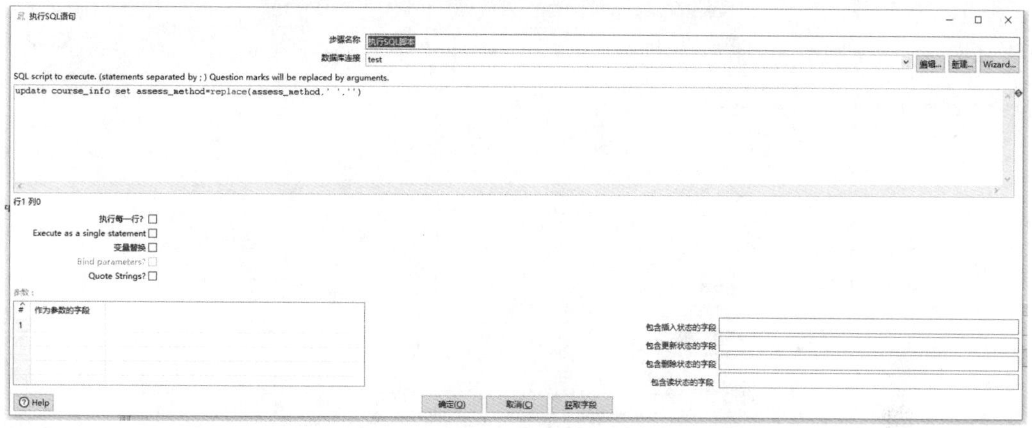

图 13-1　编辑 SQL 脚本

（4）单击“运行转换”按钮。

实训前数据如图 13-2 所示。

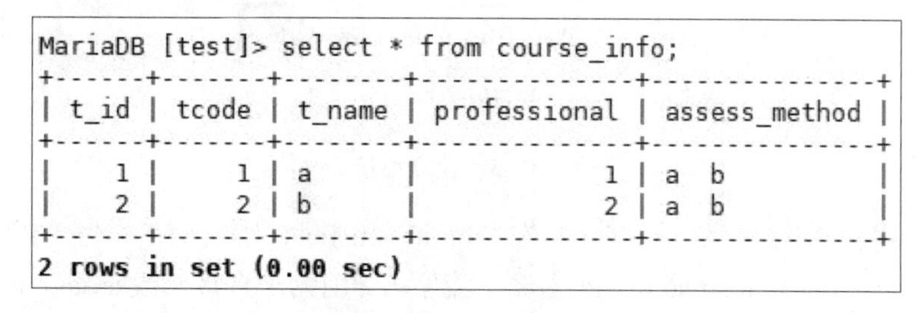

MariaDB [test]> select * from course_info;

t_id	tcode	t_name	professional	assess_method
1	1	a	1	a　b
2	2	b	2	a　b

2 rows in set (0.00 sec)

图 13-2　实训前数据

实训后数据如图 13-3 所示。

2. 运用控件对“格式错误类型 1”进行清洗

（1）建立“表输入”。将“表输入”控件拖曳到右侧编辑区，双击“表输入”控件，打开“表输入”操作界面。单击“数据库连接”选项右侧的“新建”按钮，建立数据库连接。在 SQL 脚本框中编辑 SQL 脚本，其中 tcode 为课程编号，assess_method 为考核方式，SQL 语句如下。然后单击“确定”按钮，最后将查询结果作为本次转换的输入流。具体如图 13-4 所示。

```
select tcode,assess_method from course_info;
```

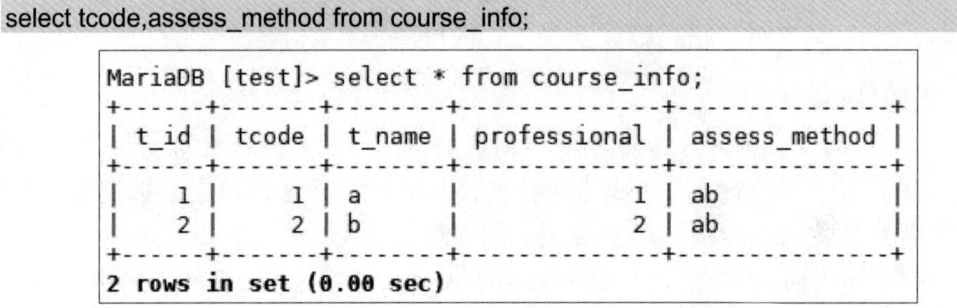

```
MariaDB [test]> select * from course_info;
+------+-------+--------+--------------+---------------+
| t_id | tcode | t_name | professional | assess_method |
+------+-------+--------+--------------+---------------+
|    1 |     1 | a      |            1 | ab            |
|    2 |     2 | b      |            2 | ab            |
+------+-------+--------+--------------+---------------+
2 rows in set (0.00 sec)
```

图 13-3　实训后数据

表输入
步骤名称 表输入
数据库连接 test 编辑... 新建... Wizard...
SQL 获取SQL查询语句...
select tcode,assess_method from course_info;
行1 列44
允许简易转换
替换 SQL 语句里的变量
从步骤插入数据
执行每一行?
记录数量限制 0
Help 确定(O) 预览(P) 取消(C)

图 13-4　建立“表输入”

（2）建立“表输入”“字符串操作”“插入/更新”之间的连接，如图 13-5 所示。

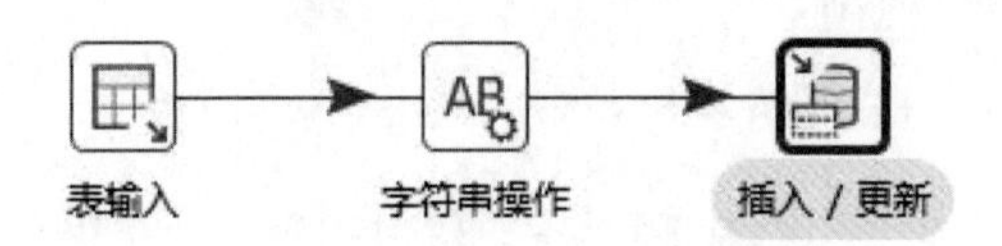

图 13-5　建立连接

（3）设置“字符串操作”控件属性。In stream field 为输入流字段，填写需要进行字符串操作的字段；Out stream field 为输出流字段，因为是直接修改 assess_method 字段内容，所以这一栏不填内容；Trim type 为移除字符串两侧空白字符或者其他预定义字符的方式，这里选择 none；Lower/Upper 表示指定字符串的大小写，这里选择 none；Padding、Pad char、Pad Length 是对字符串填充操作的设置；最后一栏 Remove Special character 表示移除的特殊字符，这里设置为 space（空格），最后单击“确定”按钮即可，如图 13-6 所示。

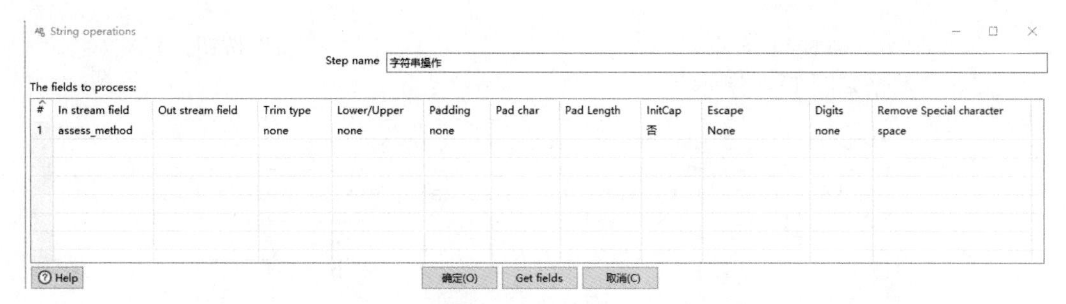

图 13-6　设置“字符串操作”控件属性

（4）设置“插入/更新”控件属性。双击“插入/更新”控件，数据库连接与“表输入”数据库连接一致，“目标表”对应待填充表 course_info。在“用来查询的关键字”列表中，“表字段”栏为目标表 course_info 中的字段，“流里的字段 1”栏为输入流中的字段，这里将“course_info 中的 tcode 字段等于流字段 tcode”作为查询条件。在“更新字段”列表中，“表字段”栏填写目标表待删除空格的字段 assess_method，“流字段”栏填写更新的字段，“更新”栏选择 Y。最后单击“确定”按钮，完成对字段中空格符的清洗，如图 13-7 所示。

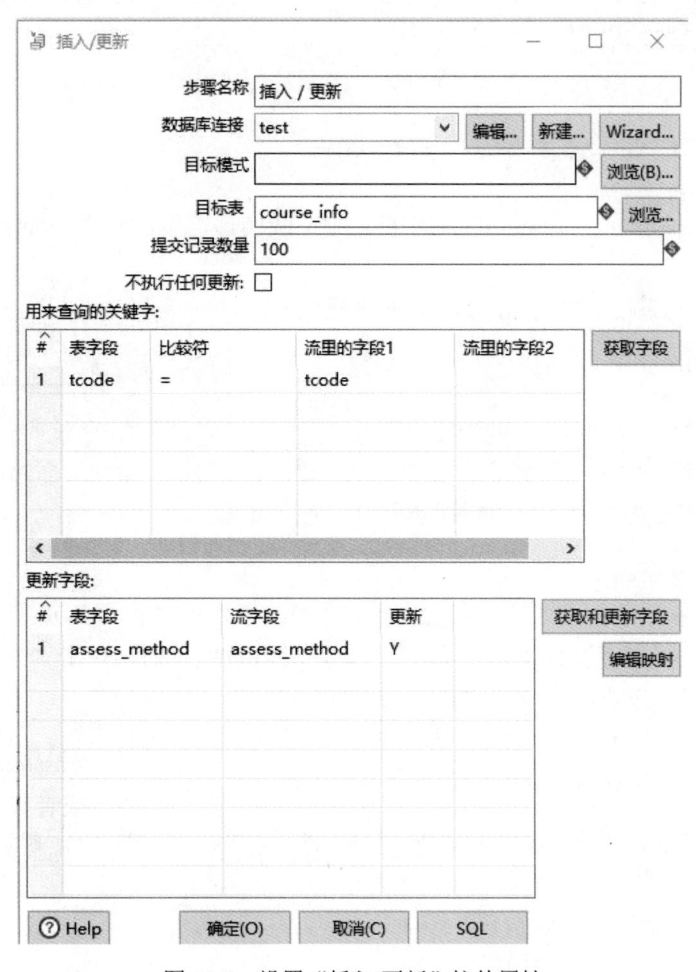

图 13-7　设置“插入/更新”控件属性

（5）单击“运行转换”按钮。

实训前数据如图 13-8 所示。

```
MariaDB [test]> select * from course_info;
+------+-------+--------+--------------+---------------+
| t_id | tcode | t_name | professional | assess_method |
+------+-------+--------+--------------+---------------+
|    1 |     1 | a      |            1 | a  b          |
|    2 |     2 | b      |            2 | a  b          |
+------+-------+--------+--------------+---------------+
2 rows in set (0.00 sec)
```

图 13-8　实训前数据

实训后数据如图 13-9 所示。

```
MariaDB [test]> select * from course_info;
+------+-------+--------+--------------+---------------+
| t_id | tcode | t_name | professional | assess_method |
+------+-------+--------+--------------+---------------+
|    1 |     1 | a      |            1 | ab            |
|    2 |     2 | b      |            2 | ab            |
+------+-------+--------+--------------+---------------+
2 rows in set (0.00 sec)
```

图 13-9　实训后数据

13.4.2　对“格式错误类型 2”进行清洗

登录 master 节点，在/root/dataset 目录中下载实训需要的数据 course_info2.sql 和 teacher_info.sql。

在 master 节点输入“mysql -u root –p 密码”。

```
create databse test;
mysql> use test;
mysql> source /root/dataset/course_info2.sql;
mysql> source /root/dataset/teacher_info.sql;
```

1．运行 SQL 脚本对“格式错误类型 2”进行清洗

（1）新建转换。

（2）连接数据库。进入 Spoon 界面，将“脚本”中的“执行 SQL 脚本”控件拖曳到编辑区；然后双击“执行 SQL 脚本”控件，进入设置界面，单击“数据库连接”选项右侧的“新建”按钮，完成与数据库 test 的连接。

（3）编辑 SQL 脚本。在 SQL 脚本框中输入待执行的 SQL 语句，单击“确定”按钮即可，如图 13-10 所示。SQL 语句如下。

```
update course_info set t_name=(select t_name from teacher_info where course_info.
tcode=teacher_info.tcode);
```

（4）单击“运行转换”按钮。

实训前数据如图 13-11 所示。

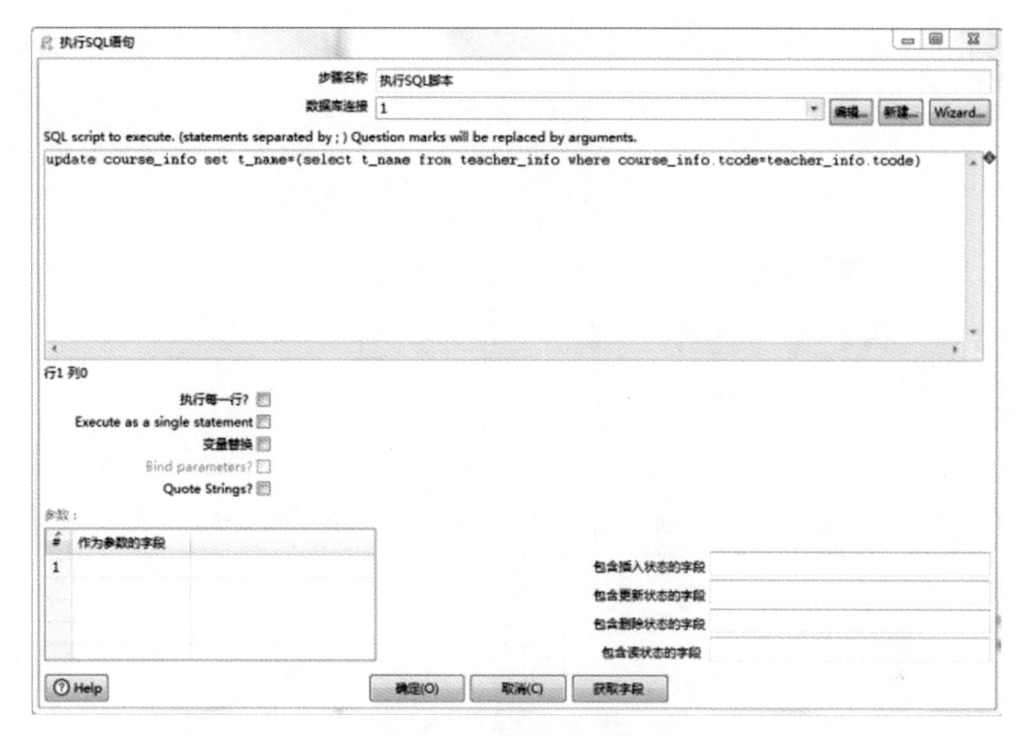

图 13-10　编辑 SQL 脚本

```
MariaDB [test]> select *from course_info;
+------+-------+--------+--------------+---------------+
| t_id | tcode | t_name | professional | assess_method |
+------+-------+--------+--------------+---------------+
|    1 |     1 | 1      |            1 | a  b          |
|    2 |     2 | b      |            2 | a  b          |
+------+-------+--------+--------------+---------------+
2 rows in set (0.00 sec)
```

图 13-11　实训前数据

实训后数据如图 13-12 所示。

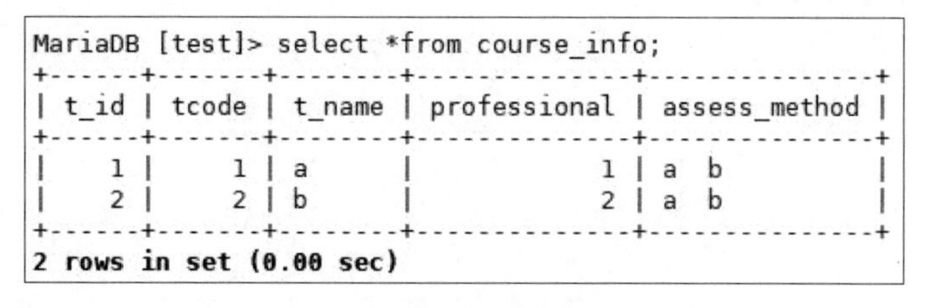

```
MariaDB [test]> select *from course_info;
+------+-------+--------+--------------+---------------+
| t_id | tcode | t_name | professional | assess_method |
+------+-------+--------+--------------+---------------+
|    1 |     1 | a      |            1 | a  b          |
|    2 |     2 | b      |            2 | a  b          |
+------+-------+--------+--------------+---------------+
2 rows in set (0.00 sec)
```

图 13-12　实训后数据

2. 运用控件对“格式错误类型 2”进行清洗

（1）建立“表输入”。将“表输入”控件拖曳到编辑区，双击“表输入”控件，打开“表输入”操作界面。单击“数据库连接”选项右侧的“新建”按钮，建立数据库连接。在 SQL 脚本框中编辑 SQL 脚本，其中 tcode 为教工编号，t_name 均为教师姓名，SQL 语句如下。通过左连接实现两表的关联，如图 13-13 所示。

```
select course_info.tcode, course_info.t_name, teacher_info.t_name from course_info left join
teacher_info on course_info.tcode=teacher_info.tcode
```

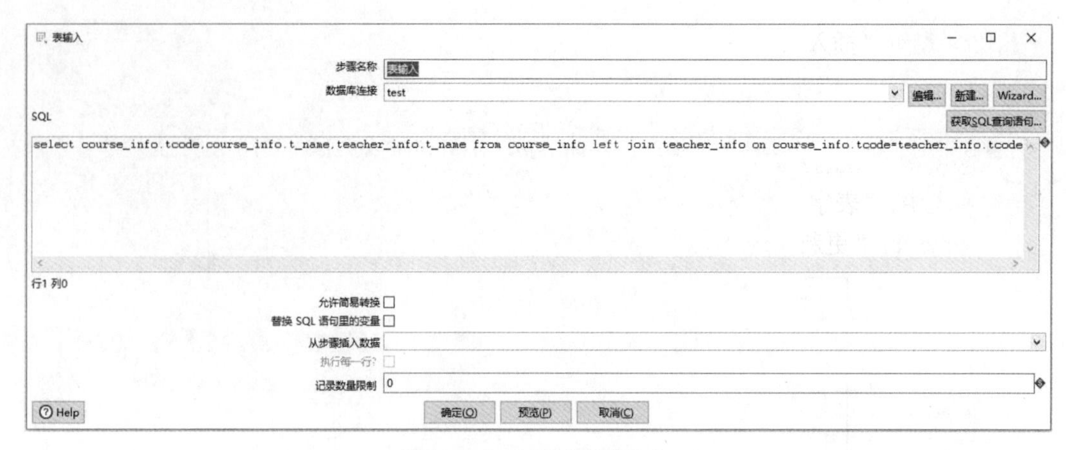

图 13-13 建立“表输入”

（2）单击“确定”按钮，最后将查询结果作为本次转换的输入流。

（3）建立“表输入”“正则表达式”“插入/更新”之间的连接，如图 13-14 所示。

图 13-14 建立连接

（4）设置“正则表达式”控件属性。双击“正则表达式”控件，打开设置界面，“要匹配的字段”填写需要更改内容的字段 t_name，“Result field name”为必填项，“正则表达式”过滤 t_name 为中文和英文的内容，最后单击“确定”按钮即可，如图 13-15 所示。

图 13-15 设置“正则表达式”控件属性

（5）设置“插入/更新”控件属性。双击“插入/更新”控件，数据库连接与“表输入”数据库连接一致，“目标表”对应待填充表 course_info。在“用来查询的关键字”列表中，“表字段”栏为目标表 course_info 中的字段，“流里的字段 1”栏为输入流中的字段，这里将“course_info 中的 tcode 字段等于流字段 tcode”作为查询条件。在“更新字段”列表中，“表字段”栏填写目标表待更新的字段 t_name，“流字段”栏填写更新的字段 t_name_1，“更新”栏选择 Y，最后单击“确定”按钮，如图 13-16 所示。

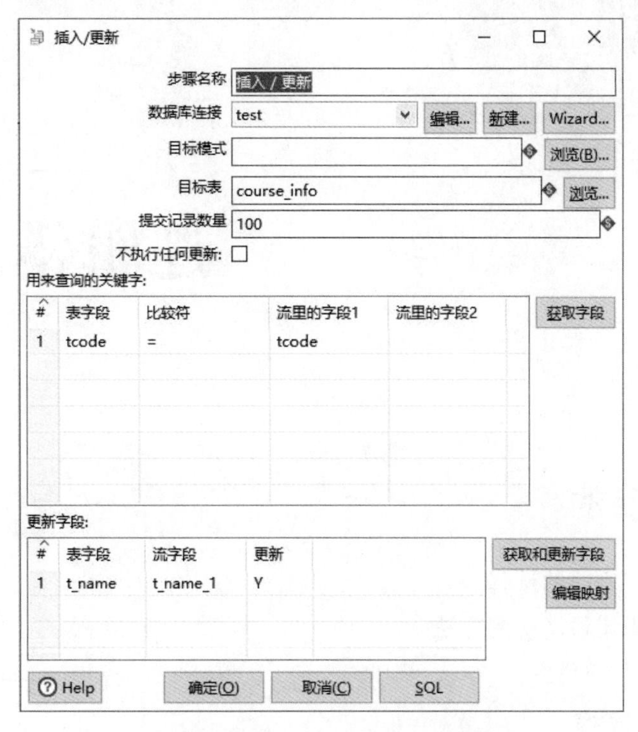

图 13-16　设置“插入/更新”控件属性

（6）单击“运行转换”按钮。

实训前数据如图 13-17 所示。

```
MariaDB [test]> select *from course_info;
+------+-------+--------+--------------+---------------+
| t_id | tcode | t_name | professional | assess_method |
+------+-------+--------+--------------+---------------+
|    1 |     1 | 1      |            1 | a  b          |
|    2 |     2 | b      |            2 | a  b          |
+------+-------+--------+--------------+---------------+
2 rows in set (0.00 sec)
```

图 13-17　实训前数据

实训后数据如图 13-18 所示。

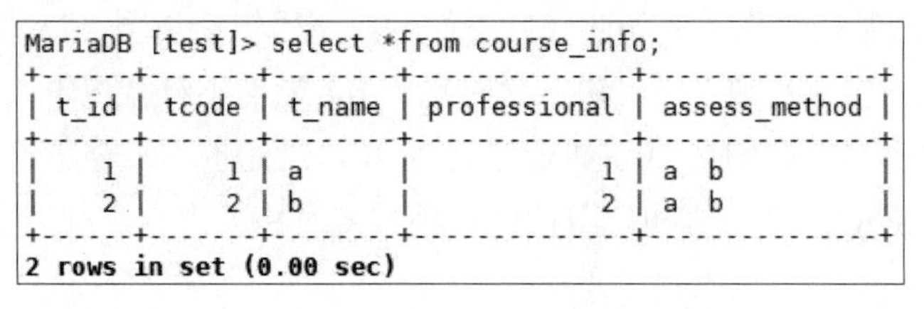

```
MariaDB [test]> select *from course_info;
+------+-------+--------+--------------+---------------+
| t_id | tcode | t_name | professional | assess_method |
+------+-------+--------+--------------+---------------+
|    1 |     1 | a      |            1 | a  b          |
|    2 |     2 | b      |            2 | a  b          |
+------+-------+--------+--------------+---------------+
2 rows in set (0.00 sec)
```

图 13-18　实训后数据

逻辑错误清洗

14.1 实训目的

- 了解清洗策略的选择。
- 了解逻辑错误清洗的方法。

14.2 实训要求

- 掌握清洗策略的选择。
- 掌握逻辑错误清洗的方法。

14.3 实训原理

逻辑错误数据的清洗可分为以下两类：一是去掉重复的数据，如在 course_info 表中存在所有字段内容都相同的情况，此为完全重复（以下简称“逻辑错误类型 1”）；二是修正矛盾内容，如在 course_info 表中存在“总学时=上机学时+实训学时+讲课学时”的关系，但是实际的数据结果并非如此（以下简称“逻辑错误类型 2”）。例如，数据：总学时为 40，上机学时、实训学时、讲课学时均为 0，显然不符合逻辑；数据：总学时为 64，上机学时为 0，实训学时为 0，讲课学时为 40，显然也不符合逻辑。针对以上两种类型，采用编写 SQL 脚本语言和使用控件两种方式对相关内容进行清洗。

14.4　实训步骤

14.4.1　对“逻辑错误类型 1”进行清洗

登录 master 节点，在/root/dataset 目录中下载实训需要的数据 course_info3.sql。

在 master 节点输入“mysql -u root –p 密码”。

```
mysql> use test;
mysql> source /root/dataset/course_info3.sql;
```

1．运行 SQL 脚本对“逻辑错误类型 1”进行清洗

（1）新建转换。

（2）连接数据库。进入 Spoon 界面，将“脚本”中的“执行 SQL 脚本”控件拖曳到编辑区；然后双击“执行脚本”控件，在打开的设置界面中单击“数据库连接”选项右侧的“新建”按钮，完成与数据库 test 的连接。

（3）编辑 SQL 脚本。在 SQL 脚本框中输入待执行的 SQL 语句，单击“确定”按钮即可，如图 14-1 所示。SQL 语句如下。

```
delete from course_info where t_id not in (select bid from (select min(t_id) as bid from course_info group by tcode)as b);
```

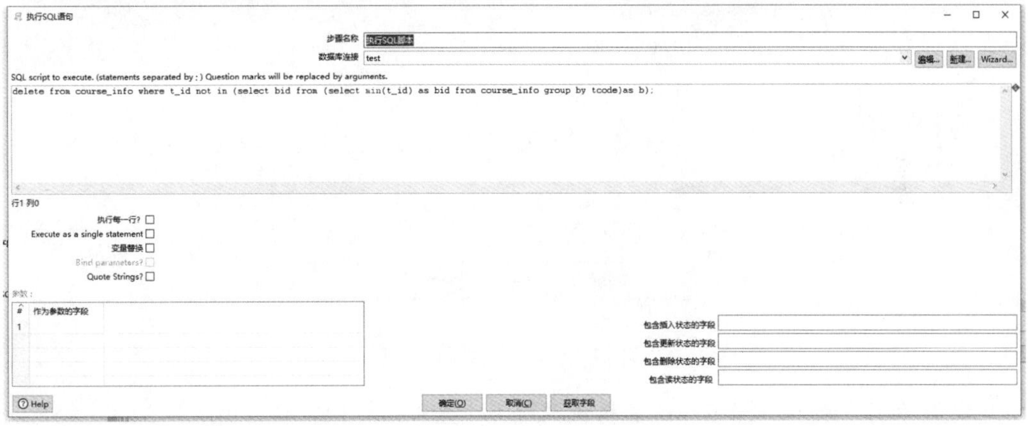

图 14-1　编辑 SQL 脚本

实训前数据如图 14-2 所示。

```
MariaDB [test]> select * from course_info;
+------+-------+--------+--------------+---------------+
| t_id | tcode | t_name | professional | assess_method |
+------+-------+--------+--------------+---------------+
|    1 |     1 | a      |            1 | ab            |
|    2 |     2 | b      |            2 | ab            |
|    3 |     1 | a      |            1 | ab            |
+------+-------+--------+--------------+---------------+
3 rows in set (0.00 sec)
```

图 14-2　实训前数据

实训后数据如图 14-3 所示。

```
MariaDB [test]> select * from course_info;
+------+-------+--------+--------------+---------------+
| t_id | tcode | t_name | professional | assess_method |
+------+-------+--------+--------------+---------------+
|    1 |     1 | a      |            1 | ab            |
|    2 |     2 | b      |            2 | ab            |
+------+-------+--------+--------------+---------------+
2 rows in set (0.00 sec)
```

图 14-3 实训后数据

2. 运用控件对“逻辑错误类型 1”进行清洗

（1）建立“表输入”。将“表输入”控件拖曳到编辑区，双击“表输入”控件，打开“表输入”操作界面。单击“数据库连接”选项右侧的“新建”按钮，建立数据库连接。在 SQL 脚本框中编辑 SQL 脚本，其中 order by 后面的字段是要求去重的字段。因为这里要求去掉完全重复的字段，所以 order by 后面填写了 course_info 表中的所有字段，如图 14-4 所示。

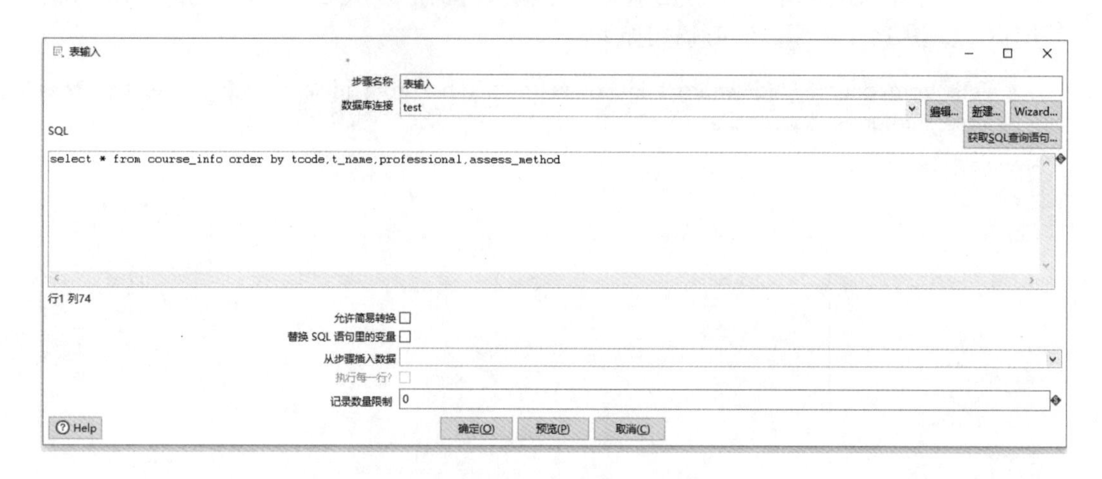

图 14-4 建立“表输入”

然后单击“确定”按钮，最后将查询结果作为本次转换的输入流。

（2）建立“表输入”“去除重复记录”“表输出”之间的连接，如图 14-5 所示。

图 14-5 建立连接

（3）设置“去除重复记录”控件属性。双击“去除重复记录”控件，在“用来比较的字段”列表中填写 course_info 表中的所有字段，具体设置如图 14-6 所示。

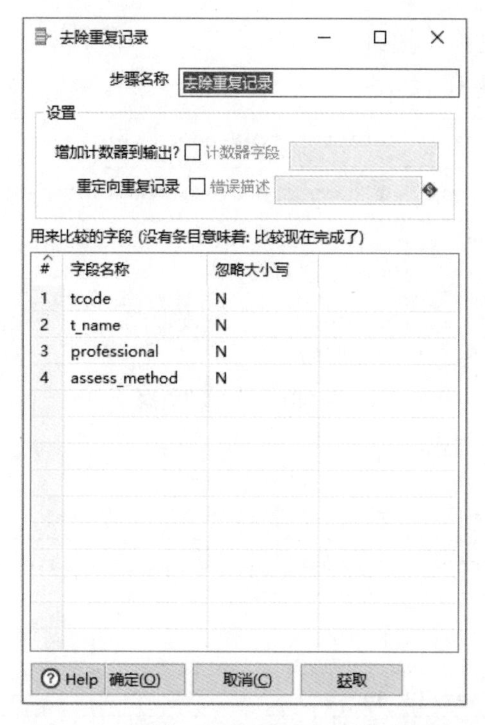

图 14-6　设置“去除重复记录”控件属性

（4）设置“表输出”控件属性。在数据库 test 中新建 course_info 表，以存放处理后的数据，数据库字段应与流字段匹配，如图 14-7 所示。

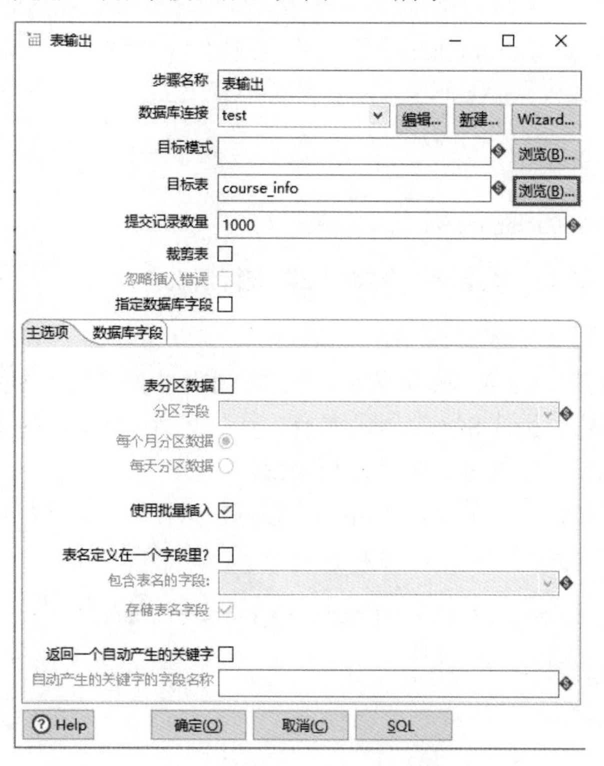

图 14-7　设置“表输出”控件属性

（5）单击“运行转换”按钮。

实训前数据如图 14-8 所示。

```
MariaDB [test]> select * from course_info;
+------+-------+--------+--------------+---------------+
| t_id | tcode | t_name | professional | assess_method |
+------+-------+--------+--------------+---------------+
|    1 |     1 | a      |            1 | ab            |
|    2 |     2 | b      |            2 | ab            |
|    3 |     1 | a      |            1 | ab            |
+------+-------+--------+--------------+---------------+
3 rows in set (0.00 sec)
```

图 14-8　实训前数据

实训后数据如图 14-9 所示。

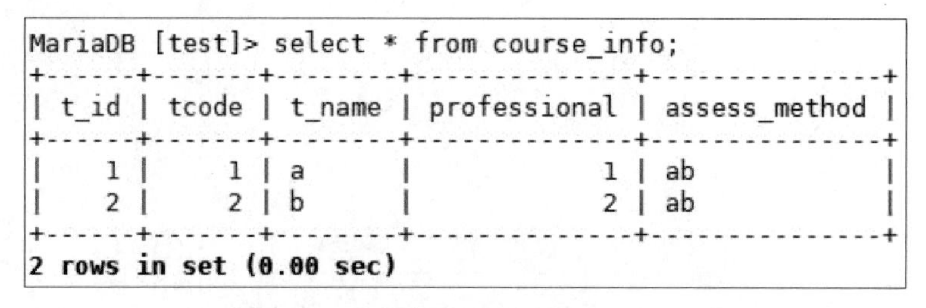

```
MariaDB [test]> select * from course_info;
+------+-------+--------+--------------+---------------+
| t_id | tcode | t_name | professional | assess_method |
+------+-------+--------+--------------+---------------+
|    1 |     1 | a      |            1 | ab            |
|    2 |     2 | b      |            2 | ab            |
+------+-------+--------+--------------+---------------+
2 rows in set (0.00 sec)
```

图 14-9　实训后数据

14.4.2　对“逻辑错误类型 2”进行清洗

登录 master 节点，在/root/dataset 目录中下载实训需要的数据 course_info4.sql。

在 master 节点输入“mysql -u root –p 密码”。

```
create databse test;
mysql> use test;
mysql> source /root/dataset/course_info4.sql;
```

1. 运行 SQL 脚本对“逻辑错误类型 2”进行清洗

（1）新建转换。

（2）连接数据库。进入 Spoon 界面，将“脚本”中的“执行 SQL 脚本”控件拖曳到编辑区；然后双击“执行 SQL 脚本”控件，在打开的设置界面中单击“数据库连接”右侧的“新建”按钮，完成与数据库 test 的连接。

（3）编辑 SQL 脚本。在 SQL 脚本框中输入待执行的 SQL 语句，单击“确定”按钮即可，如图 14-10 所示。SQL 语句如下。

```
update course_info set total_period=l_period+e_period+m_period;
```

（4）单击“运行转换”按钮。

实训前数据如图 14-11 所示。

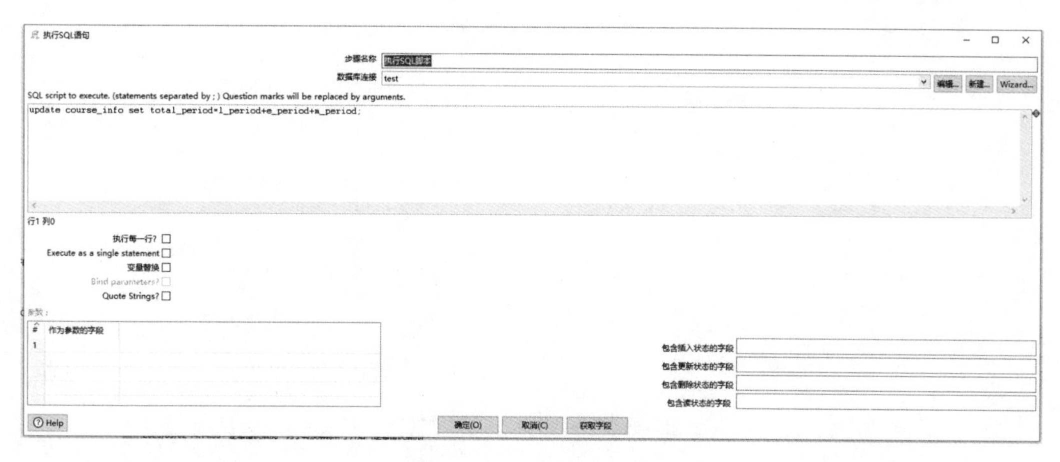

图 14-10　编辑 SQL 脚本

```
MariaDB [test]> select * from course_info;
+------+----------+----------+----------+--------------+
| c_id | l_period | e_period | m_period | total_period |
+------+----------+----------+----------+--------------+
|    1 |        0 |        0 |        0 |           40 |
|    2 |       10 |       10 |       20 |           40 |
|    3 |       40 |        0 |        0 |           64 |
|    4 |        5 |        5 |        5 |           15 |
+------+----------+----------+----------+--------------+
4 rows in set (0.00 sec)
```

图 14-11　实训前数据

实训后数据如图 14-12 所示。

```
MariaDB [test]> select * from course_info;
+------+----------+----------+----------+--------------+
| c_id | l_period | e_period | m_period | total_period |
+------+----------+----------+----------+--------------+
|    1 |        0 |        0 |        0 |            0 |
|    2 |       10 |       10 |       20 |           40 |
|    3 |       40 |        0 |        0 |           40 |
|    4 |        5 |        5 |        5 |           15 |
+------+----------+----------+----------+--------------+
4 rows in set (0.00 sec)
```

图 14-12　实训后数据

2．运用控件对“逻辑错误类型 2”进行清洗

（1）建立“表输入”。将“表输入”控件拖曳到编辑区，双击“表输入”控件，打开“表输入”操作界面。单击“数据库连接”选项右侧的“新建”按钮，建立数据库连接。在 SQL 脚本框中编辑 SQL 脚本，其中 c_id 为标识 id，total_period 为总学时，l_period 为讲课学时，e_period 为实训学时，m_period 为上机学时，SQL 语句如下。单击“确定”按钮即可，如图 14-13 所示。

```
select c_id,total_period,l_period,e_period,m_period from course_info;
```

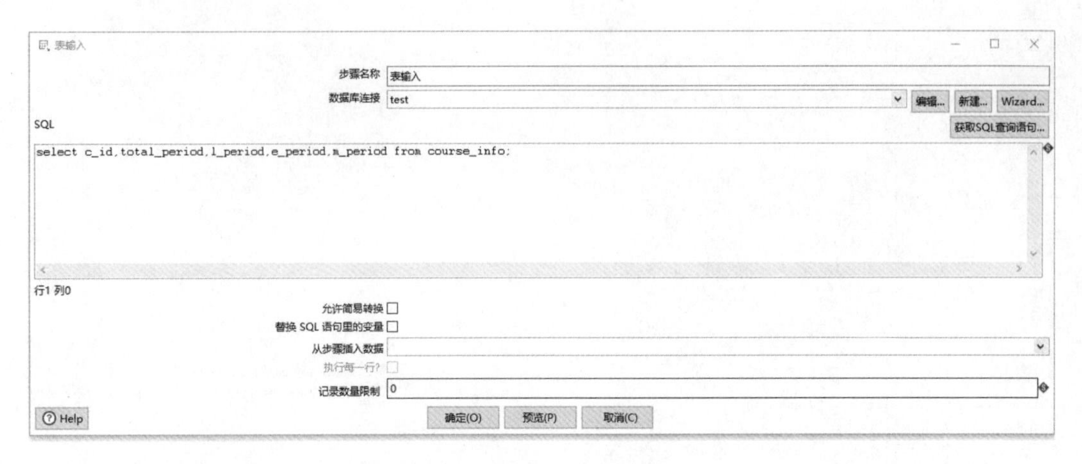

图 14-13 建立“表输入”

（2）建立“表输入”“计算器”“插入/更新”之间的连接，如图 14-14 所示。

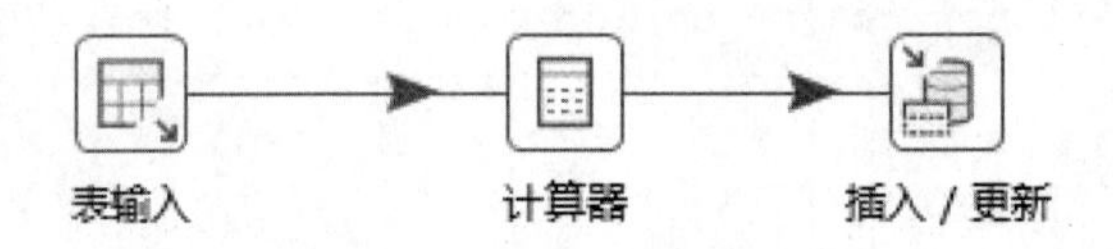

图 14-14 建立连接

（3）设置“计算器”控件属性。新字段 total 的值等于 l_period、e_period、m_period 之和，如图 14-15 所示。

#	新字段	计算	字段A	字段B	字段C	值类型	长度	精确度	移除	Conversion mask	小数点符号	分组符号
1	total	A + B + C	e_period	l_period	m_period	Integer			否			

图 14-15 设置“计算器”控件属性

（4）设置“插入/更新”控件属性。在“更新字段”列表中，course_info 表中的 total_period 为待更新字段，流字段 total 为更新字段，如图 14-16 所示。

（5）单击“运行转换”按钮。

实训前数据如图 14-17 所示。

实训后数据如图 14-18 所示。

图 14-16　设置“插入/更新”控件属性

```
MariaDB [test]> select * from course_info;
+------+----------+----------+----------+--------------+
| c_id | l_period | e_period | m_period | total_period |
+------+----------+----------+----------+--------------+
|    1 |        0 |        0 |        0 |           40 |
|    2 |       10 |       10 |       20 |           40 |
|    3 |       40 |        0 |        0 |           64 |
|    4 |        5 |        5 |        5 |           15 |
+------+----------+----------+----------+--------------+
4 rows in set (0.00 sec)
```

图 14-17　实训前数据

```
MariaDB [test]> select * from course_info;
+------+----------+----------+----------+--------------+
| c_id | l_period | e_period | m_period | total_period |
+------+----------+----------+----------+--------------+
|    1 |        0 |        0 |        0 |            0 |
|    2 |       10 |       10 |       20 |           40 |
|    3 |       40 |        0 |        0 |           40 |
|    4 |        5 |        5 |        5 |           15 |
+------+----------+----------+----------+--------------+
4 rows in set (0.00 sec)
```

图 14-18　实训后数据

第三篇

数据可视化

饼图、柱状图、折线图、平行坐标图绘制

15.1 实训目的

了解数据可视化在数据分析过程中的重要性，并能根据不同类型的数据选择合适的图表进行可视化展现。

15.2 实训要求

通过学习第三方库 pyecharts，掌握基本绘图技能。

15.3 实训原理

饼图 Pie()：用于显示各项的大小与各项总和的比例，适用于不要求数据精细的情况，如图 15-1 所示。

柱状图 Bar()：用于显示一段时间内的数据变化或显示各项之间的比较情况，如图 15-2 所示。

折线图 Line()：用于展示二维的大数据集，也可用于展示多个二维数据集的比较，如图 15-3 所示。

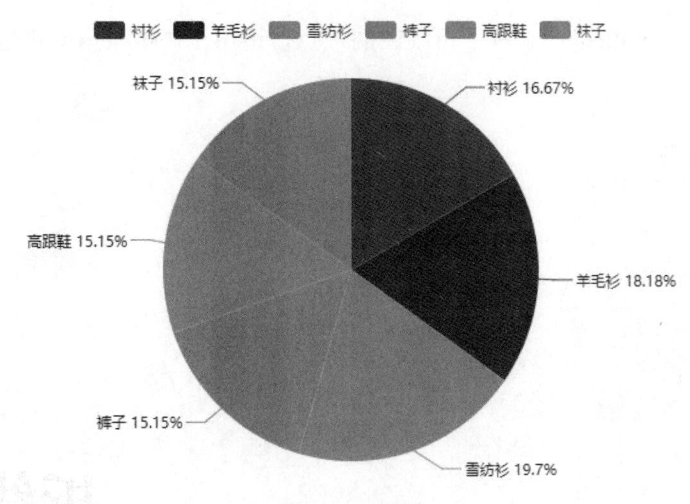

图 15-1　饼图

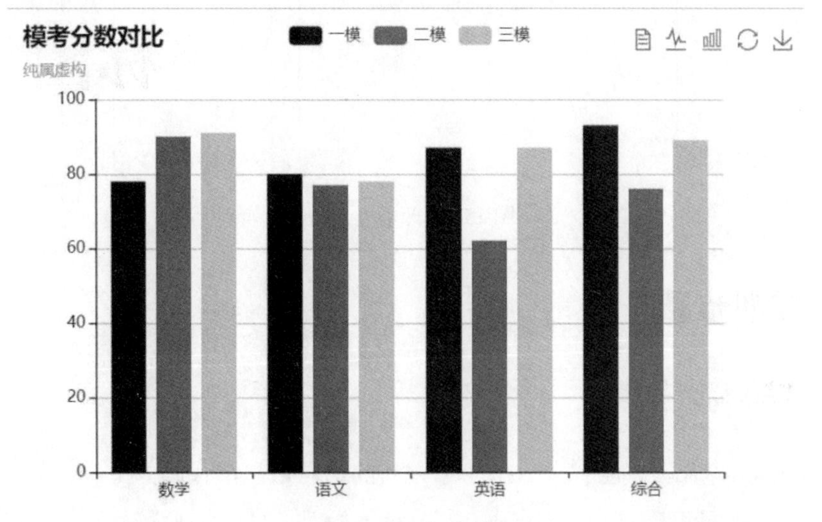

图 15-2　柱状图

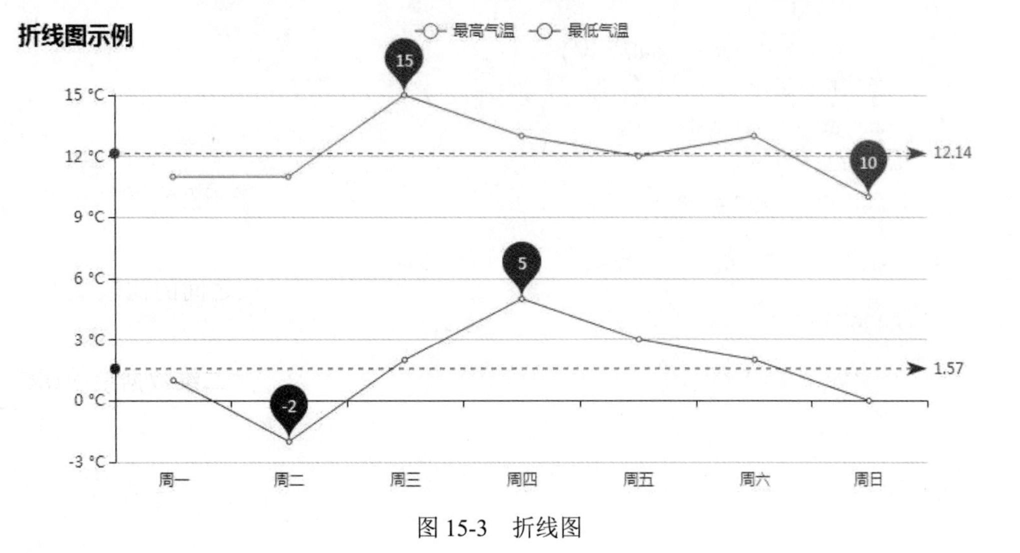

图 15-3　折线图

平行坐标图 Parallel()：继承了折线图的优点，适用于高维数据变化趋势的可视化，如图 15-4 所示。

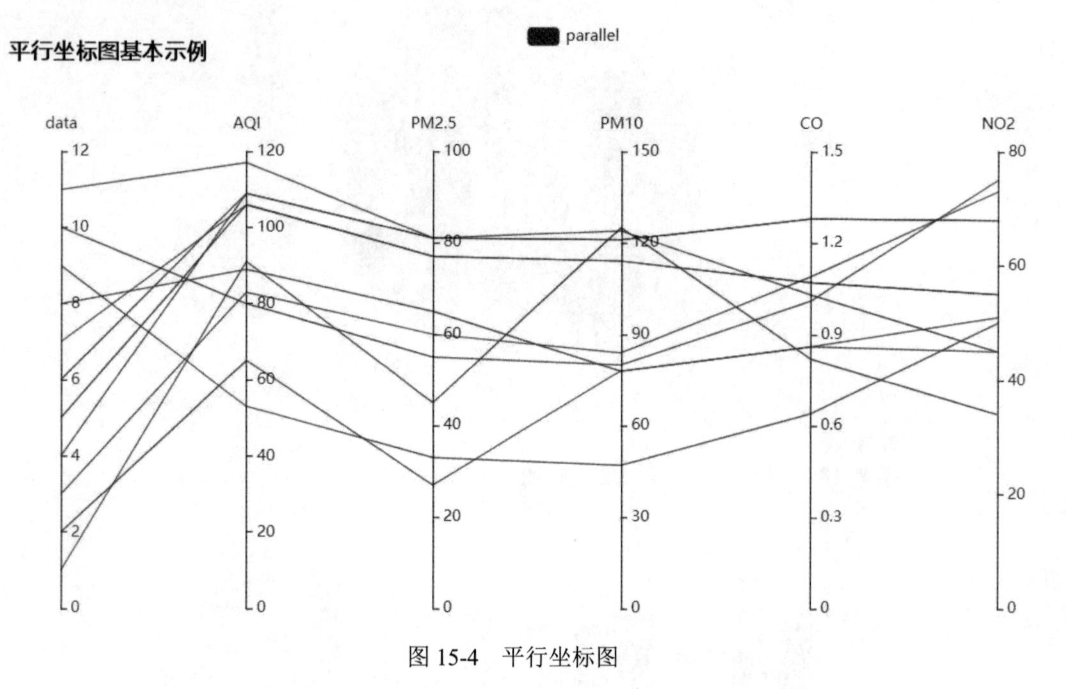

图 15-4　平行坐标图

15.4　实训步骤

15.4.1　导入数据与模块

导入 Python、人工智能和大数据三个方向的招聘信息，代码如下。

```
import pandas as pd
# Python 工程师
df_py=pd.read_csv("python_data.csv")
# 人工智能相关工作
df_ai=pd.read_csv("ai_data.csv")
# 大数据相关工作
df_bd=pd.read_csv("big_data.csv")
```

由于数据量过大，先查看数据的前十行，代码如下。

```
df_ai.head(10)
```

显示结果如图 15-5 所示。

	公司全名	公司简称	公司规模	融资阶段	区域	职位名称	工作经验	学历要求	薪资	职位福利	经营范围	职位技能要求	公司福利	第二职位类型	城市
0	中国平安人寿保险股份有限公司	平安人寿	2000人以上	上市公司	福田区	023143-人工智能算法资深研究员	3-5年	硕士	15k-30k	五险一金,绩效奖金,节日福利,带薪年假	金融	['金融', '移动互联网', '机器学习', '深度学习', 'NLP', '算法']	['绩效奖金', '带薪年假', '定期体检', '节日礼物']	人工智能	深圳
1	中国平安人寿保险股份有限公司	平安人寿	2000人以上	上市公司	福田区	023140-可解释性人工智能算法资深研究员	3-5年	硕士	15k-30k	五险一金,绩效奖金,带薪年假,节日福利	金融	['人工智能', '深度学习', 'NLP', '算法']	['绩效奖金', '带薪年假', '定期体检', '节日礼物']	人工智能	深圳
2	杭州北冥星眸科技有限公司	北冥星眸	15-50人	A轮	NaN	人工智能训练师-数据方向	不限	本科	5k-10k	气氛融洽，人工智能行业。	移动互联网,其他	['人工智能']	['股票期权', '早九晚五', '双休', '不打卡']	人工智能	杭州
3	广东顺德中山大学卡内基梅隆大学国际联合研究院	广东顺德中山大学卡内基梅隆大学国际联合研究院	15-50人	不需要融资	越秀区	医学人工智能算法工程师	不限	硕士	20k-30k	医院工作	人工智能,区块链	['人工智能', '机器学习', '深度学习', '计算机视觉']	[]	人工智能	广州
4	广东顺德中山大学卡内基梅隆大学国际联合研究院	广东顺德中山大学卡内基梅隆大学国际联合研究院	15-50人	不需要融资	越秀区	医学人工智能助理工程师	不限	本科	13k-20k	医院工作	人工智能,区块链	['人工智能', '机器学习', '深度学习', '计算机视觉']	[]	人工智能	广州
5	深圳市有豆科技有限公司	有豆科技	150-500人	B轮	宝安区	人工智能	3-5年	本科	25k-50k	平台大,丰厚奖金,五险一金	移动互联网,电商	['NLP', '机器学习', '语音识别']	[]	人工智能	深圳
6	上海勃池信息技术有限公司	探知数据	50-150人	A轮	静安区	人工智能咨询	5-10年	硕士	30k-60k	大数据，人工智能	金融,数据服务	['人工智能']	['股票期权', '扁平管理', '五险一金', '不打卡']	人工智能	上海
7	杭州一知智能科技有限公司	一知智能	50-150人	A轮	萧山区	人工智能训练师	3-5年	本科	10k-20k	环境好 发展快	移动互联网,数据服务	['人工智能', '算法']	['股票期权', '带薪年假', '通讯津贴', '午餐补助']	人工智能	杭州
8	北京左医科技有限公司	北京左医科技有限公司	50-150人	A轮	西城区	医学人工智能产品经理	1-3年	本科	10k-20k	七险一金,餐补,带薪年假	移动互联网,医疗丨健康	['医疗健康', '产品设计', '需求分析', '产品策划']	['绩效奖金', '定期体检', '五险一金', '弹性工作']	产品经理	北京
9	上海乐言信息科技有限公司	乐言科技	500-2000人	C轮	长宁区	人工智能AI训练师（产品运营方向）	1-3年	大专	8k-12k	发展空间大，五险一金，双休，餐补	企业服务	['电商', '客服管理', '主编']	['股票期权']	高端运营|编辑|客服类	上海

图 15-5　人工智能招聘数据前十行

15.4.2　数据提取

提取包含城市信息的列，列名为“城市”，代码如下。

```
city=df_py["城市"].value_counts()
#使用 keys 函数（keys 是 Python 的内置函数）返回 city 中的所有键
label = city.keys()
#创建一个空列表，用于存放城市对应的数量
city_list = []
for i in city:
    city_list.append(i)
```

15.4.3　图形绘制

使用 pyecharts 绘制饼图，以反映各个地区的招聘比例（图 15-6）。

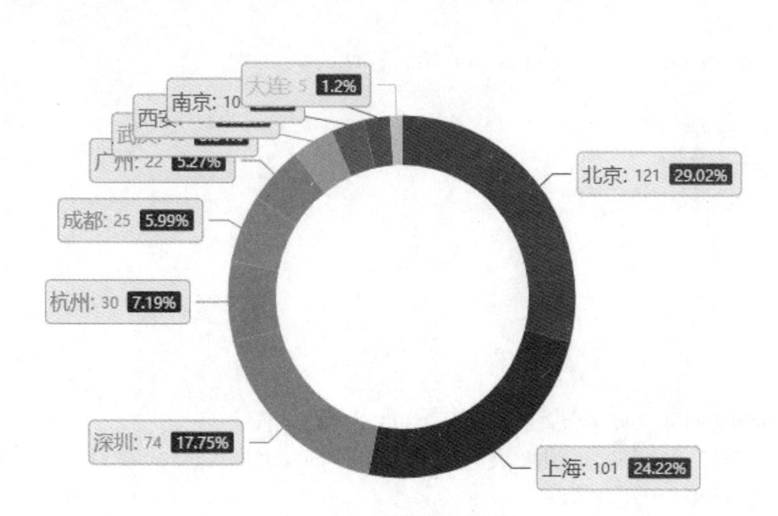

图 15-6　饼图绘制结果

这里使用链式调用的方法，全局配置项可通过set_global_options方法设置，使用options配置项，具体代码如下。

```
from pyecharts.globals import CurrentConfig, NotebookType
CurrentConfig.NOTEBOOK_TYPE = NotebookType.JUPYTER_LAB
from pyecharts import options as opts
from pyecharts.charts import Page, Pie
pie = (
        Pie()
        .add(
            "",
            [list(z) for z in zip(label,city_list)],
            radius=["40%", "55%"],
            label_opts=opts.LabelOpts(
                position="outside",
                formatter=" {b|{b}: }{c}   {per|{d}%}    ",
                background_color="#eee",
                border_color="#aaa",
                border_width=1,
                border_radius=4,
                rich={

                    "b": {"fontSize": 16, "lineHeight": 33},
                    "per": {
                        "color": "#eee",
                        "backgroundColor": "#334455",
                        "padding": [2, 4],
                        "borderRadius": 2,
                    },
                },
            ),
        )
        .set_global_opts(title_opts=opts.TitleOpts(title="Pie"))
    )
# 命令行必须单独运行
pie.load_javascript()
pie.render_notebook()
```

绘制学历要求柱状图（图 15-7），代码如下。

```
from pyecharts.charts import Bar
from pyecharts import options as opt
bar = Bar()
bar.add_xaxis(list(df_py['学历要求'].value_counts().index))
bar.add_yaxis("", [int(i) for i in list(df_py['学历要求'].value_counts().values)])
bar.render_notebook()
```

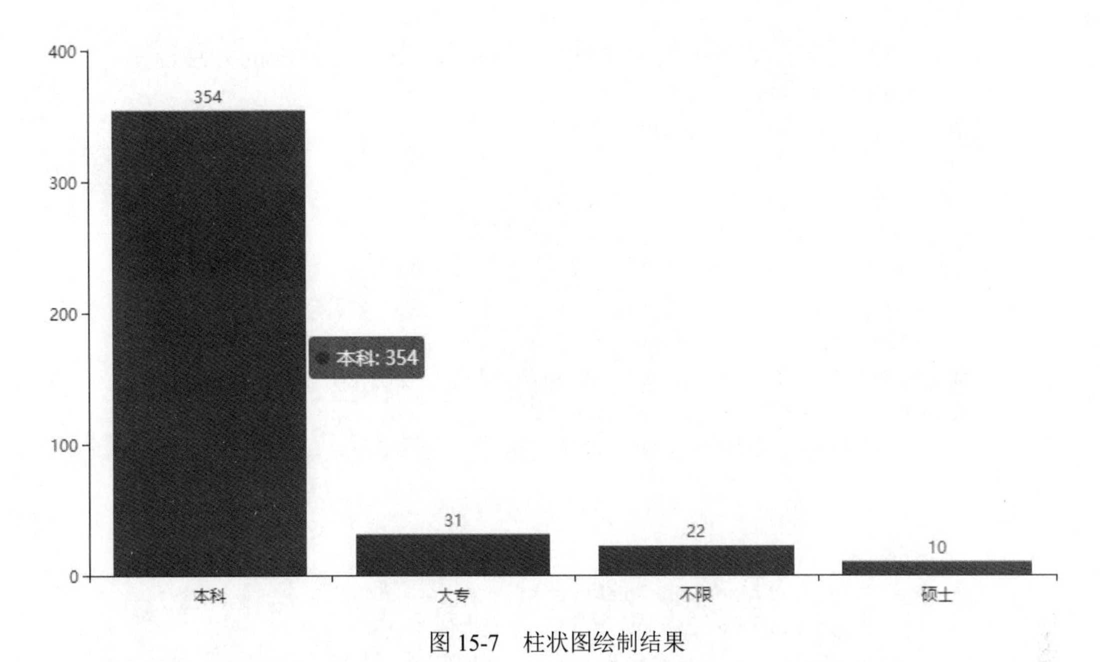

图 15-7　柱状图绘制结果

在绘制工作经验柱状图之前，需要对工作经验数据重新排列（图 15-8），代码如下。

```
# dataframe 索引顺序改变，单列数据提取
a=["不限","应届毕业生","1 年以下","1-3 年","3-5 年","5-10 年","10 年以上"]
def convert(exp,a,b):
    exp=pd.DataFrame(exp.value_counts().reset_index())
    exp['index'] = exp['index'].astype('category')
    exp['index'].cat.reorder_categories(a, inplace=True)
    exp.sort_values('index', inplace=True)
    xy_data=[]
    for i in exp[b]:
        xy_data.append(i)
    return xy_data
y_py_exp=convert(df_py["工作经验"],a,b="工作经验")
y_ai_exp=convert(df_ai["工作经验"],a,b="工作经验")
y_bd_exp=convert(df_bd["工作经验"],a,b="工作经验")
```

	index	工作经验
0	3-5年	216
1	1-3年	109
2	不限	37
3	5-10年	35
4	应届毕业生	18
5	1年以下	2

	index	工作经验
2	不限	37
4	应届毕业生	18
5	1年以下	2
1	1-3年	109
0	3-5年	216
3	5-10年	35

图 15-8　对工作经验数据重新排序

然后绘制工作经验柱状图（图 15-9），代码如下。

```
# 将处理好的数据导入绘图函数中，并且设置好标题等参数项
from pyecharts.charts import Bar
from pyecharts import options as opt
bar = Bar()
bar.add_xaxis(a)
bar.add_yaxis("Python 工程师", y_py_exp，gap="5%")
bar.add_yaxis("人工智能", y_ai_exp)
bar.add_yaxis("大数据方向", y_bd_exp)
bar.set_global_opts(
    title_opts=opts.TitleOpts(title='工作经验要求',subtitle='全国范围'),
    yaxis_opts=opt.AxisOpts(name="公司个数"),
    xaxis_opts=opt.AxisOpts(name="年数限制")

    )
bar.set_series_opts(
    markpoint_opts=opt.MarkPointOpts(data=[
        opt.MarkPointItem(type_="max", name="最大值"),
        opt.MarkPointItem(type_="min", name="最小值"),
                                            ]),
    markline_opts=opt.MarkLineOpts(data=[
        opt.MarkLineItem(type_="min", name="最小值"),
        opt.MarkLineItem(type_="max", name="最大值"),
                                        ])
                    )
# render 会生成本地 HTML 文件，默认会在当前目录生成 render.html 文件
# 也可以传入路径参数，如 bar.render("mycharts.html")
bar.render_notebook()
```

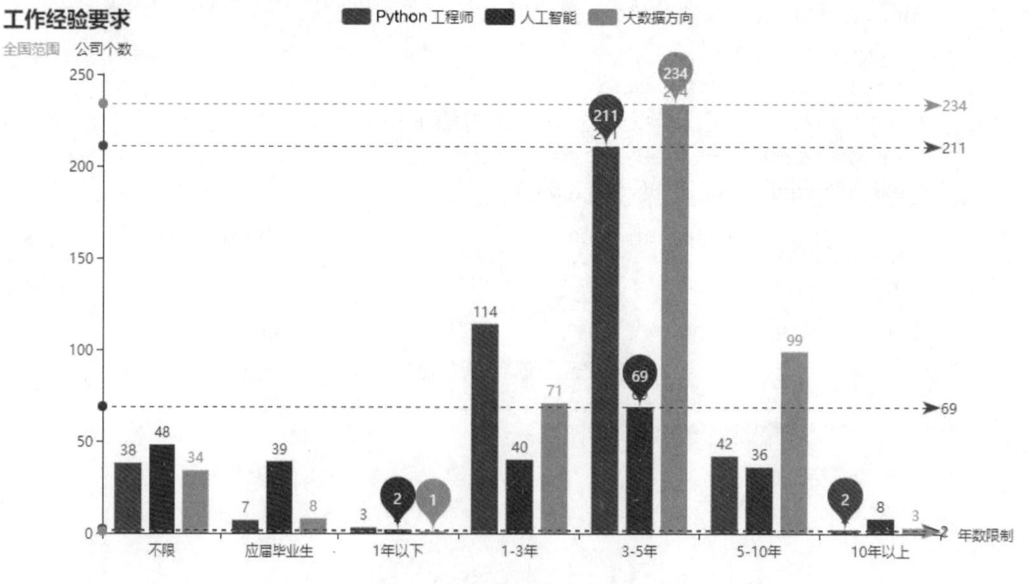

图 15-9　工作经验柱状图

绘制工作经验折线图，这里使折线平滑（图 15-10），代码如下。

```
import pyecharts.options as opts
from pyecharts.charts import Line
c = (
        Line()
       .add_xaxis(a)
       .add_yaxis('Python 工程师',y_py_exp, is_smooth=True)
       .add_yaxis('人工智能',y_ai_exp, is_smooth=True)
       .set_global_opts(title_opts=opts.TitleOpts(title="平滑曲线"))
    )
c.render_notebook()
```

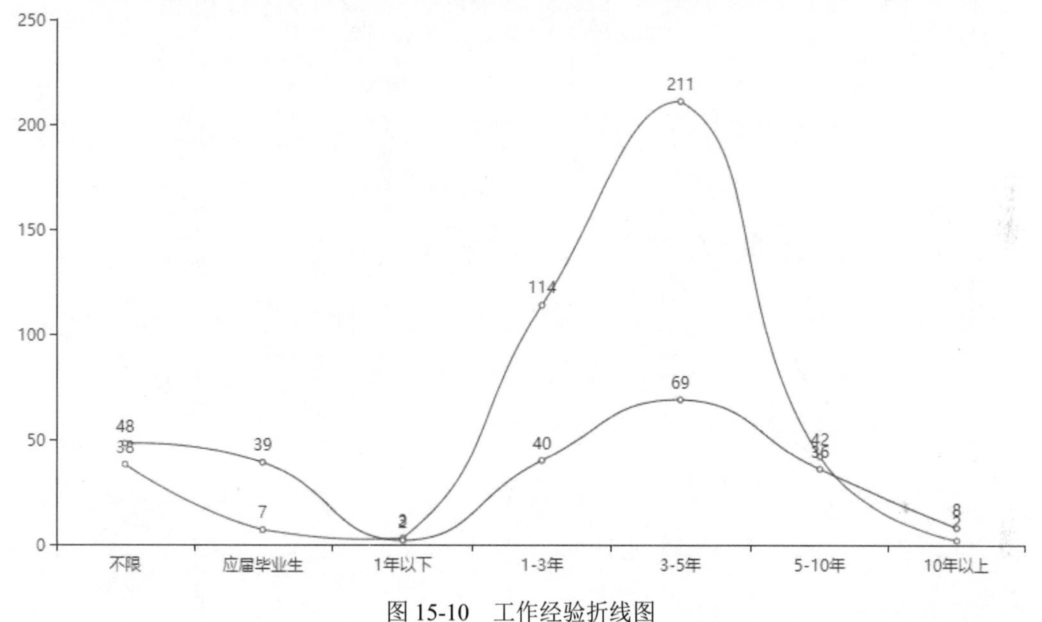

图 15-10　工作经验折线图

绘制工作经验平行坐标图（图 15-11），代码如下。

```
from pyecharts import options as opts
from pyecharts.charts import Page, Parallel

data1 = [y_py_exp]
data2 = [y_ai_exp]
data3 = [y_bd_exp]
c = (
        Parallel()
        .add_schema(
            [
                {"dim": 0, "name": "不限"},
                {"dim": 1, "name": "应届毕业生"},
                {"dim": 2, "name": "1 年以下"},
                {"dim": 3, "name": "1-3 年"},
```

```
                {"dim": 4, "name": "3-5 年"},
                {"dim": 5, "name": "5-10 年"},
                {"dim": 6, "name": "10 年以上"}
            ]
        )
        .add("Python 工程师",data1)
        .add("人工智能方向",data2)
        .add("大数据方向",data3)

        .set_global_opts(title_opts=opts.TitleOpts(title="平行坐标轴"))
)
c.render_notebook()
```

平行坐标轴

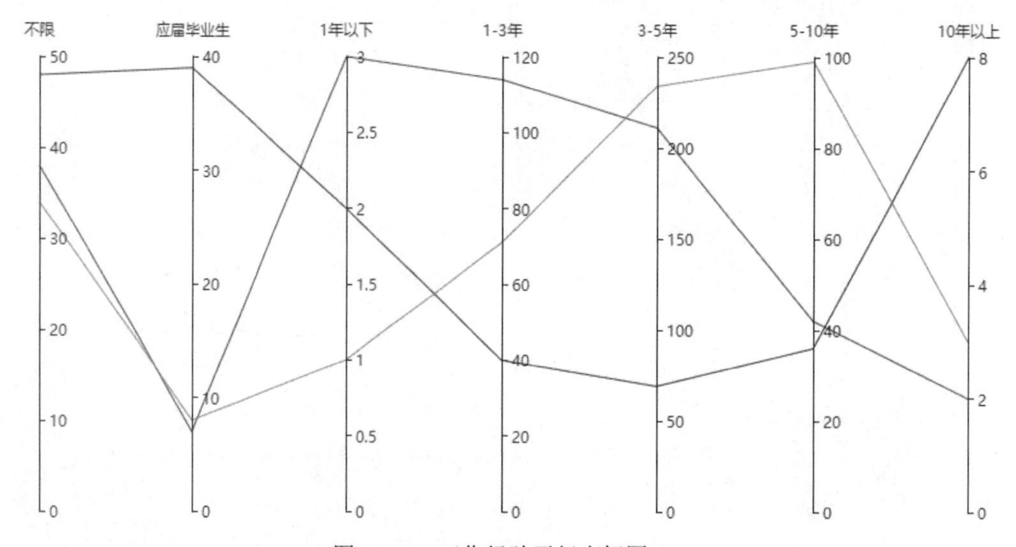

图 15-11 工作经验平行坐标图

绘制 Python 工程师职位薪资分布柱状图（图 15-12），代码如下。

```
a=["10k-15k","10k-20k","15k-20k","15k-25k","15k-30k","20k-40k"]
def convert(df,a,b):
    exp=df
    exp=pd.DataFrame(exp.value_counts().reset_index()[:6])
    exp['index'] = exp['index'].astype('category')
    exp['index'].cat.reorder_categories(a, inplace=True)
    exp.sort_values('index', inplace=True)
    xy_data=[i for i in exp[b]]
    return xy_data
y_py_my=convert(df_py["薪资"],a,b="薪资")

from pyecharts.charts import Bar
from pyecharts import options as opt
bar = Bar()
```

```
bar.add_xaxis(a)
bar.add_yaxis("Python 工程师", y_py_my，gap="5%")
bar.set_global_opts(
    title_opts=opts.TitleOpts(title='薪资',subtitle='全国范围'),
    yaxis_opts=opt.AxisOpts(name="公司个数"),
    xaxis_opts=opt.AxisOpts(name="薪资分布")

)
bar.set_series_opts(
    markpoint_opts=opt.MarkPointOpts(data=[
        opt.MarkPointItem(type_="max", name="最大值"),
        opt.MarkPointItem(type_="min", name="最小值"),
                                        ])
                    )
bar.render_notebook()
```

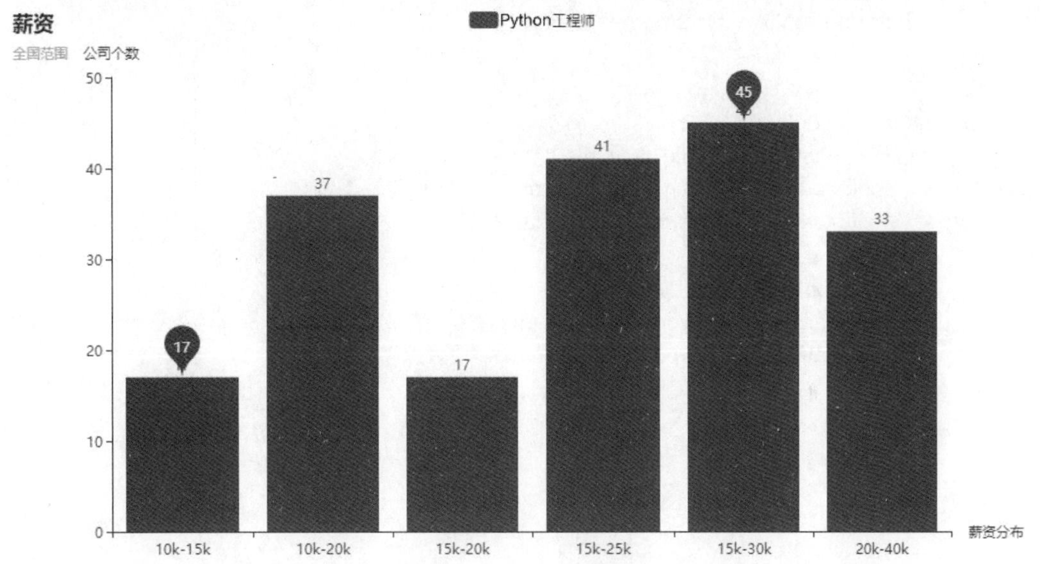

图 15-12　Python 工程师职位薪资分布柱状图

绘制公司融资情况柱状图（图 15-13），代码如下。

```
# dataframe 索引顺序改变，单列数据提取
a=["未融资","天使轮","A 轮","B 轮","C 轮","D 轮及以上","上市公司","不需要融资"]
def convert(exp,a,b):
    exp=pd.DataFrame(exp.value_counts().reset_index())
    exp['index'] = exp['index'].astype('category')
    exp['index'].cat.reorder_categories(a, inplace=True)
    exp.sort_values('index', inplace=True)
    #xy_data=[i for i in exp[b]]
    xy_data=[]
    for i in exp[b]:
        xy_data.append(i)
```

```
        return xy_data
col="融资阶段"
y_py_exp=convert(df_py[col],a,b=col)
y_ai_exp=convert(df_ai[col],a,b=col)
y_bd_exp=convert(df_bd[col],a,b=col)
print(y_py_exp)
from pyecharts.charts import Bar
from pyecharts import options as opt
bar = Bar()
bar.add_xaxis(a)
bar.add_yaxis("Python 工程师", y_py_exp,gap="5%")
bar.add_yaxis("人工智能",y_ai_exp)
bar.add_yaxis("大数据方向",y_bd_exp)
bar.set_global_opts(
    title_opts=opts.TitleOpts(title='公司融资情况',subtitle='全国范围'),
    yaxis_opts=opt.AxisOpts(name="公司个数"),
    xaxis_opts=opt.AxisOpts(name="融资阶段")

)
bar.set_series_opts(
    markpoint_opts=opt.MarkPointOpts(data=[
        opt.MarkPointItem(type_="max", name="最大值"),
        opt.MarkPointItem(type_="min", name="最小值"),
                                    ]),
    markline_opts=opt.MarkLineOpts(data=[
        opt.MarkLineItem(type_="min", name="最小值"),
        opt.MarkLineItem(type_="max", name="最大值"),
                                    ])
                )
bar.render_notebook()
```

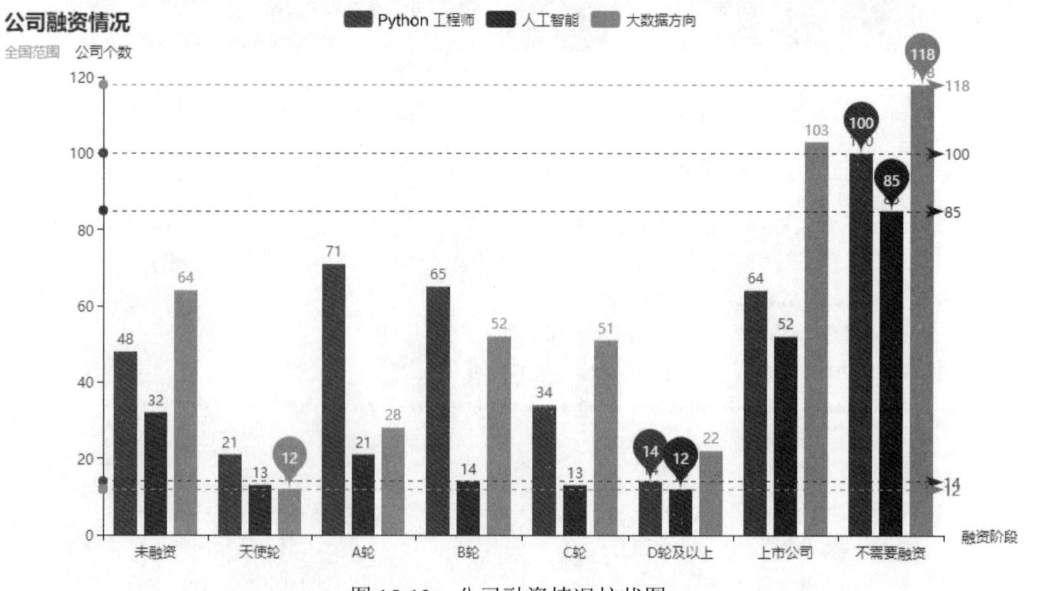

图 15-13 公司融资情况柱状图

共享单车数据可视化分析

16.1 实训目的

通过对数据进行清洗，计算描述性统计数据，分析租车日期、天气、季节、气温、体感温度、空气湿度、风速等对租车的影响并基本实现数据的可视化。

16.2 实训要求

- ❑ 数据汇总。
- ❑ 特征工程。
- ❑ 缺失值分析。
- ❑ 离群值分析。
- ❑ 相关分析。
- ❑ 可视化数据分布。
- ❑ 可视化计数 VS（月、季、小时、工作日、用户类型）。
- ❑ 使用随机森林。
- ❑ 线性回归模型。
- ❑ 正则化模型。
- ❑ 集合模型。

16.3 实训步骤

16.3.1 数据准备

代码如下。

```
import pylab
import calendar
import numpy as np
import pandas as pd
import seaborn as sns
from scipy import stats
import missingno as msno
from datetime import datetime
import matplotlib.pyplot as plt
import warnings
pd.options.mode.chained_assignment = None
warnings.filterwarnings("ignore", category=DeprecationWarning)
%matplotlib inline
BikeData = pd.read_csv('/root/dataset/Biketrain.csv')
BikeData.head()
```

上述代码用于观察数据集的数据大小，各字段数据类型、缺失值，头部和尾部数据，其结果如图 16-1 和图 16-2 所示。

	datetime	season	holiday	workingday	weather	temp	atemp	humidity	windspeed	casual	registered	count
0	2011-01-01 00:00:00	1	0	0	1	9.84	14.395	81	0.0	3	13	16
1	2011-01-01 01:00:00	1	0	0	1	9.02	13.635	80	0.0	8	32	40
2	2011-01-01 02:00:00	1	0	0	1	9.02	13.635	80	0.0	5	27	32
3	2011-01-01 03:00:00	1	0	0	1	9.84	14.395	75	0.0	3	10	13
4	2011-01-01 04:00:00	1	0	0	1	9.84	14.395	75	0.0	0	1	1

图 16-1 数据集部分数据展示

数据字段描述

- datatime - 日期+时间
- season - 1=春天，2=夏天，3=秋天，4=冬天
- holiday - 是否是节假日
- workingday - 1=工作日 0=周末
- weather -
  - 1：晴天，多云
  - 2：雾天，阴天
  - 3：小雪，小雨
  - 4：大雨，大雪，大雾
- temp - 气温摄氏度
- atemp - 体感温度
- humidity - 湿度
- windspeed - 风速
- casual - 非注册用户个数
- registered - 注册用户个数
- count - 给定日期时间（每小时）总租车人数，是casual和registered的求和

图 16-2 数据字段描述

16.3.2　数据清洗

观察 BikeData 数据形状，代码如下。

```
BikeData.shape
```

结果为：

```
(10886,12)
```

观察 BikeData 数据中各列的数据类型、非空值数量、内存使用情况等信息，代码如下。

```
BikeDate.info()
```

结果如图 16-3 所示。

```
<class 'pandas.core.frame.DataFrame'>
RangeIndex: 10886 entries, 0 to 10885
Data columns (total 12 columns):
 #   Column      Non-Null Count  Dtype
---  ------      --------------  -----
 0   datetime    10886 non-null  object
 1   season      10886 non-null  int64
 2   holiday     10886 non-null  int64
 3   workingday  10886 non-null  int64
 4   weather     10886 non-null  int64
 5   temp        10886 non-null  float64
 6   atemp       10886 non-null  float64
 7   humidity    10886 non-null  int64
 8   windspeed   10886 non-null  float64
 9   casual      10886 non-null  int64
 10  registered  10886 non-null  int64
 11  count       10886 non-null  int64
dtypes: float64(3), int64(8), object(1)
memory usage: 1020.7+ KB
```

图 16-3　数据描述结果

从上文结果可以看到，数据共有 10 886 行，分为 12 列，各字段均无缺失值，不需要进行数据清洗。

16.3.3　数据处理

datetime 字段可以进一步处理数据，得到年、月、日、时、周几等信息，从而进一步结合时间信息来分析 A 市共享单车需求。

对日期型变量进行处理，代码如下。

```
# 自定义函数获取日期
def get_date(x):
    return x.split()[0]
# 对指定字段应用自定义函数 apply()
BikeData["date"]=BikeData.datetime.apply(get_date)
```

```
# 自定义函数获取时间
def get_hour(x):
    hour=x.split()[1].split(":")[0]
    int_hour=int(hour) # 注意，hour 要转换为数值型，因为字符串型在排序时不能按数值型排序规则处理
    return int_hour
BikeData["hour"]=BikeData.datetime.apply(get_hour)
```

想要得到日期对应的星期数，就要将字符串格式的日期通过 datetime 包中的 strptime 函数转换为日期时间类型，然后通过.weekday 获取对应的星期数（图 16-4），代码如下。

```
def get_weekday(x):
    dateStr=x.split()[0]
    dateDT=datetime.strptime(dateStr,"%Y-%m-%d")
    week_day=dateDT.weekday()
    return week_day

BikeData["weekday"]=BikeData.datetime.apply(get_weekday)
# 自定义函数获取日期对应的月份
def get_month(x):
    dateStr=x.split()[0]
    dateDT=datetime.strptime(dateStr,"%Y-%m-%d")
    month=dateDT.month
    return month

BikeData["month"]=BikeData.datetime.apply(get_month)
# 查看数据处理后的前 5 条数据
BikeData.head()
```

	datetime	season	holiday	workingday	weather	temp	atemp	humidity	windspeed	casual	registered	count	date	hour	weekday	month
0	2011/1/1 0:00	1	0	0	1	9.84	14.395	81	0.0	3	13	16	2011/1/1	0	5	1
1	2011/1/1 1:00	1	0	0	1	9.02	13.635	80	0.0	8	32	40	2011/1/1	1	5	1
2	2011/1/1 2:00	1	0	0	1	9.02	13.635	80	0.0	5	27	32	2011/1/1	2	5	1
3	2011/1/1 3:00	1	0	0	1	9.84	14.395	75	0.0	3	10	13	2011/1/1	3	5	1
4	2011/1/1 4:00	1	0	0	1	9.84	14.395	75	0.0	0	1	1	2011/1/1	4	5	1

图 16-4　数据处理后部分结果展示

16.3.4　数据挖掘

下面分析各字段之间的相关性，其遵循以下规律。

- 相关系数介于-1 和 1 之间。
- 负数表示负相关，正数表示正相关。
- 绝对值越大，关系越强。

进行相关性分析（图 16-5），代码如下。

```
# df.corr()计算 dataframe 中各字段的相关系数
correlation=BikeData[["season","holiday","workingday","weather","temp","atemp","humidity",
"windspeed","casual","registered","count"]].corr()
```

	season	holiday	workingday	weather	temp	atemp	humidity	windspeed	casual	registered	count
season	1.000000	0.029368	-0.008126	0.008879	0.258689	0.264744	0.190610	-0.147121	0.096758	0.164011	0.163439
holiday	0.029368	1.000000	-0.250491	-0.007074	0.000295	-0.005215	0.001929	0.008409	0.043799	-0.020956	-0.005393
workingday	-0.008126	-0.250491	1.000000	0.033772	0.029966	0.024660	-0.010880	0.013373	-0.319111	0.119460	0.011594
weather	0.008879	-0.007074	0.033772	1.000000	-0.055035	-0.055376	0.406244	0.007261	-0.135918	-0.109340	-0.128655
temp	0.258689	0.000295	0.029966	-0.055035	1.000000	0.984948	-0.064949	-0.017852	0.467097	0.318571	0.394454
atemp	0.264744	-0.005215	0.024660	-0.055376	0.984948	1.000000	-0.043536	-0.057473	0.462067	0.314635	0.389784
humidity	0.190610	0.001929	-0.010880	0.406244	-0.064949	-0.043536	1.000000	-0.318607	-0.348187	-0.265458	-0.317371
windspeed	-0.147121	0.008409	0.013373	0.007261	-0.017852	-0.057473	-0.318607	1.000000	0.092276	0.091052	0.101369
casual	0.096758	0.043799	-0.319111	-0.135918	0.467097	0.462067	-0.348187	0.092276	1.000000	0.497250	0.690414
registered	0.164011	-0.020956	0.119460	-0.109340	0.318571	0.314635	-0.265458	0.091052	0.497250	1.000000	0.970948
count	0.163439	-0.005393	0.011594	-0.128655	0.394454	0.389784	-0.317371	0.101369	0.690414	0.970948	1.000000

图 16-5　相关性分析结果

绘制热力图（图 16-6），代码如下。

```
fig=plt.figure(figsize=(12,12))
# 使用热力图（heat map）可以更直观地展示系数矩阵情况
# vmax 设定热力图色块的最大区分值
# square 设定图片是否为正方形
# annot 设定是否显示每个色块的系数值
sns.heatmap(correlation,vmax=1,square=True,annot=True)
```

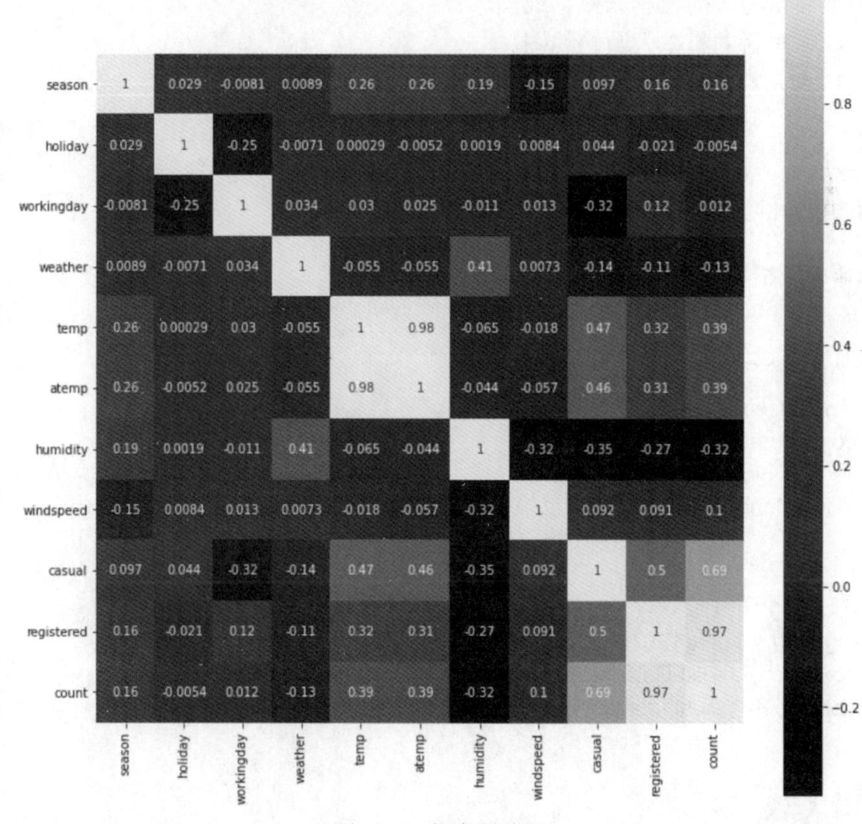

图 16-6　热力图结果

可以看到如下结论。

- count（租车人数）：温度、体感温度与租车人数正相关——寒冷抑制租车需求；湿度与人数负相关——雨雪天气抑制租车需求；注册人数、非注册人数与租车人数强正相关——转化率问题，表示用户越多，租车需求越多。
- registered（注册用户数）：温度高、工作日会刺激民众成为注册用户——租车的需求可能更多的是非寒冷天气的通勤；非注册用户与注册用户数强正相关——先试用再转化，这是一种商业模式。
- temp（气温）：气温和体温强正相关——气温越高，体温越高。
- season（季节）：春季更干燥、低温。

16.3.5 可视化分析

接下来通过可视化来观察租车需求的相关因素，具体包括如下几种影响因素。

- 租车人数箱线图（以小时为单位）。
- 各月份租车人数箱线图。
- 各星期数租车人数箱线图。
- 各小时（0～23 时）租车人数箱线图。
- 各季节租车人数箱线图。
- 各天气租车人数箱线图。
- 节假日与否的租车人数箱线图。
- 周末与否的租车人数箱线图。

绘制租车人数在各分类变量下的箱线图（图 16-7），代码如下。

```
# 绘制多图
plt.style.use("ggplot")
fig=plt.figure(figsize=(16,24))

# 设置图像大标题
fig.suptitle("ShareBike Analysis",fontsize=16,fontweight="bold")

# 添加第一个子图
ax1=fig.add_subplot(4,2,1)
sns.boxplot(data=BikeData,y="count")
plt.title("box plot on count")
plt.ylabel("Count")


# 添加第二个子图
ax2=fig.add_subplot(4,2,2)
sns.boxplot(data=BikeData,x="month",y="count",hue="workingday")
ax2.set(ylabel="Count",xlabel="Month",title="box plot on count across month")


# 添加第三个子图
ax3=fig.add_subplot(4,2,3)
```

```
sns.boxplot(data=BikeData,x="weekday",y="count")
ax3.set(ylabel="Count",xlabel="Weekday",title="box plot on count across weekday")


# 添加第四个子图
ax4=fig.add_subplot(4,2,4)
sns.boxplot(data=BikeData,x="hour",y='count')

# 下面两句代码与 ax2.set()效果一样
# plt.title("box plot on count")
# plt.ylabel("Count")
ax4.set(ylabel="Count",xlabel="Hour",title="box plot on count aross hours")


# 添加第五个子图
ax5=fig.add_subplot(4,2,5)
sns.boxplot(data=BikeData,x="season",y="count",hue="weather")
ax5.set(ylabel="Count",xlabel="Season",title="box plot on count across season")


# 添加第六个子图
ax6=fig.add_subplot(4,2,6)
sns.boxplot(data=BikeData,x="weather",y="count")
ax6.set(ylabel="Count",xlabel="Weather",title="box plot on count across weather")


# 添加第七个子图
ax7=fig.add_subplot(4,2,7)
sns.boxplot(data=BikeData,x="holiday",y="count")
ax7.set(ylabel="Count",xlabel="Holiday",title="box plot on count across holiday")


# 添加第八个子图
ax8=fig.add_subplot(4,2,8)
sns.boxplot(data=BikeData,x="workingday",y="count")
ax8.set(ylabel="Count",xlabel="Workingday",title="box plot on count across workingday")
```

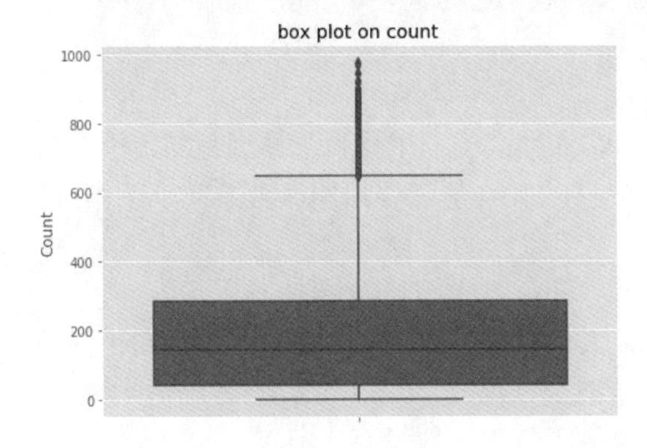

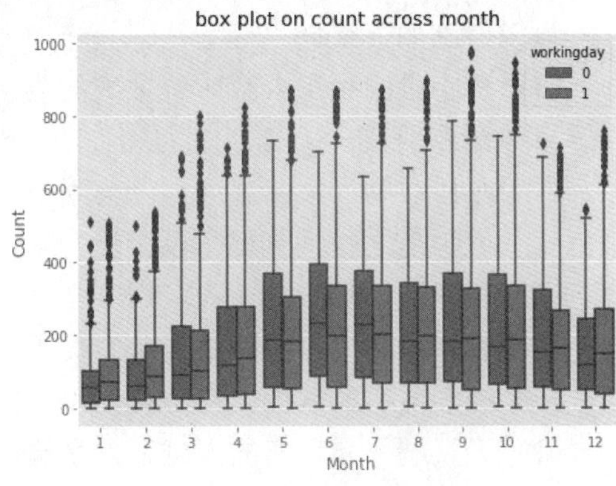

图 16-7　可视化结果

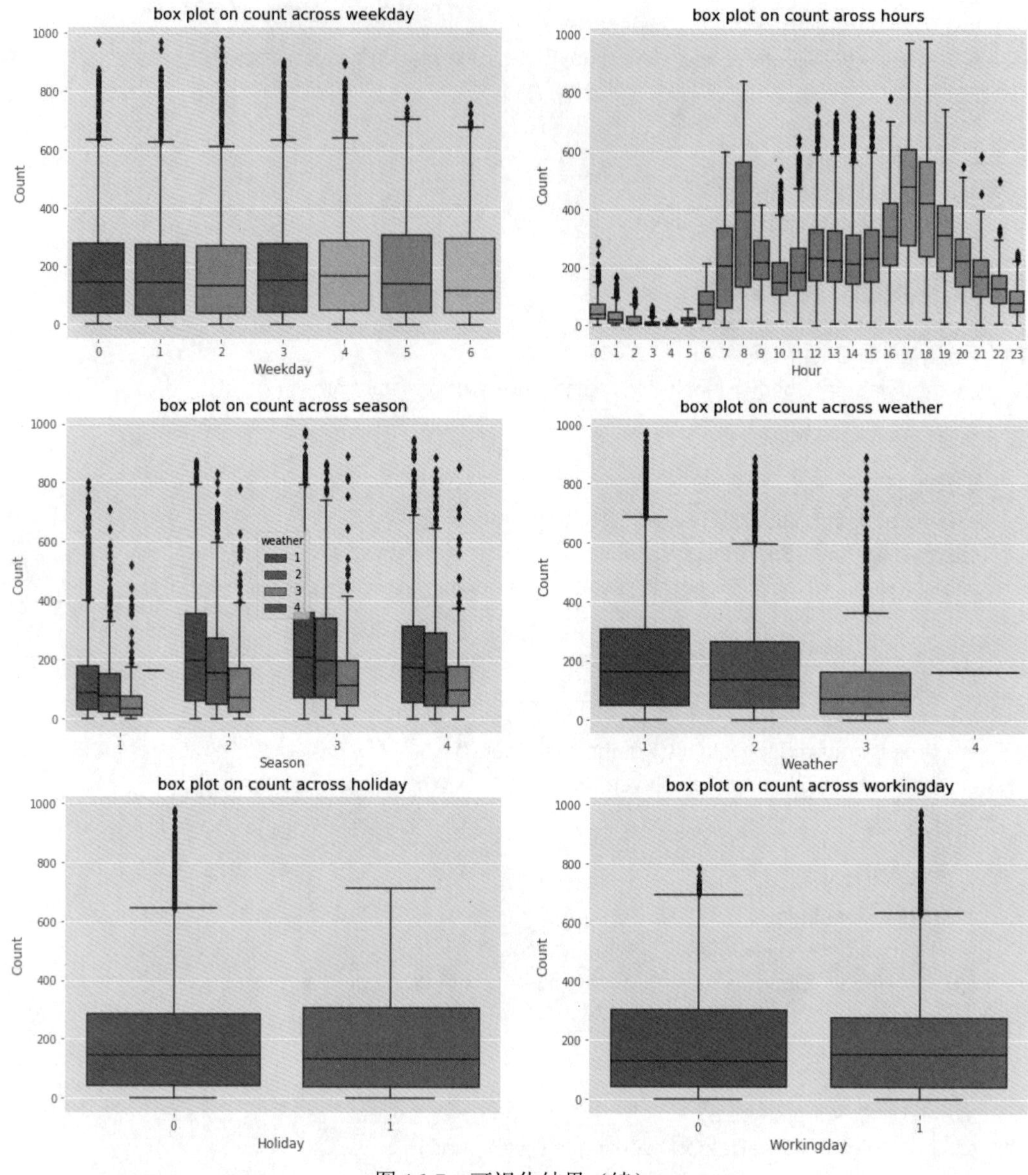

图 16-7　可视化结果（续）

可以看到如下结论。

- 每小时的租车人数中位数大约为 150。
- 寒冷季节（1、2、12 月），工作日租车人数高于非工作日，原因是寒冷季节租车以通勤为主；温暖、凉爽季节（5～11 月），非工作日租车人数高于工作日，原因是这些季节租车以游玩为主。
- 租车高峰时段为 7～9 点和 17～19 点，正好是上下班高峰期。
- 春季租车人数少，原因是乍暖还寒，人们居家时间较多，并且这段时间正好历经春节，大城市人口外流，租车需求减少。
- 天气越好，租车的人越多，暴雨、暴雪天气下一般没有人租车。

绘制连续变量与租车人数的关系柱状图（图 16-8），代码如下。

```
# 连续变量离散化，使用 pd.cut 分为 5 段
BikeData["temp_band"]=pd.cut(BikeData["temp"],4)
BikeData["humidity_band"]=pd.cut(BikeData["humidity"],5)
BikeData["windspeed_band"]=pd.cut(BikeData["windspeed"],5)
# 将季节 1、2、3、4 对应到春、夏、秋、冬（使用映射函数.map）
BikeData["season_word"]=BikeData["season"].map({1:"Spring",2:"Summer",3:"Autumn",
4:"Winter"})

sns.FacetGrid(data=BikeData,row="humidity_band",aspect=2.2)
map(sns.barplot,"temp_band","count","season_word",hue_order=["Spring","Summer","Autumn",
"Winter"],palette="deep",ci=None)
add_legend()
plt.xticks(rotation=60)
```

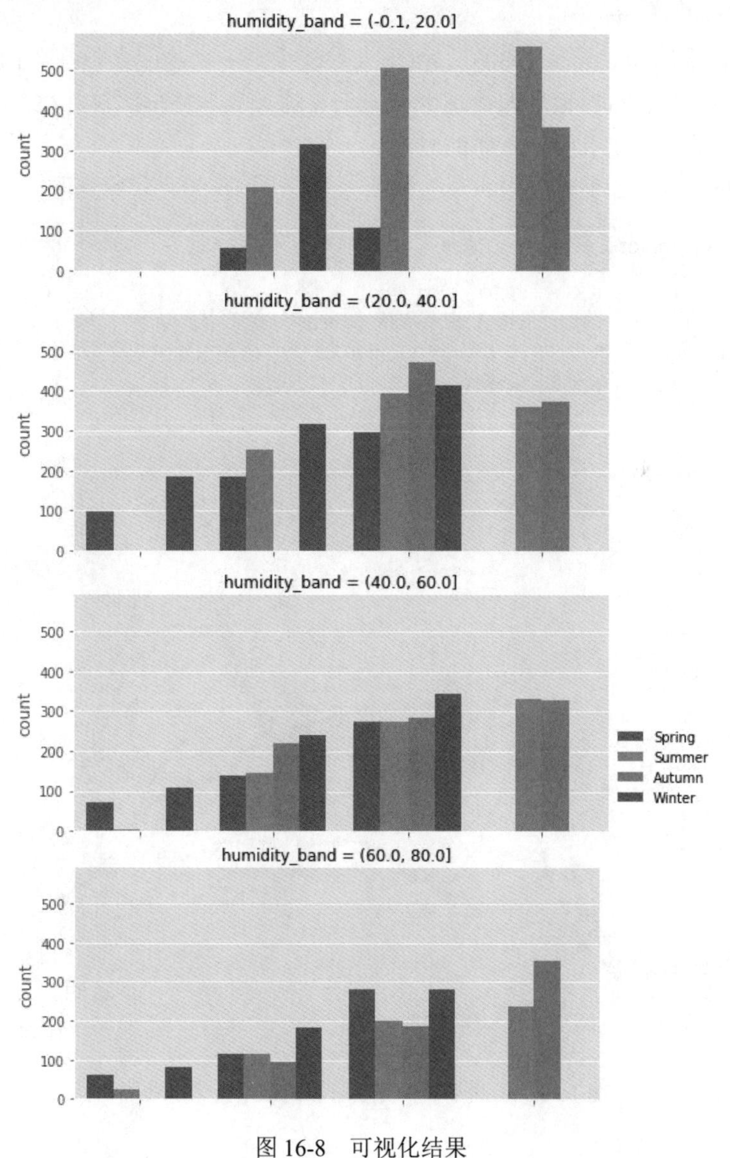

图 16-8　可视化结果

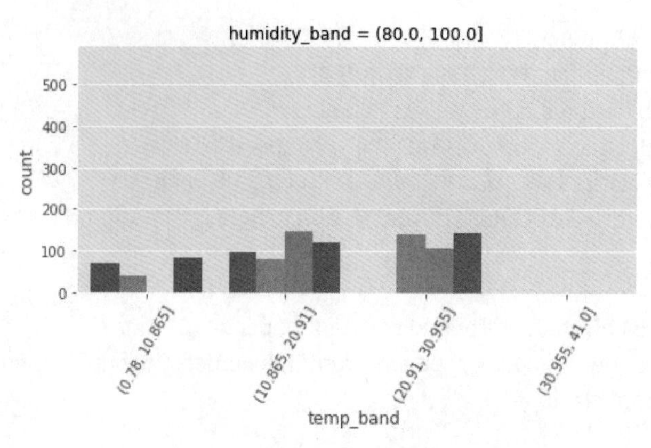

图 16-8 可视化结果（续）

可以看到如下结论。

- 气温低于 10℃或高于 30℃，租车人数较少——太冷或太热都会抑制租车需求。
- 空气湿度越高，租车人数越少——干爽的天气下骑车比较舒适。
- 秋天是租车需求比较旺盛的时期。

绘制不同季节中各小时段的租车人数折线图（图 16-9），代码如下。

```
plt.style.use("ggplot")

sns.FacetGrid(data=BikeData,size=6,aspect=1.5)
map(sns.pointplot,"hour","count","season_word",hue_order=["Spring", "Summer", "Autumn",
"Winter"],paletter="deep",ci=None)
add_legend()
```

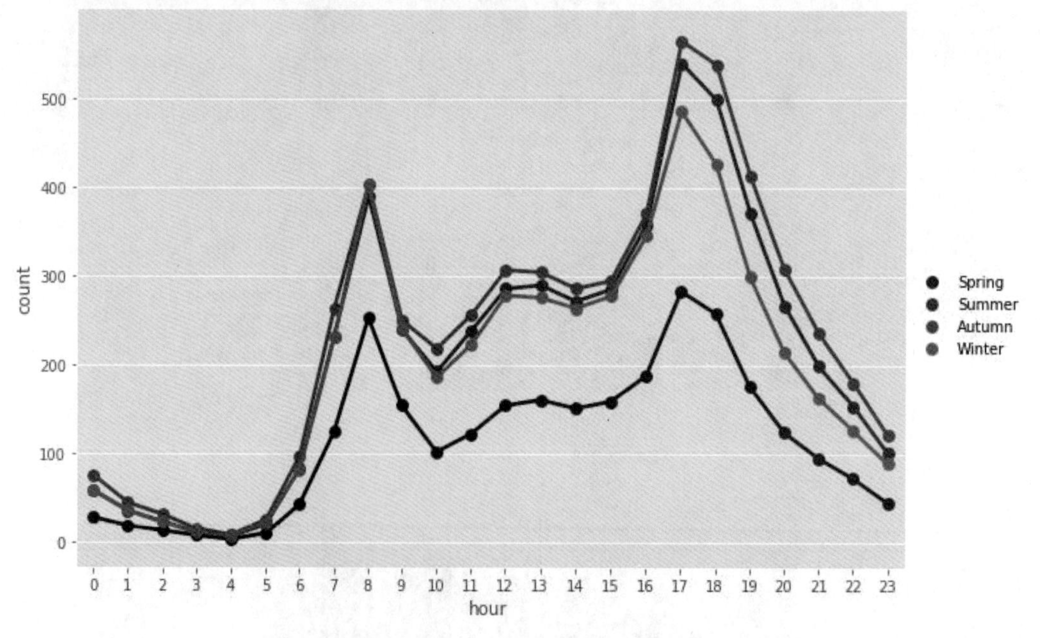

图 16-9 不同季节中各小时段的租车人数折线图

可以看到如下结论。

- 不论哪个季节，每天 7～9 点与 16～19 点都是租车高峰期，分别在 8 点和 17 点达到时段峰值。
- 工作时段的租车人数处于一天中的中间水平，夜幕降临后，租车人数逐渐减少——夜晚寒冷、阴暗，骑车不便利。
- 春季用车人数总体较少，夏、秋季用车人数最多。

绘制工作日与否情况下各小时租车人数折线图（图 16-10），代码如下。

```
sns.FacetGrid(data=BikeData,size=6,aspect=1.5)
map(sns.pointplot,"hour","count","workingday",hue_order=[1,0],paletter="deep",ci=None)
add_legend()
```

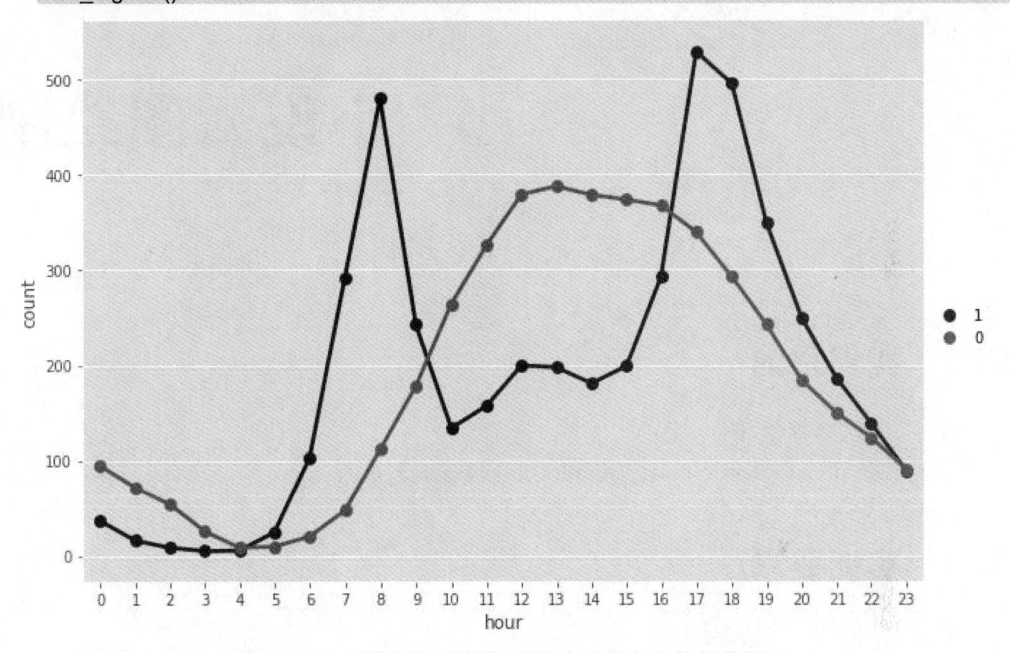

图 16-10　工作日与否情况下各小时租车人数折线图

可以看到如下结论。

- 是否是工作日，对于用车高峰时段的影响非常大。
- 工作日的租车高峰时段非常明显，处于 7～9 点与 16～19 点——通勤为主。
- 非工作日的租车高峰时段特征较为平缓，从 10 点开始租车人数逐渐增多，到 20 点后，租车人数回到低峰水平——非工作日租车主要用于休闲代步、短途旅游等。

小说云图绘制

17.1 实训目的

- ❑ 掌握绘制词云的方法。
- ❑ 掌握 jieba、wordcloud、Matplotlib 模块的使用。

17.2 实训要求

根据实训手册，完成实训。

17.3 实训原理

17.3.1 jieba 分词

jieba 是一个 Python 第三方库，支持的文本编码格式为 UTF-8，功能包括中文分词、关键字提取、词性标注。分词功能有如下三种模式。

- ❑ 精确模式：将句子精确地切开，适合文本分析。
- ❑ 全模式：把句子中所有可以成词的词语都扫描出来， 但是不能解决歧义问题。
- ❑ 搜索引擎模式：在精确模式的基础上，对长词再次切分，提高召回率，适用于搜索引擎分词。

17.3.2 wordcloud 词云

wordcloud 库是 Python 非常优秀的词云展示第三方库，以词语为基本单位，更加直观和艺术地展示文本。wordcloud 库把词云当作一个 WordCloud 对象，WordCloud()代表一个文本对应的词云，它可以将文本中词语出现的频率作为一个参数绘制词云，而词云的大小、颜色、形状等都是可以设定的。

17.4　实训步骤

17.4.1　导入模块

代码如下。

```
from os import path
from imageio import imread
import matplotlib.pyplot as plt
import jieba
from wordcloud import WordCloud, ImageColorGenerator
```

17.4.2　读取文件，设置路径

代码如下。

```
back_coloring_path = '/root/dataset/alice.jpg' # 设置背景图片路径
text_path = '/root/dataset/alice.txt' # 设置要分析的文本路径
stopwords_path = '/root/dataset/stopwords6.txt' # 停用词表
imgname1 = '/root/dataset/alice_1.png' # 保存的图片名字 1（只按照背景图片形状）
imgname2 = '/root/dataset/alice_2.png' # 保存的图片名字 2（颜色按照背景图片颜色布局生成）

text = open(text_path,encoding='utf8').read() # 获取文本内容
back_coloring = imread(back_coloring_path) # 设置背景图片

# 查看文本
print(text)
```

文本部分结果如图 17-1 所示。

```
爱丽丝靠着姐姐坐在河岸边很久了，由于没有什么事情可做，她开始感到厌倦，她一次又一次地瞧瞧姐姐正在读的那本书，可是书里没有图画，也没有对话，爱丽丝想：“要是一本书里没有图画和对话，那还有什么意思呢？”
天热得她非常困，甚至迷糊了，但是爱丽丝还是认真地盘算着，做一只雏菊花环的乐趣，能不能抵得上摘雏菊的麻烦呢？就在这时，突然一只粉红眼睛的白兔，贴着她身边跑过去了。
爱丽丝并没有感到奇怪，甚至于听到兔子自言自语地说：“哦，亲爱的，哦，亲爱的，我太迟了。”爱丽丝也没有感到离奇，虽然过后，她认为这事应该奇怪，可当时她的确感到很自然，但是兔子竟然从背心口袋里掏出一块怀表看看，然后又匆匆忙忙跑了。
这时，爱丽丝跳了起来，她突然想到：从来没有见过穿着有口袋背心的兔子，更没有见到过兔子还能从口袋里拿出–块表来，她好奇地穿过田野，紧紧地追赶那只兔子，刚好看见兔子跳进了矮树下面的一个大洞。
爱丽丝也紧跟着跳了进去，根本没考虑怎么再出来。
这个兔子洞开始像走廊，笔直地向前，后来就突然向下了，爱丽丝还没有来得及站住，就掉进了—个深井里。
也许是井太深了，也许是她自己感到下沉得太慢，因此，她有足够的时间去东张西望，而且去猜测下一步会发生什么事，首先，她往下看，想知道会掉到什么地方。但是下面太黑了，什么都看不见，于是，她就看四周的井壁，只见井壁上排满了碗橱和书架，以及挂在钉子上的地图和图画，她从一个架子上拿了一个罐头，罐头上写着“桔子酱”，却是空的，她很失望，她不敢把空罐头扔下去，怕砸着下面的人，因此，在继续往下掉的时候，她就把空罐头放到另一个碗橱里去了。
“好啊，”爱丽丝想，“经过了这次锻炼，我从楼梯上滚下来就不算回事。家里的人都会说我多么勇敢啊，嘿，就是从屋顶上掉下来也没什么了不起。”——这点倒很可能是真的，从屋顶上摔下来，会摔得说不出话的。
掉啊，掉啊，掉啊，难道永远掉不到底了吗？爱丽丝大声说：“我想知道掉了多少英里了，我一定已经靠近地球中心的一个地方啦！让我想想：这就是说已经掉了大约四千英里了，我想……”（你瞧，爱丽丝在学校里已经学到了一点这类东西，虽然现在不是显示知识的时机，因为没有一个人在听她说话，但是这仍然是一个很好的练习机会 。）
“……是的，大概就是这个距离。那么，我现在究竟到了什么经度和纬度了呢？”（爱丽丝不明白经度和纬度是什么意思，可她认为这是挺时髦的字。）
```

图 17-1　文本部分结果

查看遮罩图片（图 17-2），代码如下。

```
plt.figure()
plt.imshow(back_coloring)
plt.axis("off")
plt.show()
```

图 17-2　遮罩图片

17.4.3　文本分词

分词方法选择默认的精确模式，一一比对分词后的词语和停用词表中的词，若为停用词或者单字词，则从列表中删除，因为这些词无法很好地表现出文本的主题内容。

代码如下。

```
stopwords = {}
def jiebaclearText(text):
    mywordlist = []
    seg_list = jieba.cut(text, cut_all=False)
    liststr = "/ ".join(seg_list)
    f_stop = open(stopwords_path,encoding='utf8')
    try:
        f_stop_text = f_stop.read()
    finally:
        f_stop.close()
    f_stop_seg_list = f_stop_text.split('\n')

    for myword in liststr.split('/'):
        if not (myword.strip() in f_stop_seg_list) and len(myword.strip()) > 1:
            mywordlist.append(myword)
```

```
    return ''.join(mywordlist)
text = jiebaclearText(text)
```

17.4.4 绘制词云

生成词云（图 17-3），可以使用 generate 输入全部文本的方法（但 wordcloud 对中文分词支持不好，建议启用中文分词），也可以计算好词频后使用 generate_from_frequencies 函数，函数格式如下。

```
wc.generate_from_frequencies(txt_freq)
```

其中，txt_freq 参数的一般形式为[('词 a', 100), ('词 b', 90), ('词 c', 80)]。

图 17-3　词云图片

生成词云的代码如下。

```
wc = WordCloud(font_path = 'simhei.ttf',
               background_color = "white",
               max_words = 2000,
               mask = back_coloring,
               max_font_size = 100,
               random_state = 42,
               width = 1000,
               height = 860,
               margin = 2,
               )
wc.generate(text)

plt.imshow(wc)
plt.axis("off")
```

```
plt.show()

wc.to_file(imgname1)
```

使用遮罩图片颜色绘制词云（图 17-4），代码如下。

```
image_colors = ImageColorGenerator(back_coloring)
plt.imshow(wc.recolor(color_func=image_colors))
plt.axis("off")
plt.show()

wc.to_file(imgname2)
```

图 17-4　使用遮罩图片颜色绘制的词云图片

从词云中可以清楚地看出《爱丽丝梦游仙境》中出现次数最多的几个人物：爱丽丝、王后、国王、帽匠。

实训 18 篮球命中率可视化

18.1 实训目的

绘制球场中各种边界线、科比投篮位置及其精确度的可视化聚类图，对投篮的开赛时间和投中率进行分析。

18.2 实训要求

- 理解每个特征的含义。
- 掌握高斯混合模型的概念。

18.3 实训原理

2016 年 4 月 12 日星期三，科比在洛杉矶湖人队的最后一场比赛中拿下 60 分，这也标志着他从 NBA 正式退役。科比 17 岁入选 NBA，在漫长的职业生涯中他赢得了这项运动的最高荣誉。本次实训数据来源于 Kaggle 平台的“Kobe Bryant Shot Selection”项目，数据包含了科比在他 20 年职业生涯中的每一次投篮位置情况。

高斯混合模型（Gaussian mixture model，GMM）是一种业界广泛使用的聚类算法，使用了期望最大（expectation maximization，EM）算法进行训练。模型的 EM 训练过程如下：通过观察采样的概率和模型概率的接近程度来判断一个模型是否拟合良好。然后通过调整模型以让新模型更适配采样的概率。反复迭代这个过程，在两个概率非常接近时停止更新并完成模型训练。高斯混合模型是对高斯模型的简单扩展，它使用多个高斯分布的组合来刻画数据分布。

该过程和 K-means 的算法训练过程很相似（K-means 不断更新类中心来让结果最大化），只不过在高斯模型中，我们需要同时更新两个参数：分布的均值和标准差。K-means 的结果是每个数据点被归类到其中某一个类，而高斯混合模型则给出这些数据点被归类到每个类的概率，又称作软聚类（soft assignment）。在特定约束条件下，K-means 算法可以被看作高斯混合模型的一种特殊形式。

18.4 实训步骤

18.4.1 导入模块和数据文件

代码如下。

```
import pandas as pd
import numpy as np
import matplotlib.pyplot as plt
import matplotlib as mpl
from matplotlib.patches import Circle, Rectangle, Arc
from sklearn import mixture
from sklearn import ensemble
from sklearn import model_selection
from sklearn.metrics import accuracy_score as accuracy
from sklearn.metrics import log_loss
import time
import itertools
import operator

# 导入数据
allData = pd.read_csv('shotdata.csv')
data = allData[allData['shot_made_flag'].notnull()].reset_index()
data
```

部分数据如图 18-1 所示。

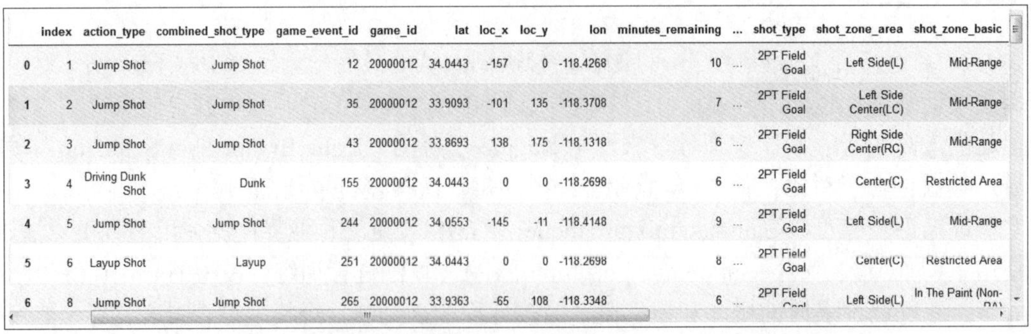

	index	action_type	combined_shot_type	game_event_id	game_id	lat	loc_x	loc_y	lon	minutes_remaining	...	shot_type	shot_zone_area	shot_zone_basic
0	1	Jump Shot	Jump Shot	12	20000012	34.0443	-157	0	-118.4268	10	...	2PT Field Goal	Left Side(L)	Mid-Range
1	2	Jump Shot	Jump Shot	35	20000012	33.9093	-101	135	-118.3708	7	...	2PT Field Goal	Left Side Center(LC)	Mid-Range
2	3	Jump Shot	Jump Shot	43	20000012	33.8693	138	175	-118.1318	6	...	2PT Field Goal	Right Side Center(RC)	Mid-Range
3	4	Driving Dunk Shot	Dunk	155	20000012	34.0443	0	0	-118.2698	6	...	2PT Field Goal	Center(C)	Restricted Area
4	5	Jump Shot	Jump Shot	244	20000012	34.0553	-145	-11	-118.4148	9	...	2PT Field Goal	Left Side(L)	Mid-Range
5	6	Layup Shot	Layup	251	20000012	34.0443	0	0	-118.2698	8	...	2PT Field Goal	Center(C)	Restricted Area
6	8	Jump Shot	Jump Shot	265	20000012	33.9363	-65	108	-118.3348	6	...	2PT Field Goal	Left Side(L)	In The Paint (Non-RA)

图 18-1　部分数据截图

数据集共包含了 23 个与投篮有关的变量，每个变量对应的含义如下。

- action_type：进攻方式（更具体）。

- combined_shot_type：进攻方式。
- game_id：比赛 ID。
- lat：投篮纬度。
- loc_x：投篮点横坐标。
- loc_y：投篮点纵坐标。
- lon：投篮经度。
- minutes_remaining：单节剩余时间（分钟）。
- period：比赛所在节数，表示第几节。
- playoffs：是否是季后赛。
- season：赛季。
- seconds_remaining：剩余时间（秒）。
- shot_distance：投篮距离。
- shot_made_flag：是否进球。
- shot_type：两分球或三分球。
- shot_zone_area：投篮区域。
- shot_zone_basic：投篮区域（更具体）。
- shot_zone_range：投篮范围。
- team_id：球队 ID。
- team_name：球队名称。
- game_date：比赛日期。
- matchup：比赛双方。
- opponent：对手。

18.4.2 处理数据

根据所在节数和剩余时间，我们可以计算出投篮时比赛开始的时间。篮球比赛中一共有 4 节，每节 12 分钟，加时赛每节 5 分钟。

代码如下。

```
# 新增几列数据
data['game_date_DT'] = pd.to_datetime(data['game_date'])
data['dayOfWeek']      = data['game_date_DT'].dt.dayofweek
data['dayOfYear']      = data['game_date_DT'].dt.dayofyear
# 计算比赛开始时长
data['secondsFromPeriodEnd']    = 60*data['minutes_remaining']+data['seconds_remaining']
data['secondsFromPeriodStart'] = 60*(11-data['minutes_remaining'])+(60-data['seconds_
remaining'])
# 考虑到加时赛时长和前 4 节不一样
data['secondsFromGameStart']    = (data['period'] <= 4).astype(int)*(data['period']-1)*12*60 +
(data['period'] > 4).astype(int)*((data['period']-4)*5*60 + 3*12*60) + data['secondsFromPeriodStart']

# 查看修改后的几列数据
```

```
data.loc[:10,['game_date_DT','dayOfWeek','dayOfYear','period','minutes_remaining','seconds_
remaining','secondsFromGameStart']]
```

修改后的数据如图 18-2 所示。

	game_date_DT	dayOfWeek	dayOfYear	period	minutes_remaining	seconds_remaining	secondsFromGameStart
0	2000-10-31	1	305	1	10	22	98
1	2000-10-31	1	305	1	7	45	255
2	2000-10-31	1	305	1	6	52	308
3	2000-10-31	1	305	2	6	19	1061
4	2000-10-31	1	305	3	9	32	1588
5	2000-10-31	1	305	3	8	52	1628
6	2000-10-31	1	305	3	6	12	1788
7	2000-10-31	1	305	3	3	36	1944
8	2000-10-31	1	305	3	1	56	2044
9	2000-11-01	2	306	1	11	0	60
10	2000-11-01	2	306	1	7	9	291

图 18-2 修改后的数据

18.4.3 可视化分析

绘制随时间分布的投篮频数直方图（图 18-3）。

设置不同的时间间隔，计算在每一个时间间隔内投篮的频数，可以观察科比在比赛开始后多久投篮的次数较多。代码如下。

```
plt.rcParams['figure.figsize'] = (16, 16)
plt.rcParams['font.size'] = 16
# 设置三组时间间隔
binsSizes = [24,12,6]

plt.figure();
for k,  binSizeInSeconds in enumerate(binsSizes):
    timeBins = np.arange(0,60*(4*12+3*5),binSizeInSeconds)+0.01
    attemptsAsFunctionOfTime, b = np.histogram(data['secondsFromGameStart'],
bins=timeBins)
    # 设置图像的最高刻度
    maxHeight = max(attemptsAsFunctionOfTime) + 30
    barWidth = 0.999*(timeBins[1]-timeBins[0])
    plt.subplot(len(binsSizes),1,k+1);
    plt.bar(timeBins[:-1],attemptsAsFunctionOfTime, align='edge', width=barWidth);
    plt.title(str(binSizeInSeconds) + ' second time bins')
    # 绘制竖直分界线
    plt.vlines(x=[0,12*60,2*12*60,3*12*60,4*12*60,4*12*60+5*60,4*12*60+2*5*60,4*12*60+
3*5*60], ymin=0,ymax=maxHeight, colors='r')
    # 设置上下限
```

```
    plt.xlim((-20,3200)); plt.ylim((0,maxHeight))
    plt.ylabel('attempts')
plt.xlabel('time [seconds from start of game]')
```

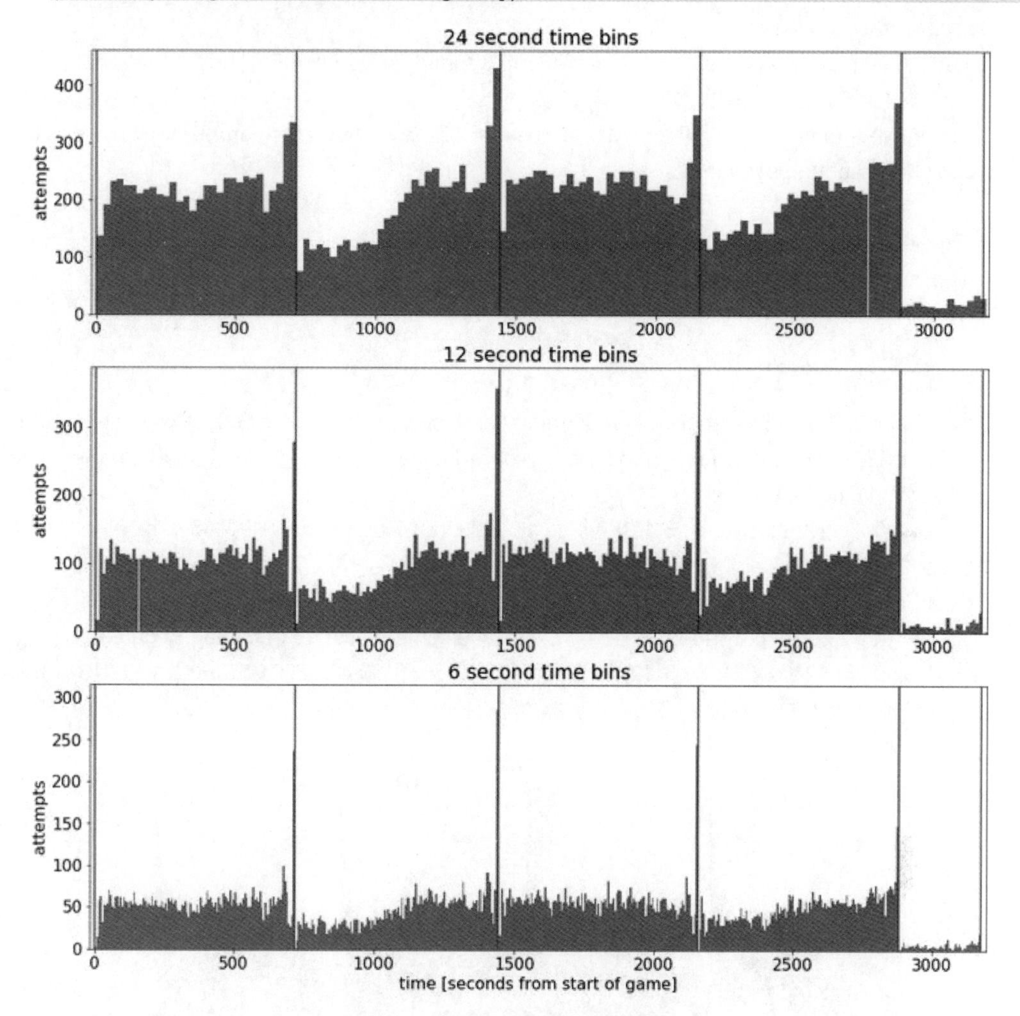

图 18-3　科比的投篮频数直方图

从图 18-3 中可知，科比总是会在每个小节的最后投出关键性的一篮，在第 2 节和第 4 节开始的时候，他很可能更多地是坐在板凳上休息，因为此时投篮较少。

绘制随时间分布的投篮精确度直方图（图 18-4），代码如下。

```
plt.rcParams['figure.figsize'] = (15, 10)
plt.rcParams['font.size'] = 16

binSizeInSeconds = 20
timeBins = np.arange(0,60*(4*12+3*5),binSizeInSeconds)+0.01
attemptsAsFunctionOfTime,b = np.histogram(data['secondsFromGameStart'], bins=timeBins)
# 选择 shot_made_flag 值为 1 的数据，也就是命中的投篮
madeAttemptsAsFunctionOfTime,b = np.histogram(data.loc[data['shot_made_flag']==
```

```
1,'secondsFromGameStart'], bins=timeBins)
# 防止分母为 0，没有投篮的时候记为 1
attemptsAsFunctionOfTime[attemptsAsFunctionOfTime < 1] = 1
accuracyAsFunctionOfTime                                                                 =
madeAttemptsAsFunctionOfTime.astype(float)/attemptsAsFunctionOfTime
# 样本过少时直接记精确度为 0
accuracyAsFunctionOfTime[attemptsAsFunctionOfTime <= 50] = 0 # zero accuracy in bins that
don't have enough samples

maxHeight = max(attemptsAsFunctionOfTime) + 30
barWidth = 0.999*(timeBins[1]-timeBins[0])

# 绘制图形
plt.figure();
plt.subplot(2,1,1);plt.bar(timeBins[:-1],attemptsAsFunctionOfTime, align='edge', width=barWidth);
plt.xlim((-20,3200)); plt.ylim((0,maxHeight)); plt.ylabel('attempts');plt.title(str(binSizeInSeconds)
+ ' second time bins')
plt.vlines(x=[0,12*60,2*12*60,3*12*60,4*12*60,4*12*60+5*60,4*12*60+2*5*60,4*12*60+3*5*60],
ymin=0,ymax=maxHeight, colors='r')
plt.subplot(2,1,2);plt.bar(timeBins[:-1],accuracyAsFunctionOfTime, align='edge', width=barWidth);
plt.xlim((-20,3200)); plt.ylabel('accuracy'); plt.xlabel('time [seconds from start of game]')
plt.vlines(x=[0,12*60,2*12*60,3*12*60,4*12*60,4*12*60+5*60,4*12*60+2*5*60,4*12*60+3*5*60],
ymin=0.0,ymax=0.7, colors='r')
```

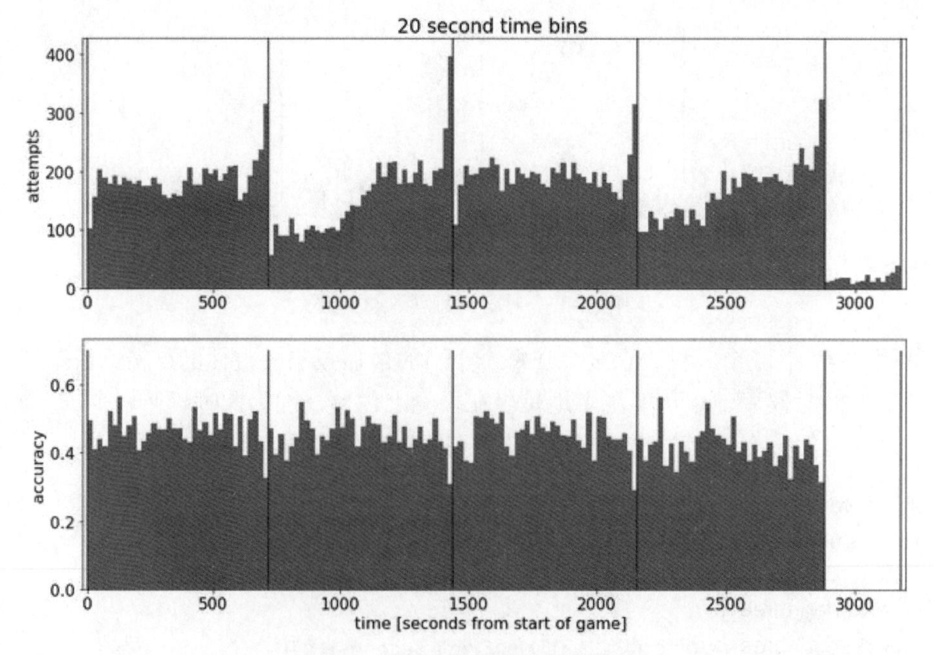

图 18-4　科比的投篮精确度直方图

从图 18-4 中可以看到，科比在每节最后投篮的精确度往往比较低。

使用高斯混合模型对投篮位置进行聚类分析。其中各变量含义如下。

- n_components：高斯混合模型个数。
- covariance_type：协方差类型。
- init_params：初始化参数实现方式，默认用 K-means 实现。

代码如下。

```
# 使用高斯混合模型对投篮位置进行聚类
numGaussians = 13
gaussianMixtureModel = mixture.GaussianMixture(n_components=numGaussians,
covariance_type='full',
init_params='kmeans', n_init=50, verbose=0, random_state=5)
gaussianMixtureModel.fit(data.loc[:,['loc_x','loc_y']])

# 保存聚类结果
data['shotLocationCluster'] = gaussianMixtureModel.predict(data.loc[:,['loc_x','loc_y']])
```

定义绘图函数 draw_court，根据篮球场中各种线的实际位置和比例设置参数，绘制出一个篮球场；Draw2DGaussians 用于将聚类结果用椭圆图形表示出来。代码如下。

```
def draw_court(ax=None, color='black', lw=2, outer_lines=False):
    # If an axes object isn't provided to plot onto, just get current one
    if ax is None:
        ax = plt.gca()

    # 在图像中设置球场中各个边界线的位置
    # 篮球框
    hoop = Circle((0, 0), radius=7.5, linewidth=lw, color=color, fill=False)
    # 篮板
    backboard = Rectangle((-30, -7.5), 60, -1, linewidth=lw, color=color)
    # 涂漆区
    outer_box = Rectangle((-80, -47.5), 160, 190, linewidth=lw, color=color,fill=False)
    inner_box = Rectangle((-60, -47.5), 120, 190, linewidth=lw, color=color,fill=False)
    # 罚球线前端
    top_free_throw = Arc((0, 142.5), 120, 120, theta1=0, theta2=180,linewidth=lw, color=color,
fill=False)
    # 罚球线后端
    bottom_free_throw = Arc((0, 142.5), 120, 120, theta1=180, theta2=0,linewidth=lw,
color=color, linestyle='dashed')
    # 限制区
    restricted = Arc((0, 0), 80, 80, theta1=0, theta2=180, linewidth=lw,color=color)
    # 三分线
    corner_three_a = Rectangle((-220, -47.5), 0, 140, linewidth=lw,color=color)
    corner_three_b = Rectangle((220, -47.5), 0, 140, linewidth=lw, color=color)
    three_arc = Arc((0, 0), 475, 475, theta1=22, theta2=158, linewidth=lw,color=color)
    # 中圈
    center_outer_arc = Arc((0, 422.5), 120, 120, theta1=180, theta2=0,linewidth=lw, color=color)
```

```
    center_inner_arc = Arc((0, 422.5), 40, 40, theta1=180, theta2=0,linewidth=lw, color=color)

    court_elements = [hoop, backboard, outer_box, inner_box, top_free_throw,
                      bottom_free_throw, restricted, corner_three_a,corner_three_b,
                     three_arc, center_outer_arc, center_inner_arc]
    if outer_lines:
        # 半场线、边线和端线
        outer_lines = Rectangle((-250, -47.5), 500, 470, linewidth=lw,color=color, fill=False)
        court_elements.append(outer_lines)

    for element in court_elements:
        ax.add_patch(element)

    return ax

def Draw2DGaussians(gaussianMixtureModel, ellipseColors, ellipseTextMessages):
    fig, h = plt.subplots();
    for I, (mean, covarianceMatrix) in
enumerate(zip(gaussianMixtureModel.means_, gaussianMixtureModel.covariances_)):
        v, w = np.linalg.eigh(covarianceMatrix)
        v = 2.5*np.sqrt(v) # go to units of standard deviation instead of variance

        # 计算椭圆形的角度
        u = w[0] / np.linalg.norm(w[0])
        angle = np.arctan(u[1] / u[0])
        angle = 180 * angle / np.pi   # 单位转换成度
        currEllipse = mpl.patches.Ellipse(mean, v[0], v[1], 180 + angle, color= ellipseColors[i])
        currEllipse.set_alpha(0.5)
        h.add_artist(currEllipse)
        h.text(mean[0]+7, mean[1]-1, ellipseTextMessages[i], fontsize=13, color='blue')
```

使用高斯混合模型对投篮位置进行聚类，并将结果绘制出来（图 18-5），代码如下。

```
plt.rcParams['figure.figsize'] = (13, 10)
plt.rcParams['font.size'] = 15

ellipseTextMessages = [str(100*gaussianMixtureModel.weights_[x])[:4]+'%' for x in
range(numGaussians)]
ellipseColors = ['red','green','purple','cyan','magenta','yellow','blue',
                 'orange','silver','maroon','lime','olive','brown','darkblue']
Draw2DGaussians(gaussianMixtureModel, ellipseColors, ellipseTextMessages)
draw_court(outer_lines=True); plt.ylim(-60,440); plt.xlim(270,-270); plt.title('shot attempts')
```

可以看出，科比在篮筐处的投篮次数最多，在非常接近篮筐的地方还有 5.06%的附加尝试，投篮次数其次多的是三分线附近。科比在球场左侧（他视线的右侧）做了更多的尝试，可能是因为他是一个惯用右手的人。

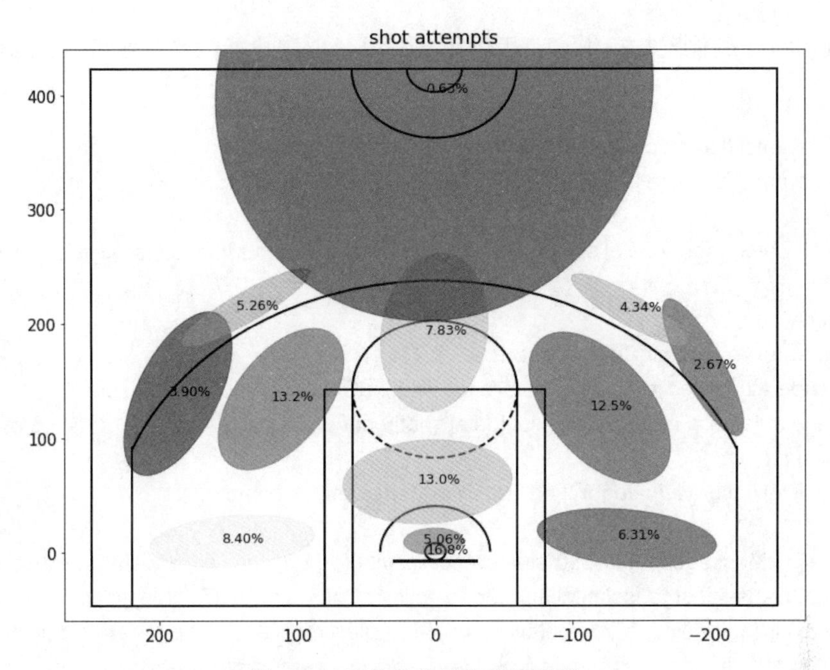

图 18-5　科比的投篮位置聚类图

使用不同颜色绘制出投篮位置散点分布图（图 18-6），代码如下。

```
plt.rcParams['figure.figsize'] = (13, 10)
plt.rcParams['font.size'] = 15

plt.figure(); draw_court(outer_lines=True); plt.ylim(-60,440); plt.xlim(270,-270);
plt.title('cluser assignment')
plt.scatter(x=data['loc_x'], y=data['loc_y'], c=data['shotLocationCluster'], s=40, cmap='hsv',
alpha=0.1)
```

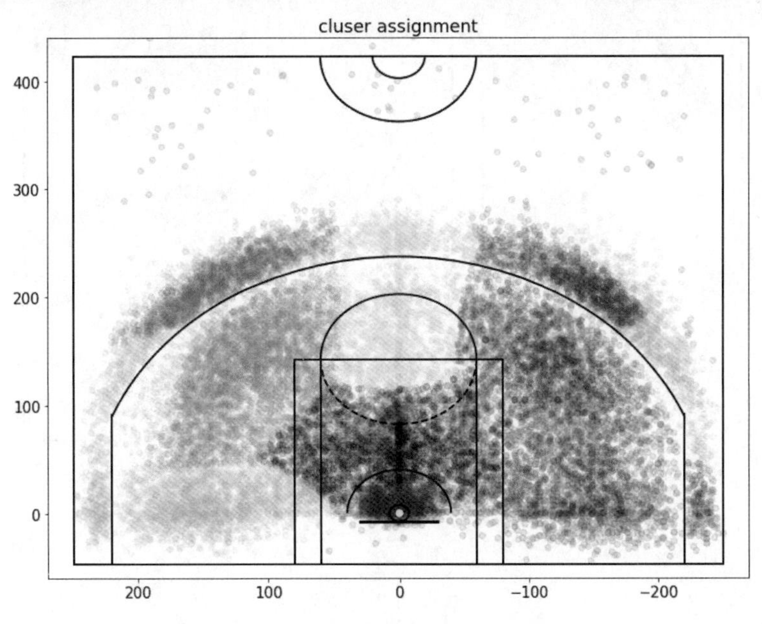

图 18-6　科比的投篮位置散点分布图

绘制出每一类位置的投中率，可以了解在每个位置投篮的难易程度（图 18-7），代码如下。

```
plt.rcParams['figure.figsize'] = (13, 10)
plt.rcParams['font.size'] = 15

variableCategories = data['shotLocationCluster'].value_counts().index.tolist()

clusterAccuracy = {}
for category in variableCategories:
    shotsAttempted = np.array(data['shotLocationCluster'] == category).sum()
    shotsMade = np.array(data.loc[data['shotLocationCluster'] == category,'shot_made_flag']
== 1).sum()
    clusterAccuracy[category] = float(shotsMade)/shotsAttempted

ellipseTextMessages = [str(100*clusterAccuracy[x])[:4]+'%' for x in range(numGaussians)]
Draw2DGaussians(gaussianMixtureModel, ellipseColors, ellipseTextMessages)
draw_court(outer_lines=True); plt.ylim(-60,440); plt.xlim(270,-270); plt.title('shot accuracy')
```

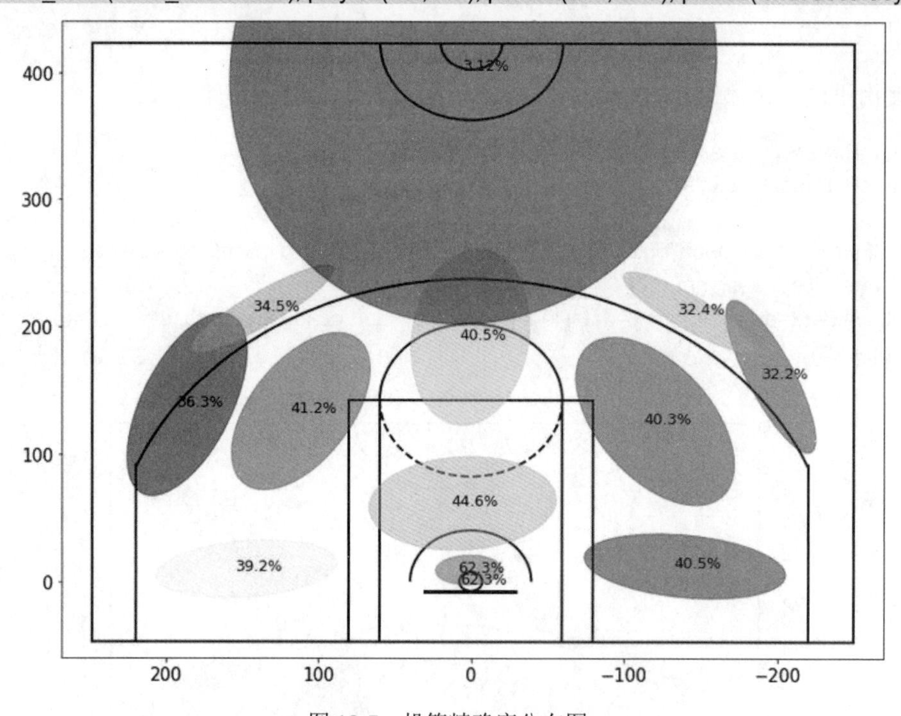

图 18-7　投篮精确度分布图

可以看出，科比不仅从右路做出了更多的尝试（从他的角度来看），而且在右侧的投中率也更高一些。

第四篇

环境大数据实战

二氧化碳含量预测

19.1 实训目的

时间序列提供了预测未来价值的机会。基于以前的数据，可以使用时间序列来预测未来经济、天气和能力规划的趋势。时间序列数据的具体属性意味着通常需要专门的统计方法。本实训将使用一个名为“来自美国夏威夷 Mauna Loa 天文台的连续空气样本的大气二氧化碳”的数据集来预测之后的二氧化碳量。

19.2 实训要求

（1）需要用到 warnings、itertools、NumPy、Matplotlib、Pandas 和 statsmodels 库。

- warnings：模块的帮助文档，可以利用过滤器来实现忽略告警。
- itertools：提供了更加灵活的生成循环器的工具。
- NumPy：数组操作和处理库，用于在程序中做格式转换和预处理。
- Matplotlib：图形展示库，用来在建模前做多个字段关系分析。
- Pandas：Python 第三方库，提供高性能易用数据类型和分析工具。
- statsmodels：一个包含统计模型、统计测试和统计数据挖掘的 Python 模块。对每一个模型都会生成一个对应的统计结果。统计结果会和现有的统计包进行对比来保证其正确性。

（2）掌握、构建、检验 ARIMA 模型。

19.3　实训原理

自回归移动平均（autoregressive integrated moving average，ARIMA）模型是由博克斯（Box）和詹金斯（Jenkins）于 20 世纪 70 年代初提出的著名时间序列预测方法，所以又称为 Box-Jenkins 模型、博克斯-詹金斯法。其中 ARIMA(p, d, q)称为差分自回归移动平均模型，AR 是自回归，p 为自回归项；MA 为移动平均，q 为移动平均项数；d 为时间序列成为平稳时所做的差分次数。所谓 ARIMA 模型，是指将非平稳时间序列转换为平稳时间序列，然后将因变量仅对它的滞后值以及随机误差项的现值和滞后值进行回归所建立的模型。ARIMA 模型根据原序列是否平稳以及回归中所含部分的不同进行划分，包括移动平均过程（MA）、自回归过程（AR）、自回归移动平均过程（ARMA）以及 ARIMA 过程。

19.4　实训步骤

19.4.1　导入包并加载数据

代码如下。

```
import warnings
import itertools
import pandas as pd
import numpy as np
import statsmodels.api as sm
import matplotlib.pyplot as plt
plt.style.use('fivethirtyeight')

# 使用“来自美国夏威夷 Mauna Loa 天文台的连续空气样本的大气二氧化碳”数据集，这些数据可以通过 statsmodels.api 引入

data=sm.datasets.co2.load()
index = pd.DatetimeIndex(data.data['index'],freq='W-SAT')
co2=pd.DataFrame(data.data['co2'], index=index, columns=['co2'])
print(co2.index)              # 检查
```

查看二氧化碳的索引，结果如图 19-1 所示。

```
DatetimeIndex(['1958-03-29', '1958-04-05', '1958-04-12', '1958-04-19',
               '1958-04-26', '1958-05-03', '1958-05-10', '1958-05-17',
               '1958-05-24', '1958-05-31',
               ...
               '2001-10-27', '2001-11-03', '2001-11-10', '2001-11-17',
               '2001-11-24', '2001-12-01', '2001-12-08', '2001-12-15',
               '2001-12-22', '2001-12-29'],
              dtype='datetime64[ns]', length=2284, freq='W-SAT')
```

图 19-1　二氧化碳的索引

从上面的结果可以看出，每周数据量太大，所以我们使用每月平均值。另外，当数据量比较大时，容易存在缺失值，我们需要先检测是否存在缺失值（图 19-2），如果缺失值过多，则说明数据不可用；如果数据缺失得不太多，可以使用一些方法进行拟合补全。代码如下。

```
y=co2["co2"].resample("MS").mean()# 获得每个月的平均值
print(y.isnull().sum)# 检测缺失值
# 处理数据中的缺失项
y=y.fillna(y.bfill())# 填充缺失值
```

```
<bound method NDFrame._add_numeric_operations.<locals>.sum of 1958-03-01    False
1958-04-01    False
1958-05-01    False
1958-06-01     True
1958-07-01    False
              ...
2001-08-01    False
2001-09-01    False
2001-10-01    False
2001-11-01    False
2001-12-01    False
Freq: MS, Name: co2, Length: 526, dtype: bool>
```

图 19-2　检测缺失值

经过该步骤，我们已经补全了所有的缺失值。

19.4.2　初始数据可视化

下面将对这个时间序列做数据可视化处理，首先查看原始数据（图 19-3），代码如下。

```
plt.figure(figsize=(15,6))
plt.title("原始数据",loc="center",fontsize=20)
plt.plot(y)
```

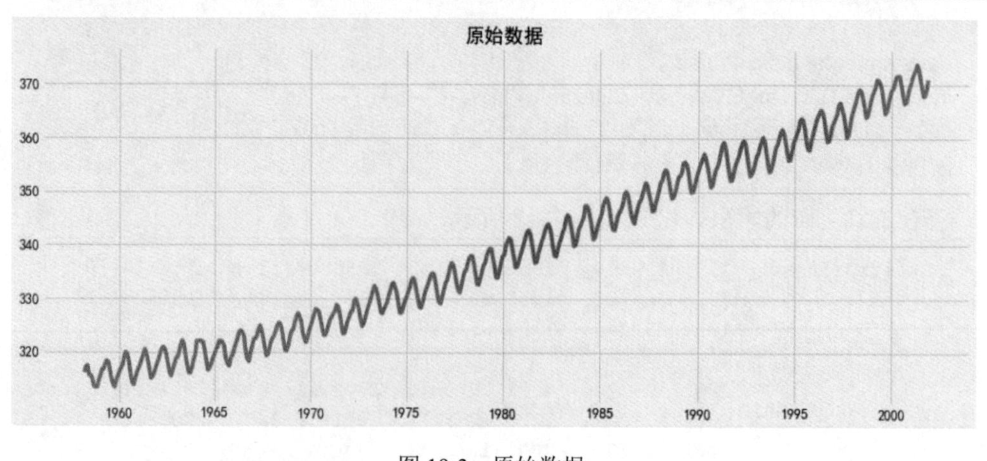

图 19-3　原始数据

由实训结果可以看出：时间序列具有明显的季节性特征，并且总体呈上升趋势。

19.4.3 ARIMA 时间序列模型

时间序列预测中常用的方法之一就是 ARIMA 模型，ARIMA 是可以适应时间序列数据的模型，以便更好地了解或预测时间序列中的未来点。

有 3 个不同的整数(p, d, q)用于参数化 ARIMA 模型。因此，ARIMA 模型用符号表示为 ARIMA(p, d, q)。这 3 个参数统计数据集中的季节性、趋势和噪声。

- p 是模型的自回归部分。它允许我们将过去价值观的影响纳入我们的模型。直观地说，这类似于表示如果过去 3 天已经变暖，明天可能会变暖。
- d 是模型的差分部分。这包括模型中应用于时间序列的差分量（即从当前值中减去的过去时间点的数量）。直观地说，这类似于表示如果过去 3 天的温度差异非常小，明天可能会有相同的温度。
- q 是模型的移动平均部分。这允许我们将模型的误差设置为在过去时间点观察到的误差值的线性组合。

19.4.4 ARIMA 时间序列模型的参数选择

这里我们使用“网格搜索”来迭代地探索参数的不同组合。对于参数的每个组合，我们使用 statsmodels 模块的 SARIMAX()函数拟合一个新的季节性 ARIMA 模型，并评估其整体质量。代码如下。

```
# 找合适的 p、d 和 q
# 初始化 p、d 和 q
p=d=q=range(0,2)
print("p=",p,"d=",d,"q=",q)
# 产生不同的 p、d 和 q 三元组，得到 p、d 和 q 全排列
pdq=list(itertools.product(p,d,q))
print("pdq:\n", ,pdq)
seasonal_pdq=[(x[0],x[1],x[2],12) for x in pdq]
print('SQRIMAX:{} x {}'.format(pdq[1],seasonal_pdq[1]))
```

结果如下：

```
p= range(0, 2) d= range(0, 2) q= range(0, 2)
pdq:
[(0, 0, 0), (0, 0, 1), (0, 1, 0), (0, 1, 1), (1, 0, 0), (1, 0, 1), (1, 1, 0), (1, 1, 1)]
SQRIMAX:(0, 0, 1) x (0, 0, 1, 12)
```

我们现在可以使用上面定义的参数三元组来自动化训练和评估不同组合上的 ARIMA 模型的过程。在评估和比较配备不同参数的统计模型时，可以根据数据的适合性或准确预测未来数据点的能力，对每个参数进行排序。我们将使用 AIC（Akaike 信息标准）值，该值通过使用拟合的 ARIMA 模型可以方便地返回 statsmodels 模块（图 19-4）。代码如下。

```
for param in pdq:
```

```
for param_seasonal in seasonal_pdq:
    try:
        mod = sm.tsa.statespace.SARIMAX(y,
                                        order=param,
                                        seasonal_order=param_seasonal,
                                        enforce_stationarity=False,
                                        enforce_invertibility=False)

        results = mod.fit()

        print('ARIMA{}x{}12 - AIC:{}'.format(param, param_seasonal, results.aic))
    except:
        continue
```

```
ARIMA(0, 0, 0)x(0, 0, 0, 12)12 - AIC:7612.583429881011
ARIMA(0, 0, 0)x(0, 0, 1, 12)12 - AIC:6787.343624032886
ARIMA(0, 0, 0)x(0, 1, 0, 12)12 - AIC:1854.8282341411875
ARIMA(0, 0, 0)x(0, 1, 1, 12)12 - AIC:1596.7111727635297
```

图 19-4 部分结果截图

实训结果会有很多的数据，这里只截取了一部分。

上述代码的输出表明，SARIMAX(1, 1, 1)x(1, 1, 1, 12)产生最低的 AIC 值，为 277.78。因此，我们认为这是我们考虑过的所有模型中的最佳选择。

19.4.5 配置 ARIMA 时间序列模型

利用以上估计，将该模型〔为(p,d,q)=(1,1,1)〕插入新的 SARIMAX 模型中（图 19-5），代码如下。

```
mod = sm.tsa.statespace.SARIMAX(y,
                                order=(1, 1, 1),
                                seasonal_order=(1, 1, 1, 12),
                                enforce_stationarity=False,
                                enforce_invertibility=False)

results = mod.fit()

print(results.summary().tables[1])
```

	coef	std err	z	P>|z|	[0.025	0.975]
ar.L1	0.3181	0.092	3.441	0.001	0.137	0.499
ma.L1	-0.6254	0.077	-8.162	0.000	-0.776	-0.475
ar.S.L12	0.0010	0.001	1.732	0.083	-0.000	0.002
ma.S.L12	-0.8769	0.026	-33.812	0.000	-0.928	-0.826
sigma2	0.0972	0.004	22.632	0.000	0.089	0.106

图 19-5 描述性统计信息

coef 列显示每个特征的权重（即重要性）以及每个特征如何影响时间序列。P>|z| 列通知我们每个特征权重的意义。这里，每个权重的 P 都低于或接近 0.05，所以在我们的模型中保留所有权重是合理的。

运行模型诊断以确保没有违反模型所做的假设。plot_diagnostics 对象允许我们快速生成模型诊断并调查任何异常行为（图 19-6），代码如下。

```
results.plot_diagnostics(figsize=(15, 12))
plt.show()
```

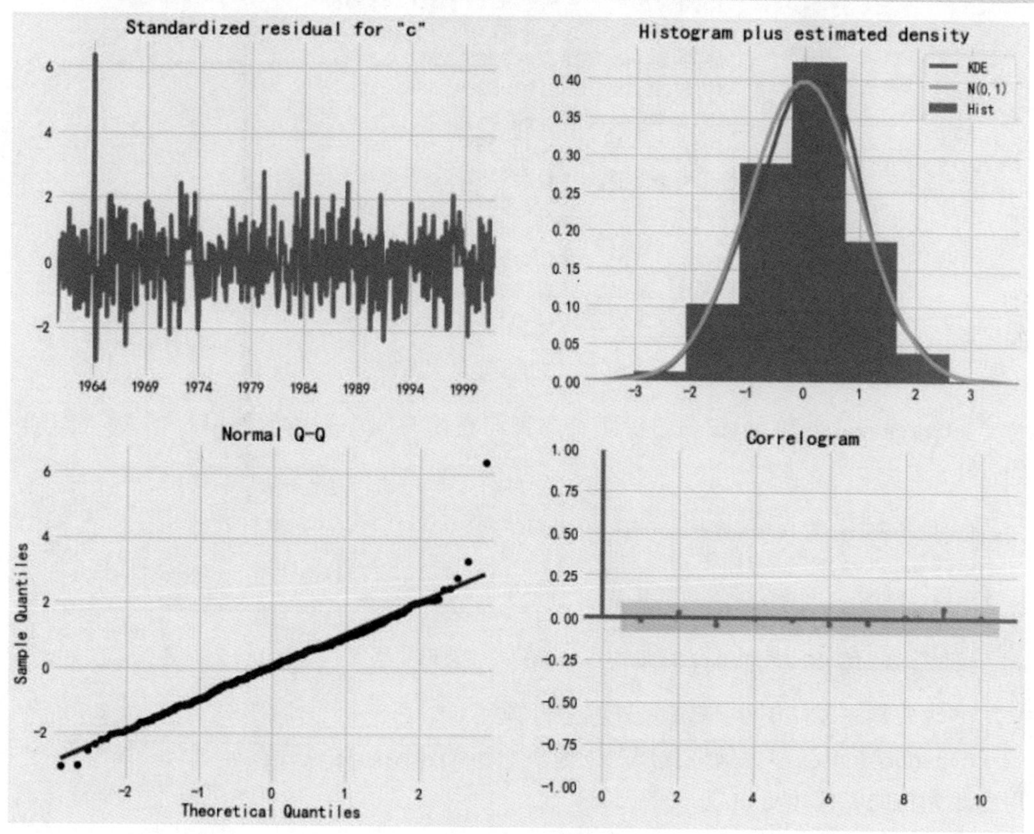

图 19-6　诊断图

我们的主要关切点是确保模型的残差是不相关的，并且平均分布为 0。

在这种情况下，模型残差正态分布如下。

- 在图 19-6 右上角诊断图中，我们看到 KDE 线基本符合正态分布。
- 图 19-6 左下角诊断图显示，残差（圆点）的有序分布遵循采用 N(0, 1)的标准正态分布采样的线性趋势。同样，这是残差正态分布的强烈指示。
- 随着时间的推移（图 19-6 左上角诊断图），残差不会显示任何明显的季节性，似乎是白噪声。这通过图 19-6 右下角诊断图中的自相关（即相关图）来证实，这表明时间序列残差与其本身的滞后版本具有低相关性。

通过这些观察结果我们得出结论，我们的模型产生了令人满意的合适性，可以帮助我们了解时间序列数据和预测未来价值。

19.4.6 验证预测

我们已经获得了时间序列的模型，现在可以用来产生预测（图 19-7）。首先将预测值与时间序列的实际值进行比较，这将有助于我们了解预测的准确性。

```
pred ci:
              lower co2   upper co2
1998-01-01  364.453367  365.675246
1998-02-01  365.373507  366.595385
1998-03-01  366.404750  367.626628
1998-04-01  367.908506  369.130383
1998-05-01  368.389529  369.611406
1998-06-01  367.802561  369.024438
1998-07-01  366.481989  367.703866
1998-08-01  364.754342  365.976219
1998-09-01  363.200095  364.421972
1998-10-01  363.378484  364.600361
1998-11-01  364.919742  366.141619
1998-12-01  366.299406  367.521283
1999-01-01  367.360164  368.582041
```

图 19-7 部分预测结果截图

get_prediction()和 conf_int()属性允许我们获得时间序列的预测值和相关的置信区间，代码如下。

```
pred=results.get_prediction(start=pd.to_datetime('1998-01-01'),dynamic=False)
pred_ci=pred.conf_int()
print("pred ci:\n",pred_ci)# 获得的是一个预测范围，即置信区间
print("pred:\n",pred)# 为一个预测对象
print("pred mean:\n",pred.predicted_mean)# 为预测的平均值
```

上述规定需要从 1998 年 1 月开始进行预测。

dynamic=False 参数确保我们产生前进一步的预测，这意味着每个点的预测都将使用到此为止的完整历史生成。

可以绘制二氧化碳时间序列的实际值和预测值（图 19-8），以评估模型的效果，代码如下。

```
ax=y['1990':].plot(label="观测值")
pred.predicted_mean.plot(ax=ax,label="静态预测",alpha=.7,color='red',linewidth=5)
# 在某个范围内进行填充
ax.fill_between(pred_ci.index,
                pred_ci.iloc[:, 0],
                pred_ci.iloc[:, 1], color='k', alpha=.2)
ax.set_xlabel('年份')
ax.set_ylabel('CO2 等级')
plt.legend()
plt.show()
```

总体而言，我们所建模型的预测结果与真实价值保持一致，并且呈现总体增长趋势。

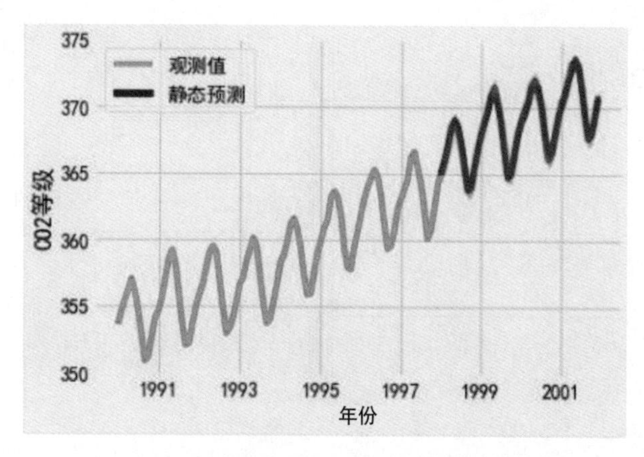

图 19-8　预测结果与真实走势图

量化模型预测的准确性也是有用的。我们将使用 MSE（均方误差）来总结模型预测的平均误差。对于每个预测值，计算其到真实值的距离并对结果求平方。结果需要进行平方，以便当我们计算总体平均值时，正/负差异不会相互抵消。

```
# 求取 MSE（均方误差）
y_forecasted=pred.predicted_mean
y_truth=y['1998-01-01':]
mse=((y_forecasted-y_truth)**2).mean()
print("MSE:",mse)
```

结果如下：

```
MSE: 0.07300356620435043
```

我们前进一步预测的 MSE 值为 0.07，这是接近于 0 的非常低的值。

使用动态预测可以获得更好的真实预测能力。在下面的代码块中，指定从 1998 年 1 月起开始计算动态预测和置信区间。

```
pred_dynamic = results.get_prediction(start=pd.to_datetime('1998-01-01'),
    dynamic=True, full_results=True)
pred_dynamic_ci = pred_dynamic.conf_int()
```

进行动态预测（图 19-9），代码如下。

```
# 进行动态预测
pred_dynamic = results.get_prediction(start=pd.to_datetime('1998-01-01'),
    dynamic=True, full_results=True)
pred_dynamic_ci = pred_dynamic.conf_int()
ax = y['1990':].plot(label='观测值', figsize=(20, 15))
pred_dynamic.predicted_mean.plot(label='动态预测', ax=ax)

ax.fill_between(pred_dynamic_ci.index,
                pred_dynamic_ci.iloc[:, 0],
                pred_dynamic_ci.iloc[:, 1], color='k', alpha=.25)

ax.fill_betweenx(ax.get_ylim(), pd.to_datetime('1998-01-01'), y.index[-1], alpha=.1, zorder=-1)
```

```
ax.set_xlabel('日期')
ax.set_ylabel('CO2 评级')

plt.legend()
plt.show()
```

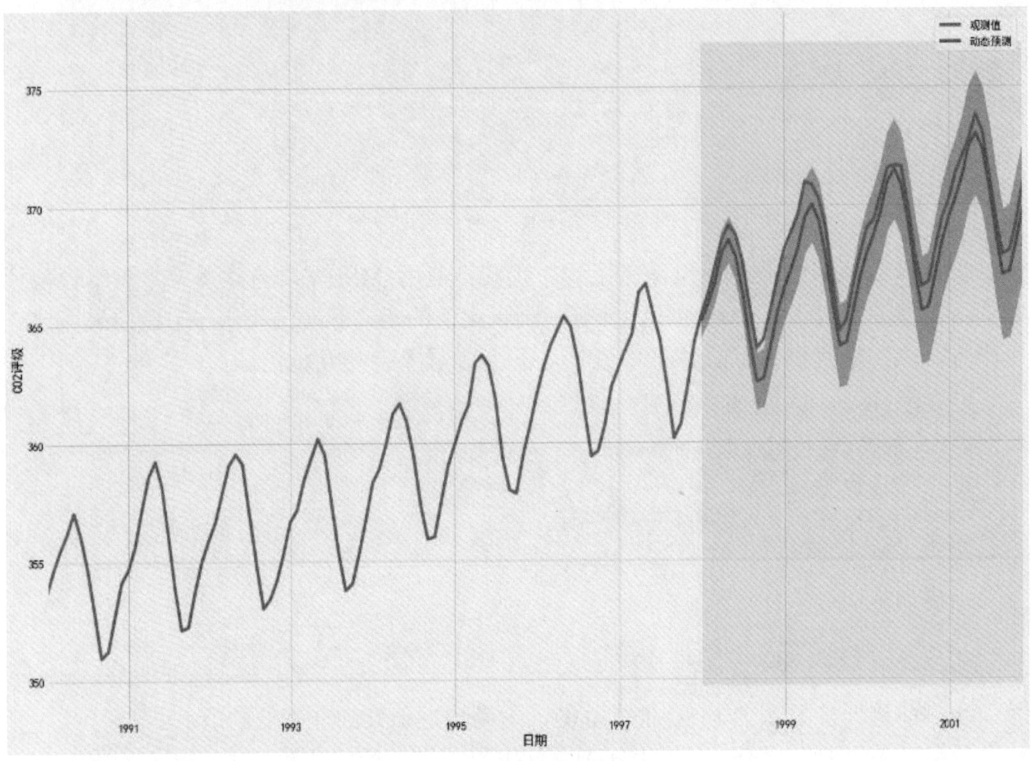

图 19-9　动态预测图

绘制时间序列的观测值和预测值，我们看到即使使用动态预测，总体预测也是准确的。所有预测值（动态预测）与真实情况（观测值）相当吻合，并且都在我们预测的置信区间内。

再次通过计算 MSE 量化模型预测的性能。

```
# Extract the predicted and true values of our time-series
y_forecasted = pred_dynamic.predicted_mean
y_truth = y['1998-01-01':]

# Compute the mean square error
mse = ((y_forecasted - y_truth) ** 2).mean()
print('The Mean Squared Error of our forecasts is {}'.format(round(mse, 2)))
```

结果如下：

```
The Mean Squared Error of our forecasts is 1.01
```

从动态预测获得的预测值产生 1.01 的 MSE。

19.4.7 生成和可视化预测

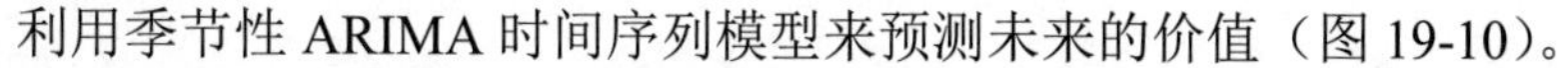

利用季节性 ARIMA 时间序列模型来预测未来的价值（图 19-10）。

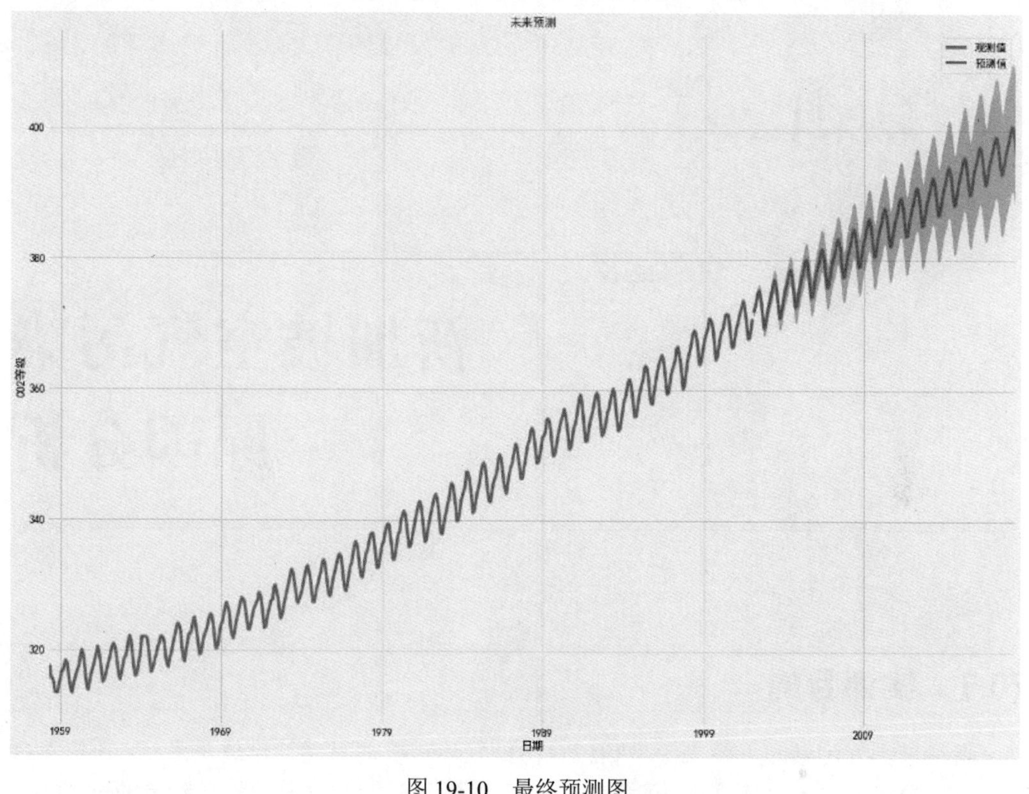

图 19-10 最终预测图

时间序列对象的 get_forecast()属性可以计算预先指定数量的步骤的预测值，代码如下。

```
# 获取未来 200 步的预测值
pred_uc = results.get_forecast(steps=200)# steps =200 代表 16.67（200/12）年左右

# 获取预测的置信区间
pred_ci = pred_uc.conf_int()
plt.title("未来预测",fontsize=15,color="red")
ax = y.plot(label='观测值', figsize=(20, 15))
pred_uc.predicted_mean.plot(ax=ax, label='预测值')
ax.fill_between(pred_ci.index,
                pred_ci.iloc[:, 0],
                pred_ci.iloc[:, 1], color='k', alpha=.25)
ax.set_xlabel('日期',fontsize=15)
ax.set_ylabel('CO2 等级',fontsize=15)

plt.legend()
plt.show()
```

现在可以使用模型生成的预测和相关的置信区间来进一步了解时间序列并预测预期结果。模型预测显示，时间序列预计将继续稳步增长。

新加坡空气污染原因分析

20.1 实训目的

新加坡空气污染的主要来源是制造业污染气体和机动车尾气排放，另外，不断增加的建设项目可能也会对环境造成污染。因此，本次研究针对汽车数量、制造业发展、商业楼及住宅楼与空气污染之间的关系。

20.2 实训要求

- 掌握 Pandas、NumPy、Matplotlib、Seaborn 等模块的使用方法。
- 掌握使用 Python 进行数据处理、数据预处理〔如数据清洗（缺失值填补、舍弃等）、数据变换（转换为适当格式）〕的方法。
- 验证假设如下。
  - 制造业的增加将导致新加坡的空气污染增加。
  - 建筑房屋数量的增加将导致新加坡的空气污染增加。
  - 车辆数量的增加将导致新加坡的空气污染增加。

20.3 实训原理

- 数据归一：min-max 标准化转换函数为 $x^*=(x-\min)/(\max-\min)$，结果位于[0,1]。
- Z-score 标准化方法：计算公式为 $Z=(x-$平均值$)/$标准差，结果符合正态分布，平均值=0，方差=1。

污染物指标如下。

- 二氧化硫（SO_2）：这种污染物主要是在矿物燃料（如原油和煤）的燃烧过程中排放的。
- 一氧化碳（CO）：这种气体是在燃料不完全燃烧过程中产生的，如汽车发动机在一个封闭的房间里运行。
- 二氧化氮（NO_2）：这种污染物是由交通、燃烧装置和工业排放的。
- 臭氧（O_3）：臭氧是由于强烈紫外线光（UV）照射氧气产生的。
- 颗粒物质（PM）：颗粒物质是悬浮在空气中的所有固体颗粒和液体颗粒的总和。NEA 使用两种测量方式：PM10（10μm 或更小）和 PM2.5（2.5μm 或更小）。这种复杂的混合物包括有机颗粒和无机颗粒，如灰尘、花粉、烟灰、烟雾和液滴。这些颗粒在大小、组成和来源上有很大的差别。

20.4 实训步骤

20.4.1 数据准备

导入分析过程中会用到的库。

pyplot 是可以对图像做出一些改变的函数集合，和 MATLAB 类似，并且可以通过函数调用的方式来保存图像状态，encoding='gbk'声明中文编码，在分析过程中用到中文字符时使用，代码如下。

```
import matplotlib.pyplot as plt
import pandas as pd
import numpy as np
from numpy import nan as NaN
from functools import reduce
encoding='gbk'
```

读取数据，代码如下。

```
df1=pd.read_csv("/root/dataset/singapore-pollution-data/CO.csv")
df2=pd.read_csv("/root/dataset/singapore-pollution-data/NO2.csv")
df3=pd.read_csv("/root/dataset/singapore-pollution-data/O3.csv")
df4=pd.read_csv("/root/dataset/singapore-pollution-data/Pb.csv")
df5=pd.read_csv("/root/dataset/singapore-pollution-data/SO2.csv")
df6=pd.read_csv("/root/dataset/singapore-pollution-data/pm10.csv")
df7=pd.read_csv("/root/dataset/singapore-pollution-data/pm2.5.csv")
```

数据预处理。将各个表格进行合并（图 20-1），代码如下。

```
data_frames = [df1,df2,df3,df4,df5,df6,df7]
df_merged = reduce(lambda left,right: pd.merge(left,right,on=['year'],
                                              how='outer'), data_frames)
df_merged.head()
```

	year	CO_mean	NO2_mean	O3_mean	pb_mean	SO2_mean	pm10_mean	pm2.5_mean
0	1999	3.6	36	125	NaN	22	139	NaN
1	2000	3.7	30	108	NaN	22	89	NaN
2	2001	4.2	26	126	NaN	22	80	NaN
3	2002	2.8	27	114	NaN	18	142	23.0
4	2003	3.1	24	108	NaN	15	83	19.0

图 20-1　部分合并结果

这里提前把年份统一在 2008 年到 2014 年之间，并且把绘制的图表大小统一，所以需要事先声明大小为(16, 8)，代码如下。

```
year=range(2008,2015)
DIMS=(16,8)
```

20.4.2　验证假设 1：制造业的增加将导致新加坡的空气污染增加

这里我们想要得到的结果是将各个空气污染值做归一化处理，以便于在同一数量级进行比较（图 20-2），代码如下。

```
df_std=df_merged.dropna().sort_values("year")
year=range(2008,2015)
df_std=df_std[df_std["year"].isin(year)]# 生成 2008 年到 2014 年的数据表
df_std.drop('year',axis=1,inplace=True)
df_std=(df_std-df_std.mean())/df_std.std()# 数据的归一化处理
df_std["year"]=year
df_std
```

	CO_mean	NO2_mean	O3_mean	pb_mean	SO2_mean	pm10_mean	pm2.5_mean	year
9	-0.623662	-1.242118	-1.071697	1.662491	-0.249423	-0.643094	-1.414214	2008
10	-0.480527	-1.242118	-1.264053	-0.406387	-1.413399	-0.302060	0.707107	2009
11	-0.122688	-0.517549	0.595387	-0.664996	-0.249423	0.550528	-0.707107	2010
12	-0.265823	0.931589	-0.622867	-0.147777	-0.831411	-0.677198	-0.707107	2011
13	-0.337391	0.931589	0.146557	-0.923606	0.914552	-0.643094	0.707107	2012
14	2.239050	0.931589	1.236573	-0.664996	1.496540	2.051082	1.414214	2013
15	-0.408959	0.207020	0.980099	1.145272	0.332564	-0.336163	0.000000	2014

图 20-2　归一化处理后的数据

根据企业门户网站的统计，制造业占了新加坡生产总值的 20%～25%，并且最大的 3 个行业是电子光学产品、精炼石油产品以及化工产品，因此研究这 3 个产品与空气污染的关系。这里想要得到和上面空气污染值变化表相同类型的表，即产品类型为列名，年份为行名。首先将年份和产品类型分类求和，由于只有 values 可以求和，因此正好过滤了其他数据（图 20-3），代码如下。

```
df_industry=pd.read_csv("/root/dataset/singapore-pollution-data/Industry_values.csv")
df_industry=df_industry[df_industry["year"].isin(year)]# 年份筛选
df_industry.groupby("product_type").sum().sort_values("values",ascending=False)# 统计分析

product_type=["Computer, Electronic & Optical Products", "Refined Petroleum Products",
"Chemicals \ & Chemical Products"]
df_industry=df_industry[df_industry['product_type'].isin(product_type)]
df_industry=df_industry.groupby(["year","product_type"]).sum().unstack()
df_industry
```

			values
product_type	**Chemicals & Chemical Products**	**Computer, Electronic & Optical Products**	**Refined Petroleum Products**
year			
2008	35044.4	78352.5	59950.8
2009	27781.3	77978.3	35388.5
2010	38230.6	101827.6	42325.9
2011	42723.8	95066.6	55968.7
2012	41121.1	91861.8	57229.4
2013	50019.7	93938.2	51027.0
2014	55340.4	89463.6	46359.5

图 20-3　分类求和

然后将 values 这一层的索引去除（图 20-4），代码如下。

```
df_industry=df_industry['values'].reset_index(drop=True)
df_industry
```

product_type	Chemicals & Chemical Products	Computer, Electronic & Optical Products	Refined Petroleum Products
0	35044.4	78352.5	59950.8
1	27781.3	77978.3	35388.5
2	38230.6	101827.6	42325.9
3	42723.8	95066.6	55968.7
4	41121.1	91861.8	57229.4
5	50019.7	93938.2	51027.0
6	55340.4	89463.6	46359.5

图 20-4　去除索引

对数据进行归一化处理并加上年份（图 20-5），代码如下。

```
df_industry=(df_industry-df_industry.mean())/df_industry.std()
df_industry["year"]=year
df_industry
```

product_type	Chemicals & Chemical Products	Computer, Electronic & Optical Products	Refined Petroleum Products	year
0	-0.699021	-1.298981	1.148694	2008
1	-1.489656	-1.341501	-1.617215	2009
2	-0.352183	1.368515	-0.836009	2010
3	0.136930	0.600257	0.700278	2011
4	-0.037534	0.236092	0.842243	2012
5	0.931136	0.472035	0.143803	2013
6	1.510328	-0.036417	-0.381794	2014

图 20-5　归一化并加上年份

将 df_std 气体变化表和 df_industry 工业产品产值变化表合并（图 20-6），代码如下。

```
df_industry2=pd.merge(df_industry,df_std,on=["year"],how="outer")
df_industry2
```

	Chemicals & Chemical Products	Computer, Electronic & Optical Products	Refined Petroleum Products	year	CO_mean	NO2_mean	O3_mean	pb_mean	SO2_mean	pm10_mean	pm2.5_mean
0	-0.699021	-1.298981	1.148694	2008	-0.623662	-1.242118	-1.071697	1.662491	-0.249423	-0.643094	-1.414214
1	-1.489656	-1.341501	-1.617215	2009	-0.480527	-1.242118	-1.264053	-0.406387	-1.413399	-0.302060	0.707107
2	-0.352183	1.368515	-0.836009	2010	-0.122688	-0.517549	0.595387	-0.664996	-0.249423	0.550528	-0.707107
3	0.136930	0.600257	0.700278	2011	-0.265823	0.931589	-0.622867	-0.147777	-0.831411	-0.677198	-0.707107
4	-0.037534	0.236092	0.842243	2012	-0.337391	0.931589	0.146557	-0.923606	0.914552	-0.643094	0.707107
5	0.931136	0.472035	0.143803	2013	2.239050	0.931589	1.236573	-0.664996	1.496540	2.051082	1.414214
6	1.510328	-0.036417	-0.381794	2014	-0.408959	0.207020	0.980099	1.145272	0.332564	-0.336163	0.000000

图 20-6　表合并

观察两列数据的相关性（图 20-7）。pd.corr()为计算相关系数，表示两列数据的相关性。取值在 0.3～0.8，可以认为弱相关；取值在 0.3 以下，认为没有相关性；取值在 0.8 以上，认为强相关。代码如下。

```
industry_corr=df_industry2.corr(method="spearman")
industry_corr
```

	Chemicals & Chemical Products	Computer, Electronic & Optical Products	Refined Petroleum Products	year	CO_mean	NO2_mean	O3_mean	pb_mean	SO2_mean	pm10_mean	pm2.5_mean
Chemicals & Chemical Products	1.000000	0.392857	0.107143	0.928571	0.500000	0.729769	0.821429	-0.018019	0.630656	0.036037	0.272772
Computer, Electronic & Optical Products	0.392857	1.000000	0.000000	0.285714	0.857143	0.580073	0.535714	-0.432450	0.234244	0.108112	-0.109109
Refined Petroleum Products	0.107143	0.000000	1.000000	-0.071429	-0.178571	0.299392	-0.071429	0.180187	0.342356	-0.630656	-0.327327
year	0.928571	0.285714	-0.071429	1.000000	0.500000	0.729769	0.821429	-0.270281	0.684712	0.180187	0.545545
CO_mean	0.500000	0.857143	-0.178571	0.500000	1.000000	0.692345	0.714286	-0.630656	0.450469	0.450469	0.381881
NO2_mean	0.729769	0.580073	0.299392	0.729769	0.692345	1.000000	0.580073	-0.490916	0.575882	-0.141610	0.428746
O3_mean	0.821429	0.535714	-0.071429	0.821429	0.714286	0.580073	1.000000	-0.324337	0.810844	0.504525	0.381881
pb_mean	-0.018019	-0.432450	0.180187	-0.270281	-0.630656	-0.490916	-0.324337	1.000000	-0.409091	-0.381818	-0.633054
SO2_mean	0.630656	0.234244	0.342356	0.684712	0.450469	0.575882	0.810844	-0.409091	1.000000	0.318182	0.467910
pm10_mean	0.036037	0.108112	-0.630656	0.180187	0.450469	-0.141610	0.504525	-0.381818	0.318182	1.000000	0.522958
pm2.5_mean	0.272772	-0.109109	-0.327327	0.545545	0.381881	0.428746	0.381881	-0.633054	0.467910	0.522958	1.000000

图 20-7　相关性表

从图 20-7 中可以看到，化工产品和臭氧的正相关性达 0.821，电子产品和一氧化碳的相关性达 0.857，而精炼石油产品和各个气体都没有明显的正相关性。

因此我们通过图表来看一下化工产品和臭氧、电子产品和一氧化碳的变化关系。首先绘制化工产品和臭氧的变化趋势图（图 20-8），代码如下。

```
O3_graph=df_std.plot(x='year',y='O3_mean',kind='line',grid=True,figsize=DIMS)
df_industry.plot(x='year',y="Chemicals & Chemical Products",kind='line',grid=True,ax=O3_graph)
plt.legend(loc='center left',bbox_to_anchor=(1,0.5))
```

```
plt.show()
```

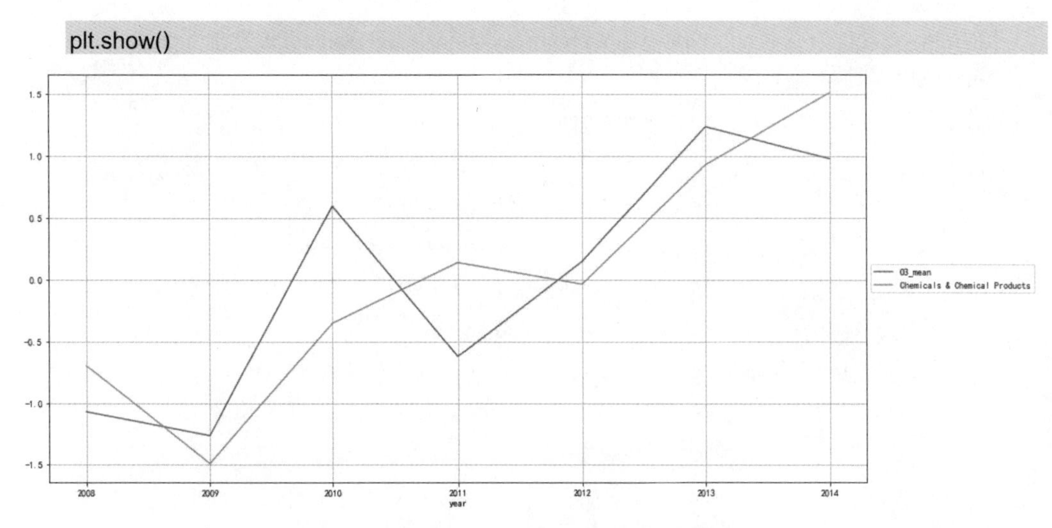

图 20-8　化工产品和臭氧的变化趋势图

从图 20-8 中可以看到，臭氧和化工产品变化的趋势非常相似，同时相关系数表示两者确实存在较大的相关性，这从图形和数学角度都证明了臭氧含量的上升和化工产品有关。

然后绘制一氧化碳和电子光学产品的变化趋势图（图 20-9），代码如下。

```
CO_graph=df_std.plot(x='year',y='CO_mean',kind='line',grid=True,figsize=DIMS)
df_industry.plot(x='year', y="Computer, Electronic & Optical Products", kind='line', grid=True,
ax=CO_graph)
plt.legend(loc='center left',bbox_to_anchor=(1,0.5))
plt.show()
```

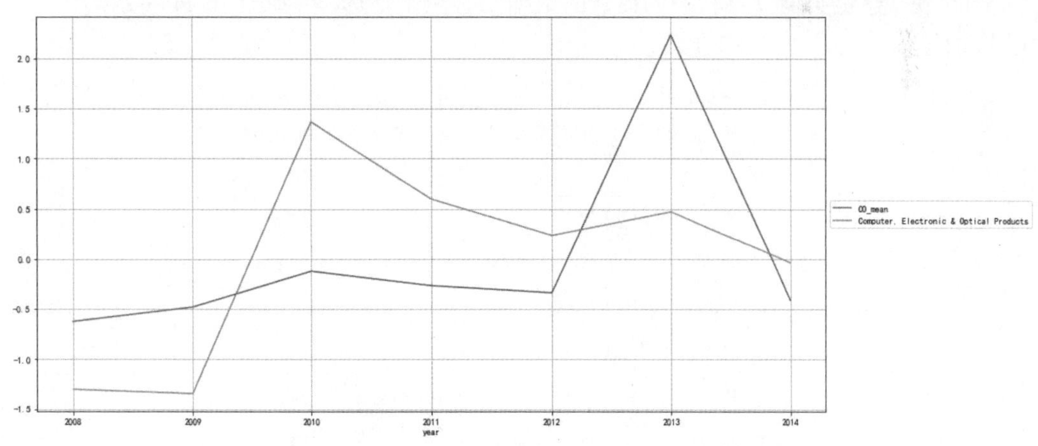

图 20-9　一氧化碳和电子光学产品的变化趋势图

结论：以上内容总和验证了假设 1“制造业的增加将导致新加坡的空气污染增加”。

20.4.3　验证假设 2：建筑房屋数量的增加将导致新加坡的空气污染增加

首先导入居住用房数据，可以看到前面 15 行的数据（图 20-10），代码如下。

```
df_hdb=pd.read_csv('/root/dataset/singapore-pollution-data/Residential_building.csv')
df_hdb.head(15)
```

	year	building_type	state	number
0	2007	HDB Flats	Completed	6247
1	2007	HDB Flats	Under Construction	18073
2	2007	HDB Flats	Awarded	10108
3	2007	DBSS	Completed	na
4	2007	DBSS	Under Construction	na
5	2008	HDB Flats	Completed	1769
6	2008	HDB Flats	Under Construction	31058
7	2008	HDB Flats	Awarded	14754
8	2008	DBSS	Completed	na
9	2008	DBSS	Under Construction	na
10	2009	HDB Flats	Completed	7050
11	2009	HDB Flats	Under Construction	35635
12	2009	HDB Flats	Awarded	11627
13	2009	DBSS	Completed	na
14	2009	DBSS	Under Construction	na

图 20-10　居住用房数据

新加坡的居住用房主要以 HDB Flats 类型为主，所以我们只分析 HDB Flats 类型，并且选择在建的类型，这里默认在建的建筑才会产生污染。

对年份、建筑类型以及状态为在建的数据同时做了筛选，得到图 20-11 所示的结果，代码如下。

```
df_hdb=df_hdb[df_hdb['year'].isin(year)&df_hdb['building_type'].\
              isin(['HDB Flats'])&df_hdb['state'].isin(['Under Construction'])]
df_hdb
```

	year	building_type	state	number
6	2008	HDB Flats	Under Construction	31058
11	2009	HDB Flats	Under Construction	35635
16	2010	HDB Flats	Under Construction	43030
21	2011	HDB Flats	Under Construction	58731
26	2012	HDB Flats	Under Construction	72737
31	2013	HDB Flats	Under Construction	86298
36	2014	HDB Flats	Under Construction	90800

图 20-11　数据筛选

然后导入商业用房数据，如图 20-12 所示，观察前面 15 行的数据，代码如下。

```
df_commercial=pd.read_csv('/root/dataset/singapore-pollution-data/Commercial_buildings.csv')
```

```
df_commercial.head(15)
```

	year	building_type	state	number
0	2007	Shops, Lock-Up Shops and Eating Houses	Completed	35
1	2007	Shops, Lock-Up Shops and Eating Houses	Under Construction	49
2	2007	Shops, Lock-Up Shops and Eating Houses	Awarded	32
3	2007	Mini-markets	Completed	0
4	2007	Mini-markets	Under Construction	0
5	2007	Mini-markets	Awarded	0
6	2007	Markets and Hawker Centres	Completed	0
7	2007	Markets and Hawker Centres	Under Construction	1
8	2007	Markets and Hawker Centres	Awarded	1
9	2007	Kiosks and Shoplets	Completed	0
10	2007	Kiosks and Shoplets	Under Construction	0
11	2007	Kiosks and Shoplets	Awarded	0
12	2007	Food Courts	Completed	0
13	2007	Food Courts	Under Construction	1
14	2007	Food Courts	Awarded	0

图 20-12　商业用房数据

将各个建筑类型进行汇总排序，前三种分别为饭店、商超及小型市场（图 20-13），代码如下。

```
df_commercial2=df_commercial.groupby(['building_type'])['number'].sum().
sort_values(ascending=False)
df_commercial2
```

```
building_type
Shops, Lock-Up Shops and Eating Houses     3088
Emporiums and Supermarkets                  261
Mini-markets                                215
Restaurants and Fast Food Restaurants        67
Food Courts                                  66
Markets and Hawker Centres                   18
Neighbourhood Centres                        14
Commercial Spaces                            13
Offices                                       8
Kiosks and Shoplets                           0
Name: number, dtype: int64
```

图 20-13　建筑类型统计

筛选出上述前三种目标建筑，并结合年份、状态进行进一步筛选（图 20-14），代码如下。

```
df_commercial=df_commercial[df_commercial['year'].isin(year)&df_commercial['building_type'].\
isin(['Shops, Lock-Up Shops and Eating Houses', 'Emporiums and Supermarkets',\
'Mini-markets'])&df_commercial['state'].isin(['Under Construction'])]
```

```
df_commercial
```

	year	building_type	state	number
28	2008	Shops, Lock-Up Shops and Eating Houses	Under Construction	47
31	2008	Mini-markets	Under Construction	0
46	2008	Emporiums and Supermarkets	Under Construction	3
55	2009	Shops, Lock-Up Shops and Eating Houses	Under Construction	62
58	2009	Mini-markets	Under Construction	0
73	2009	Emporiums and Supermarkets	Under Construction	5
82	2010	Shops, Lock-Up Shops and Eating Houses	Under Construction	111
85	2010	Mini-markets	Under Construction	10
100	2010	Emporiums and Supermarkets	Under Construction	8
109	2011	Shops, Lock-Up Shops and Eating Houses	Under Construction	111
112	2011	Mini-markets	Under Construction	10
127	2011	Emporiums and Supermarkets	Under Construction	8
136	2012	Shops, Lock-Up Shops and Eating Houses	Under Construction	140
139	2012	Mini-markets	Under Construction	21
154	2012	Emporiums and Supermarkets	Under Construction	15
163	2013	Shops, Lock-Up Shops and Eating Houses	Under Construction	285
166	2013	Mini-markets	Under Construction	25
181	2013	Emporiums and Supermarkets	Under Construction	28
190	2014	Shops, Lock-Up Shops and Eating Houses	Under Construction	417
193	2014	Mini-markets	Under Construction	31
208	2014	Emporiums and Supermarkets	Under Construction	37

图 20-14 进一步筛选

对商业用房数据进行处理，使其成为展示各个类型建筑数量的表格（图 20-15），代码如下。

```
df_commercial=df_commercial.set_index(['year','building_type'])['number'].unstack()
df_commercial
```

building_type	Emporiums and Supermarkets	Mini-markets	Shops, Lock-Up Shops and Eating Houses
year			
2008	3	0	47
2009	5	0	62
2010	8	10	111
2011	8	10	111
2012	15	21	140
2013	28	25	285
2014	37	31	417

图 20-15 按年份统计

将 hdb 数量和 commercial 数量的数据合并成一个表格（图 20-16），用到了 dataframe 的筛选列、合并表、修改列名，代码如下。

```
df_building=df_hdb[['year','number']]
df_building=pd.merge(df_building,df_commercial,on='year',how='outer')
df_building.rename(columns={'number':'hdb'},inplace=True)
df_building=df_building.iloc[:,1:5]
df_building
```

	hdb	Emporiums and Supermarkets	Mini-markets	Shops, Lock-Up Shops and Eating Houses
0	31058	3	0	47
1	35635	5	0	62
2	43030	8	10	111
3	58731	8	10	111
4	72737	15	21	140
5	86298	28	25	285
6	90800	37	31	417

图 20-16　合并数据并处理

查看 df_building 的信息（图 20-17），用 data.info()可以看到 hdb 这一列的数据不为数值型，可能导致后续无法运算，所以我们在后面进行转换，代码如下。

```
df_building.info()
```

```
<class 'pandas.core.frame.DataFrame'>
Int64Index: 7 entries, 0 to 6
Data columns (total 4 columns):
 #   Column                                 Non-Null Count  Dtype
---  ------                                 --------------  -----
 0   hdb                                    7 non-null      object
 1   Emporiums and Supermarkets             7 non-null      int64
 2   Mini-markets                           7 non-null      int64
 3   Shops, Lock-Up Shops and Eating Houses 7 non-null      int64
dtypes: int64(3), object(1)
memory usage: 280.0+ bytes
```

图 20-17　数据信息

利用自定义函数的应用 apply 对 hdb 的数据类型进行转换（图 20-18），代码如下，转换好的数据便可进行归一化处理。

```
df_building['hdb']=df_building['hdb'].apply(np.int)
df_building=(df_building-df_building.mean())/df_building.std()
df_building
```

建筑数据加上年份后和气体数据合并（图 20-19），代码如下。

```
df_building['year']=year
df_building2=pd.merge(df_building,df_std,on='year',how='outer')
df_building2
```

	hdb	Emporiums and Supermarkets	Mini-markets	Shops, Lock-Up Shops and Eating Houses
0	-1.184321	-0.920821	-1.142363	-0.895180
1	-0.995432	-0.765502	-1.142363	-0.783813
2	-0.690248	-0.532523	-0.317977	-0.420013
3	-0.042283	-0.532523	-0.317977	-0.420013
4	0.535731	0.011094	0.588847	-0.204703
5	1.095380	1.020669	0.918601	0.871846
6	1.281173	1.719606	1.413232	1.851877

图 20-18 转换数据类型

	hdb	Emporiums and Supermarkets	Mini-markets	Shops, Lock-Up Shops and Eating Houses	year	CO_mean	NO2_mean	O3_mean	pb_mean	SO2_mean	pm10_mean	pm2.5_mean
0	-1.184321	-0.920821	-1.142363	-0.895180	2008	-0.623662	-1.242118	-1.071697	1.662491	-0.249423	-0.643094	-1.414214
1	-0.995432	-0.765502	-1.142363	-0.783813	2009	-0.480527	-1.242118	-1.264053	-0.406387	-1.413399	-0.302060	0.707107
2	-0.690248	-0.532523	-0.317977	-0.420013	2010	-0.122688	-0.517549	0.595387	-0.664996	-0.249423	0.550528	-0.707107
3	-0.042283	-0.532523	-0.317977	-0.420013	2011	-0.265823	0.931589	-0.622867	-0.147777	-0.831411	-0.677198	-0.707107
4	0.535731	0.011094	0.588847	-0.204703	2012	-0.337391	0.931589	0.146557	-0.923606	0.914552	-0.643094	0.707107
5	1.095380	1.020669	0.918601	0.871846	2013	2.239050	0.931589	1.236573	-0.664996	1.496540	2.051082	1.414214
6	1.281173	1.719606	1.413232	1.851877	2014	-0.408959	0.207020	0.980099	1.145272	0.332564	-0.336163	0.000000

图 20-19 建筑数据加上年份后和气体数据合并

观察相关系数，发现 4 种建筑都和臭氧具有大于 0.8 的相关性（图 20-20），代码如下。

```
df_building2.corr(method='spearman')
```

	hdb	Emporiums and Supermarkets	Mini-markets	Shops, Lock-Up Shops and Eating Houses	year	CO_mean	NO2_mean	O3_mean	pb_mean	SO2_mean	pm10_mean	pm2.5_mean
hdb	1.000000	0.991031	0.981981	0.991031	1.000000	0.500000	0.729769	0.821429	-0.270281	0.684712	0.180187	0.545545
Emporiums and Supermarkets	0.991031	1.000000	0.990867	1.000000	0.991031	0.522544	0.679729	0.864900	-0.318182	0.718182	0.272727	0.550482
Mini-markets	0.981981	0.990867	1.000000	0.990867	0.981981	0.509175	0.685994	0.891056	-0.266066	0.770675	0.229367	0.472222
Shops, Lock-Up Shops and Eating Houses	0.991031	1.000000	0.990867	1.000000	0.991031	0.522544	0.679729	0.864900	-0.318182	0.718182	0.272727	0.550482
year	1.000000	0.991031	0.981981	0.991031	1.000000	0.500000	0.729769	0.821429	-0.270281	0.684712	0.180187	0.545545
CO_mean	0.500000	0.522544	0.509175	0.522544	0.500000	1.000000	0.692345	0.714286	-0.630656	0.450469	0.450469	0.381881
NO2_mean	0.729769	0.679729	0.685994	0.679729	0.729769	0.692345	1.000000	0.580073	-0.490916	0.575882	-0.141610	0.428746
O3_mean	0.821429	0.864900	0.891056	0.864900	0.821429	0.714286	0.580073	1.000000	-0.324337	0.810844	0.504525	0.381881
pb_mean	-0.270281	-0.318182	-0.266066	-0.318182	-0.270281	-0.630656	-0.490916	-0.324337	1.000000	-0.409091	-0.381818	-0.633054
SO2_mean	0.684712	0.718182	0.770675	0.718182	0.684712	0.450469	0.575882	0.810844	-0.409091	1.000000	0.318182	0.467910
pm10_mean	0.180187	0.272727	0.229367	0.272727	0.180187	0.450469	-0.141610	0.504525	-0.381818	0.318182	1.000000	0.522958
pm2.5_mean	0.545545	0.550482	0.472222	0.550482	0.545545	0.381881	0.428746	0.381881	-0.633054	0.467910	0.522958	1.000000

图 20-20 相关系数

下面进行可视化（图 20-21）。在绘制曲线时，填写 y 轴时没有直接写出列名，而是用了 df.columns.values.tolist()函数来获取 df 的列名列表，并且用 remove()函数移除了其中的'year'元素。其中 tolist 为转化为列表函数。代码如下。

```
building_graph=df_building.plot(x='year',y=df_building.columns.values.tolist().remove('year'),
kind='line',grid=True,figsize=DIMS)
df_std.plot(x='year',y='O3_mean',kind='line',ax=building_graph)
plt.legend(loc='center left',bbox_to_anchor=[1,0.5])
plt.show()
```

从图 20-21 中可以看到，这 4 种建筑的增长趋势和臭氧的年增长趋势相近，结合相关系数都在 0.8 以上，可以验证假设 2“建筑房屋数量的增加将导致新加坡的空气污染增加”。

其中的原因可能是施工现场的发动机产生的污染气体在太阳照射下发生化学反应而生成了臭氧。

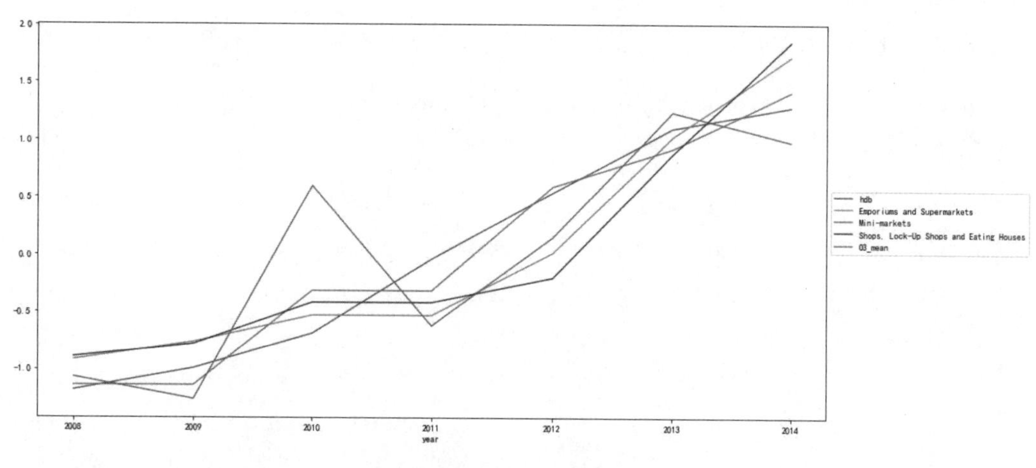

图 20-21　可视化

20.4.4　验证假设 3：车辆数量的增加将导致新加坡的空气污染增加

导入机动车数据，查看前 15 行（图 20-22），代码如下。

```
df_vehicle=pd.read_csv('/root/dataset/singapore-pollution-data/vehicle population.csv')
df_vehicle.head(15)
```

对机动车数据进行年份筛选之后，再根据年份进行分类求和，并重新设置索引，单独对 number 列进行归一化处理（图 20-23），代码如下。

```
df_vehicle=df_vehicle[df_vehicle['year'].isin(year)]
df_vehicle=df_vehicle.groupby('year').sum().reset_index()
df_vehicle['number']=(df_vehicle['number']-df_vehicle['number'].mean())/df_vehicle['number'].std()
df_vehicle.rename(columns={"number":"vehicle"},inplace=True)
df_vehicle
```

	year	car_type	car_type2	number
0	2005	Cars & Station-wagons	Private cars	401638
1	2006	Cars & Station-wagons	Private cars	421904
2	2007	Cars & Station-wagons	Private cars	451745
3	2008	Cars & Station-wagons	Private cars	476634
4	2009	Cars & Station-wagons	Private cars	497116
5	2010	Cars & Station-wagons	Private cars	511125
6	2011	Cars & Station-wagons	Private cars	520614
7	2012	Cars & Station-wagons	Private cars	535233
8	2013	Cars & Station-wagons	Private cars	540063
9	2014	Cars & Station-wagons	Private cars	536882
10	2005	Cars & Station-wagons	Company cars	14936
11	2006	Cars & Station-wagons	Company cars	15828
12	2007	Cars & Station-wagons	Company cars	16954
13	2008	Cars & Station-wagons	Company cars	18246
14	2009	Cars & Station-wagons	Company cars	18874

图 20-22　机动车数据

	year	vehicle
0	2008	-1.830194
1	2009	-0.779739
2	2010	-0.087827
3	2011	0.282640
4	2012	0.732514
5	2013	0.877634
6	2014	0.804972

图 20-23　机动车数据归一化处理结果

将归一化的气体数据和归一化的机动车数据结合（图 20-24），代码如下。

```
df_vehicle2=pd.merge(df_std,df_vehicle,on='year',how='outer')
df_vehicle2
```

	CO_mean	NO2_mean	O3_mean	pb_mean	SO2_mean	pm10_mean	pm2.5_mean	year	vehicle
0	-0.623662	-1.242118	-1.071697	1.662491	-0.249423	-0.643094	-1.414214	2008	-1.830194
1	-0.480527	-1.242118	-1.264053	-0.406387	-1.413399	-0.302060	0.707107	2009	-0.779739
2	-0.122688	-0.517549	0.595387	-0.664996	-0.249423	0.550528	-0.707107	2010	-0.087827
3	-0.265823	0.931589	-0.622867	-0.147777	-0.831411	-0.677198	-0.707107	2011	0.282640
4	-0.337391	0.931589	0.146557	-0.923606	0.914552	-0.643094	0.707107	2012	0.732514
5	2.239050	0.931589	1.236573	-0.664996	1.496540	2.051082	1.414214	2013	0.877634
6	-0.408959	0.207020	0.980099	1.145272	0.332564	-0.336163	0.000000	2014	0.804972

图 20-24　归一化的气体数据和归一化的机动车数据结合

计算相关系数，代码如下。从得到的结果中可以看到，机动车和臭氧具有 86%的相关性，和二氧化氮具有 80%的相关性（图 20-25）。

```
df_vehicle2.corr(method="spearman")
```

	CO_mean	NO2_mean	O3_mean	pb_mean	SO2_mean	pm10_mean	pm2.5_mean	year	vehicle
CO_mean	1.000000	0.692345	0.714286	-0.630656	0.450469	0.450469	0.381881	0.500000	0.642857
NO2_mean	0.692345	1.000000	0.580073	-0.490916	0.575882	-0.141610	0.428746	0.729769	0.804617
O3_mean	0.714286	0.580073	1.000000	-0.324337	0.810844	0.504525	0.381881	0.821429	0.857143
pb_mean	-0.630656	-0.490916	-0.324337	1.000000	-0.409091	-0.381818	-0.633054	-0.270281	-0.396412
SO2_mean	0.450469	0.575882	0.810844	-0.409091	1.000000	0.318182	0.467910	0.684712	0.756787
pm10_mean	0.450469	-0.141610	0.504525	-0.381818	0.318182	1.000000	0.522958	0.180187	0.288300
pm2.5_mean	0.381881	0.428746	0.381881	-0.633054	0.467910	0.522958	1.000000	0.545545	0.654654
year	0.500000	0.729769	0.821429	-0.270281	0.684712	0.180187	0.545545	1.000000	0.964286
vehicle	0.642857	0.804617	0.857143	-0.396412	0.756787	0.288300	0.654654	0.964286	1.000000

图 20-25　相关系数

下面通过绘制图表来进行可视化展示（图 20-26），代码如下。

```
vehicle_graph=df_vehicle.plot(x='year',y='vehicle',grid=True,figsize=DIMS,kind='line')
df_std.plot(x='year',y=['NO2_mean','O3_mean'],ax=vehicle_graph)
plt.legend(loc="center left",bbox_to_anchor=[1,0.5])
plt.show()
```

通过以上结论，我们可以验证假设 3“车辆数量的增加将导致新加坡的空气污染增加”，主要表现在二氧化氮和臭氧的增加上。

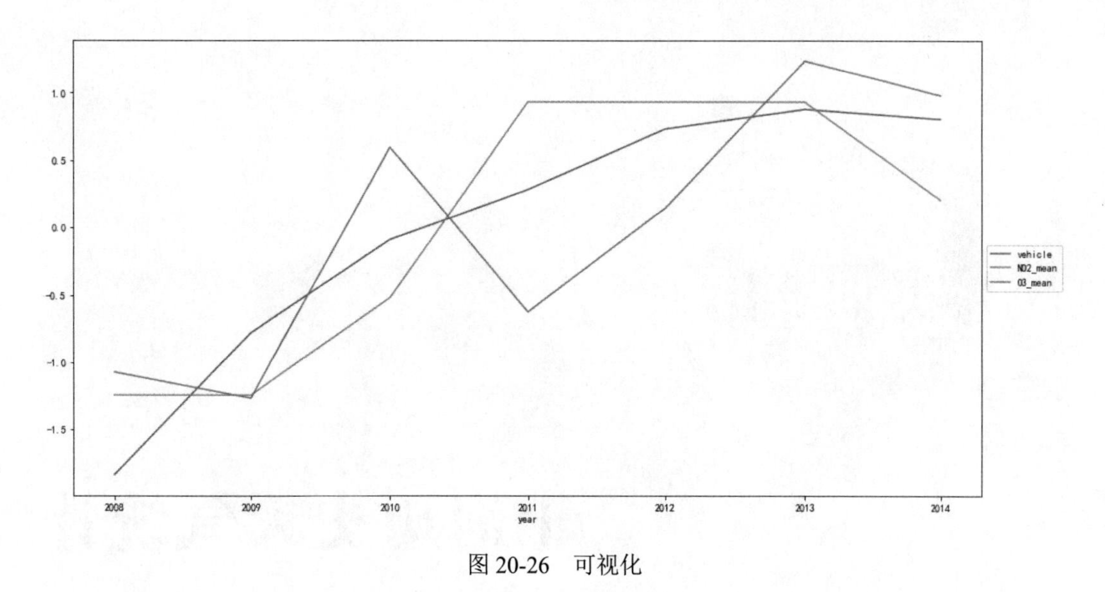
1.0
0.5
0.0
-0.5
-1.0
-1.5
2008
2009
2010
2011
2012
2013
2014
year
vehicle
NO2_mean
O3_mean

图 20-26　可视化

上海历史天气统计

21.1 实训目的

使用 Python 获取上海 2016 年的每小时气温、相对湿度、降雨量等数据，并使用 MapReduce 模型进行按月统计。

21.2 实训要求

能够使用 Python 编写 Mapper 和 Reducer 程序，统计上海 2016 年每月的最高气温、最低气温、平均气温、平均相对湿度、总降雨量。

21.3 实训原理

本实训使用的实训数据 weather.csv 是 2016 年上海和北京两个城市的天气状况数据，共有 17 568 行，分为 18 列，各列对应的含义如下。

- TIME：时间。
- CITYCODE：城市编号，101010100 表示上海，101020100 表示北京。
- COND：天气状况。
- TMP：温度（℃）。
- FEELST：体感温度（℃）。
- PRES：大气压强（hPa）。
- HUM：相对湿度（%）。
- RAIN：降雨量（mm）。

- WDIR：风向。
- WSC：风力。
- WSPD：风速（m/s）。
- AQI：空气质量指数。
- PM2.5：PM2.5 含量（μg/m³）。
- PM10：PM10 含量（μg/m³）。
- NO2：NO_2 含量（μg/m³）。
- SO2：SO_2 含量（μg/m³）。
- O3：O_3 含量（μg/m³）。
- CO：CO 含量（μg/m³）。

在本实训中，我们主要使用气温、相对湿度和降雨量三个字段的值，并针对这些值进行不同维度的统计，具体如下。

- 对于气温，统计最大值、最小值和平均值。
- 对于相对湿度，统计平均值。
- 对于降雨量，统计总值。

21.4 实训步骤

21.4.1 编写 Mapper 程序

启动实训，连接 OpenVPN 后，登录 master 服务器，使用 vi 命令编写 Mapper 程序 mapper.py，输入如下代码。

```
#!/ysr/bin/env Python
# -*- coding:utf-8 -*-
import sys
def cleaning(x):
    if x == '9999':
        return 'N/A'
    else:
        return x

for line in sys.stdin:
    # Remove the blanks
    line = line. strip ()
    month = line. split(', ')[0]
    tmp = line. split(', ')[3]
    hum = line.split(', ')[6]
    rain = line.split(', ')[7]

    month=month[5:7]
    tmp=cleaning(tmp)
    hum=cleaning(hum)
```

```
    rain=cleaning(rain)
    print('%s\t%s\t%s\t%s' % (month, tmp, hum, rain))
```

21.4.2 编写 Reducer 程序

在 master 服务器上使用 vi 编辑器编写 Reducer 程序 reducer.py，输入如下代码。

```
#!/ysr/bin/env Python
# -*- coding:utf-8 -*-
import sys
d={}
for line in sys.stdin:
    line=line.strip()
    month, tmp, hum, rain=line.split('\t', 3)
    if month not in d:
        d[month]={'tsum':0, 'tsize':0, 'tmax':None, 'tmin':None, 'hsum':0, 'hsize':0, 'rsum':0}
    if tmp!='N/A':
        tmp=float(tmp)
        d[month]['tsum']+=tmp
        d[month]['tsize']+=1
    if d[month]['tmax']:
        d[month]['tmax']=max(d[month]['tmax'], tmp)
    else:
        d[month]['tmax']=tmp
    if d[month]['tmin']:
        d[month]['tmin']=min(d[month]['tmin'], tmp)
    else:
        d[month]['tmin']=tmp
    if hum!='N/A':
        hum=int(hum)
        d[month]['hsum']+=hum
        d[month]['hsize']+=1
    if rain!='N/A':
        rain=float(rain)
        d[month]['rsum']+=rain
for k in sorted(d):
    print('%s\tTMPAVG:%s, TMPMAX:%s, TMPMIN:%s, HUMAVG:%s, RAINTOTAL:%s'%\
(k, d[k]['tsum']/d[k]['tsize'], d[k]['tmax'], d[k]['tmin'], d[k]['hsum']/d[k]['hsize'], d[k]['rsum']))
```

21.4.3 统计上海 2016 年每月历史天气

在 master 服务器上执行如下命令，统计上海 2016 年每月的历史天气情况，注意使用 sed 命令去掉 weather.csv 文件的第一行字段说明。

```
# sed '1d;$d' /root/dataset/weather.csv |python mapper.py |sort -k1|python reducer.py
```

结果如图 21-1 所示。

```
01      TMPAVG:1.02846087704,TMPMAX:N/A,TMPMIN:-15.1,HUMAVG:53,RAINTOTAL:25.3
02      TMPAVG:4.15473554736,TMPMAX:N/A,TMPMIN:-8.8,HUMAVG:43,RAINTOTAL:6.1
03      TMPAVG:10.9014677104,TMPMAX:N/A,TMPMIN:-3.8,HUMAVG:47,RAINTOTAL:25.8
04      TMPAVG:17.0583196046,TMPMAX:N/A,TMPMIN:5.0,HUMAVG:54,RAINTOTAL:36.6
05      TMPAVG:20.6359743041,TMPMAX:N/A,TMPMIN:8.0,HUMAVG:57,RAINTOTAL:42.2
06      TMPAVG:25.1781541067,TMPMAX:N/A,TMPMIN:15.7,HUMAVG:69,RAINTOTAL:113.4
07      TMPAVG:28.6256609642,TMPMAX:N/A,TMPMIN:20.4,HUMAVG:72,RAINTOTAL:294.9
08      TMPAVG:28.6437162683,TMPMAX:N/A,TMPMIN:16.6,HUMAVG:66,RAINTOTAL:77.6
09      TMPAVG:23.8561509434,TMPMAX:N/A,TMPMIN:10.9,HUMAVG:68,RAINTOTAL:83.5
10      TMPAVG:17.3915607985,TMPMAX:N/A,TMPMIN:-0.9,HUMAVG:75,RAINTOTAL:72.1
11      TMPAVG:9.33985330073,TMPMAX:N/A,TMPMIN:-6.6,HUMAVG:68,RAINTOTAL:11.5
12      TMPAVG:5.15250391236,TMPMAX:N/A,TMPMIN:-7.7,HUMAVG:62,RAINTOTAL:12.0
```

图 21-1　上海 2016 年每月历史天气统计

上海每月空气质量统计

22.1 实训目的

使用 Python 获取上海 2016 年的每小时空气质量指数（AQI）、PM2.5 含量和臭氧含量等数据，并使用 Hadoop Streaming 执行 MapReduce 任务，进行按月统计。

22.2 实训要求

能够使用 Hadoop Streaming 进行基于 Python 代码的 MapReduce 任务，统计上海 2016 年每月的 AQI、PM2.5 含量和臭氧含量的最大值、最小值和平均值。

22.3 实训原理

本实训使用的实训数据 weather.csv 是 2016 年上海和北京两个城市的天气状况数据，共有 17 568 行，分为 18 列，各列对应的含义如下。

- TIME：时间。
- CITYCODE：城市编号，101010100 表示上海，101020100 表示北京。
- COND：天气状况。
- TMP：温度（℃）。
- FEELST：体感温度（℃）。
- PRES：大气压强（hPa）。
- HUM：相对湿度（%）。
- RAIN：降雨量（mm）。

- WDIR：风向。
- WSC：风力。
- WSPD：风速（m/s）。
- AQI：空气质量指数。
- PM2.5：PM2.5 含量（μg/m³）。
- PM10：PM10 含量（μg/m³）。
- NO2：NO_2 含量（μg/m³）。
- SO2：SO_2 含量（μg/m³）。
- O3：O_3 含量（μg/m³）。
- CO：CO 含量（μg/m³）。

在本实训中，我们主要使用 AQI、PM2.5 含量和臭氧含量三个字段的值，并针对这些值采用同样的统计策略，即统计最大值、最小值和平均值。

22.4　实训步骤

22.4.1　编写 Mapper 程序

启动实训，连接 OpenVPN 后，登录 master 服务器，使用 vi 命令编写 Mapper 程序 mapper.py，输入如下代码。

```
import sys

def cleaning(x):
    if x == '9999':
        return 'N/A'
    else:
        return x

for line in sys.stdin:
    line = line.strip()
    month = line.split(', ')[0]
    aqi = line.split(', ')[11]
    pm25 = line.split(', ')[12]
    o3 = line.split(', ')[16]
    month = month[5:7]
    aqi = cleaning(aqi)
    pm25 = cleaning(pm25)
    o3 = cleaning(o3)
    print('%s\t%s\t%s\t%s' % (month, aqi, pm25, o3))
```

22.4.2　编写 Reducer 程序

在 master 服务器上使用 vi 编辑器编写 Reducer 程序 reducer.py，输入如下代码。

```
import sys

d = {}

def stat(d, month, index, value):
    value = float(value)
    d[month][index]['sum'] += value
    d[month][index]['size'] += 1
    if d[month][index]['max']:
        d[month][index]['max'] = max(d[month][index]['max'], value)
    else:
        d[month][index]['max'] = value
    if d[month][index]['min']:
        d[month][index]['min'] = min(d[month][index]['min'], value)
    else:
        d[month][index]['min'] = value
    return

for line in sys.stdin:
    line = line.strip()
    month, aqi, pm25, o3 = line.split("\t", 3)
    if month not in d:
        d[month] = {
            'aqi': {'sum': 0, 'size': 0, 'max': None, 'min': None},
            'pm25': {'sum': 0, 'size': 0, 'max': None, 'min': None},
            'o3': {'sum': 0, 'size': 0, 'max': None, 'min': None},
        }
    if aqi != 'N/A':
        stat(d, month, 'aqi', aqi)
    if pm25 != 'N/A':
        stat(d, month, 'pm25', pm25)
    if o3 != 'N/A':
        stat(d, month, 'o3', o3)

for k in sorted(d):
    print('%s\tAQI:{AVG:%s, MAX:%s, MIN:%s}, PM2.5:{AVG:%s, MAX:%s, MIN:%s}, \
        O3:{AVG:%s, MAX:%s, MIN:%s}' \
            % (k, d[k]['aqi']['sum']/d[k]['aqi']['size'], d[k]['aqi']['max'], d[k]['aqi']['min'],
               d[k]['pm25']['sum']/d[k]['pm25']['size'], d[k]['pm25']['max'], d[k]['pm25']['min'],
               d[k]['o3']['sum']/d[k]['o3']['size'], d[k]['o3']['max'], d[k]['o3']['min']))
```

22.4.3 统计上海 2016 年每月空气质量

在 master 服务器上执行如下命令，统计上海 2016 年每月的空气质量情况，注意使用 sed 命令去掉 weather.csv 文件的第一行字段说明。

```
# sed '1d;$d' /root/dataset/weather.csv |python mapper.py |sort -k1|python reducer.py
```

结果如图 22-1 所示。

```
01    AQI:{AVG:99.581902439,MAX:445.42,MIN:15.5},PM2.5:{AVG:72.4647560976,MAX:435.42,MIN:5.92},O3:{AVG:39.7875528455,MAX:108.4,MIN:2.33}
02    AQI:{AVG:66.5791008772,MAX:479.7,MIN:18.08},PM2.5:{AVG:44.9523245614,MAX:614.9,MIN:5.42},O3:{AVG:60.3208991228,MAX:143.3,MIN:3.67}
03    AQI:{AVG:102.345048762,MAX:431.08,MIN:17.75},PM2.5:{AVG:71.3026031508,MAX:378.58,MIN:4.75},O3:{AVG:64.1149362341,MAX:174.22,MIN:3.5}
04    AQI:{AVG:93.9775316456,MAX:379.45,MIN:22.0},PM2.5:{AVG:62.2523734177,MAX:252.58,MIN:5.25},O3:{AVG:80.8611787975,MAX:265.83,MIN:2.42}
05    AQI:{AVG:81.9739270833,MAX:500.0,MIN:24.18},PM2.5:{AVG:52.0357291667,MAX:314.33,MIN:5.83},O3:{AVG:95.5874479167,MAX:282.36,MIN:3.25}
06    AQI:{AVG:73.7330820215,MAX:227.75,MIN:18.0},PM2.5:{AVG:49.2052029826,MAX:183.42,MIN:4.75},O3:{AVG:91.61001657,MAX:277.36,MIN:5.67}
07    AQI:{AVG:78.1420332577,MAX:273.58,MIN:14.58},PM2.5:{AVG:53.1968707483,MAX:223.58,MIN:5.5},O3:{AVG:86.61712774,MAX:303.43,MIN:7.7}
08    AQI:{AVG:54.5569604441,MAX:168.83,MIN:12.89},PM2.5:{AVG:32.5558917418,MAX:128.0,MIN:5.5},O3:{AVG:75.8266342817,MAX:286.0,MIN:4.08}
09    AQI:{AVG:65.5835276968,MAX:266.58,MIN:11.22},PM2.5:{AVG:43.8872959184,MAX:216.58,MIN:3.5},O3:{AVG:70.2315451895,MAX:250.5,MIN:1.83}
10    AQI:{AVG:80.6867520661,MAX:376.3,MIN:12.33},PM2.5:{AVG:56.3695785124,MAX:328.3,MIN:3.14},O3:{AVG:44.5745702479,MAX:158.17,MIN:1.55}
11    AQI:{AVG:97.4024652241,MAX:366.75,MIN:15.5},PM2.5:{AVG:71.0694281298,MAX:316.75,MIN:4.67},O3:{AVG:31.9363833076,MAX:170.9,MIN:1.58}
12    AQI:{AVG:117.973048411,MAX:429.42,MIN:16.5},PM2.5:{AVG:92.7011270802,MAX:432.17,MIN:5.0},O3:{AVG:29.6718305598,MAX:155.6,MIN:3.75}
```

图 22-1　上海 2016 年每月空气质量统计

北京和上海月均气温对比统计

23.1 实训目的

掌握使用 Python 统计多个点位同一指标的数据对比方法。

23.2 实训要求

能够编写 Python 版本的 MapReduce 程序，计算出 2016 年每个月北京和上海两座城市的月平均气温并进行对比。

23.3 实训原理

在之前的实训中我们只获取了上海 2016 年的月平均气温数据，现在需要加入对数据表中 CITYCODE 字段的考量，统计北京（101010100）和上海（101020100）两个城市 2016 年的月平均气温对比情况。

23.4 实训步骤

23.4.1 编写 Mapper 程序

启动实训，连接 OpenVPN 后，登录 master 服务器，使用 vi 命令编写 Mapper 程序 mapper.py，输入如下代码。

```
#!/ysr/bin/env Python
# -*- coding:utf-8 -*-
import sys
def isvalid(value):
    if value=='N/A':
        return False
    elif value =='9999':
        return False
    else:
        return True

def getcity(value):
    if value=='101010100':
        return 'Beijing'
    elif value=='101020100':
        return 'Shanghai'
    else:
        return 'N/A'

for line in sys.stdin:
    # Remove the blanks
    line = line. strip ()
    time = line. split(', ' ) [0]
    city = line. split(', ' ) [1]
    tmp = line. split(', ' ) [3]
    if isvalid(tmp):
        # Print the foraatted data
        print('%s\t%s\t%s' % (time[5:7], getcity(city),tmp))
```

23.4.2　编写 Reducer 程序

在 master 服务器上使用 vi 编辑器编写 Reducer 程序 reducer.py，输入如下代码。

```
# coding:utf-8
import sys

d = {}

for line in sys.stdin:
    line = line.strip()
    month, city, tmp = line.split('\t', 2)
    if month not in d:
        d[month] = {}
    if city not in d[month]:
        d[month][city] = {'sum': 0, 'size': 0}
    try:
        tmp = float(tmp)
        d[month][city]['sum'] += tmp
        d[month][city]['size'] += 1
```

```
        except ValueError:
            continue

for m in sorted(d):
    print("2016 年%s 月平均气温：" % (m))
    a = {
        'Beijing': d[m]['Beijing']['sum'] / d[m]['Beijing']['size'],
        'Shanghai': d[m]['Shanghai']['sum'] / d[m]['Shanghai']['size']
    }
    print("\t 北京:%s°C\t 上海:%s°C\t" % (a['Beijing'], a['Shanghai']))
    if a['Beijing'] > a['Shanghai']:
        print("\t 北京平均气温更高")
    elif a['Beijing'] < a['Shanghai']:
        print("\t 上海平均气温更高")
    else:
        print("\t 北京和上海平均气温相等")
```

23.4.3 统计北京和上海 2016 年月平均气温对比

在 master 服务器上执行如下命令，统计北京和上海 2016 年月平均气温对比情况，注意使用 sed 命令去掉 weather.csv 文件的第一行字段说明。

```
# sed '1d;$d' /root/dataset/weather.csv |python mapper.py|sort -k1|python3 reducer.py
```

结果如图 23-1 所示。

```
2016年01月平均气温:
        北京:-3.6310463121783854℃         上海:5.712068965517241℃
        上海平均气温更高
2016年02月平均气温:
        北京:1.5957816377171226℃          上海:6.669999999999998℃
        上海平均气温更高
2016年03月平均气温:
        北京:9.598409542743534℃ 上海:12.164354527938343℃
        上海平均气温更高
2016年04月平均气温:
        北京:16.892976588628773℃          上海:17.218831168831155℃
        上海平均气温更高
2016年05月平均气温:
        北京:20.739055793991426℃          上海:20.533333333333335℃
        北京平均气温更高
2016年06月平均气温:
        北京:25.69152542372881℃ 上海:24.665651438240268℃
        北京平均气温更高
2016年07月平均气温:
        北京:27.322570532915346℃          上海:29.90864197530867℃
        上海平均气温更高
2016年08月平均气温:
        北京:27.290123456790113℃          上海:29.99522342064711℃
        上海平均气温更高
2016年09月平均气温:
        北京:22.364274809160296℃          上海:25.314626865671645℃
        上海平均气温更高
2016年10月平均气温:
        北京:13.399263351749532℃          上海:21.269588550983887℃
        上海平均气温更高
2016年11月平均气温:
        北京:4.294285714285714℃ 上海:14.090031645569622℃
        上海平均气温更高
2016年12月平均气温:
        北京:0.257345971563981℃ 上海:9.959782608695647℃
        上海平均气温更高
```

图 23-1 北京和上海 2016 年月平均气温对比统计

第五篇

金融大数据实战

最优投资组合（上）

24.1 实训目的

- 了解金融相关知识和最优风险资产组合、有效边界。
- 使用 Python 编写实训代码，利用 Matplotlib 绘制效果图。

24.2 实训要求

- 掌握 Pandas、NumPy、Matplotlib、xlrd、fix_yahoo_finance 等模块的使用方法。
- 掌握 Python 读取网络股票信息的方法。
- 了解最优风险资产组合、有效边界。
- 掌握利用 Matplotlib 绘制数据图的方法。
- 本实训需要外网连接。

24.3 实训原理

最优投资组合是指某投资者在可以得到的各种可能的投资组合中，唯一可获得最大效用期望值的投资组合。有效集的上凸性和无差异曲线的下凹性决定了最优组合的唯一性，有效边界是在收益-风险约束条件下能够以最小的风险取得最大的收益的各种证券的集合。

24.4　实训步骤

24.4.1　导入实训需要的模块

代码如下。

```
import numpy as np
import pandas as pd
import matplotlib as mpl
import sys
from pandas_datareader import data as pdr
import yfinance as yf
yf.pdr_override() # 需要调用这个函数
import matplotlib.pyplot as plt
import tushare as ts
import scipy.optimize as sco
import scipy.interpolate as sci
from scipy import stats
import sys
import xlrd
import openpyxl
```

24.4.2　读取数据

数据源是从 Yahoo 得到的苹果、谷歌、亚马逊、微软、甲骨文、高通、百度、新浪、惠普在 2018-01-01 到 2018-07-31 期间的股票数据。

```
s=["AAPL", "GOOG", "AMZN", "MSFT", "ORCL", "QCOM", "BIDU", "SINA", "HPQ"
px=pd.DataFrame({n: pdr.get_data_yahoo(n, start="2018-01-01", end="2018-07-31")["close"]
for n in s})
```

24.4.3　观察缺失值

如果某支股票某天有缺失值，则去掉这个日期的所有股票信息，这样会让所有股票的日期保持一致，代码如下。

```
px=px.dropna()
print(px.info())
```

结果如图 24-1 所示。

```
<class 'pandas.core.frame.DataFrame'>
DatetimeIndex: 145 entries, 2018-01-02 to 2018-07-30
Data columns (total 9 columns):
AAPL    145 non-null float64
GOOG    145 non-null float64
AMZN    145 non-null float64
MSFT    145 non-null float64
ORCL    145 non-null float64
QCOM    145 non-null float64
BIDU    145 non-null float64
SINA    145 non-null float64
HPQ     145 non-null float64
dtypes: float64(9)
memory usage: 11.3 KB
None
```

图 24-1 缺失值情况

24.4.4 数据可视化

如果由于网络原因而无法获得数据，可以直接读取数据，代码如下。

```
# 利用 Pandas 读取 9 支股票的 Excel 数据
data= pd.read_excel('/root/dateset/最优投资组合.xlsx')
data.index = data['Date'].tolist() # 将 date 列复制一份，设为 index 列
data.pop('Date') # 移除 date 列，因为 date 列已经成为 index 列，以后只需看 index 即可
# 将个股价格与其初始值比较并且用 100 标准化，得出个股在相同初始条件下的走势情况
(data / data.ix[0] * 100).plot(figsize=(10, 8), grid=True)
fig = plt.gcf()
```

结果如图 24-2 所示。

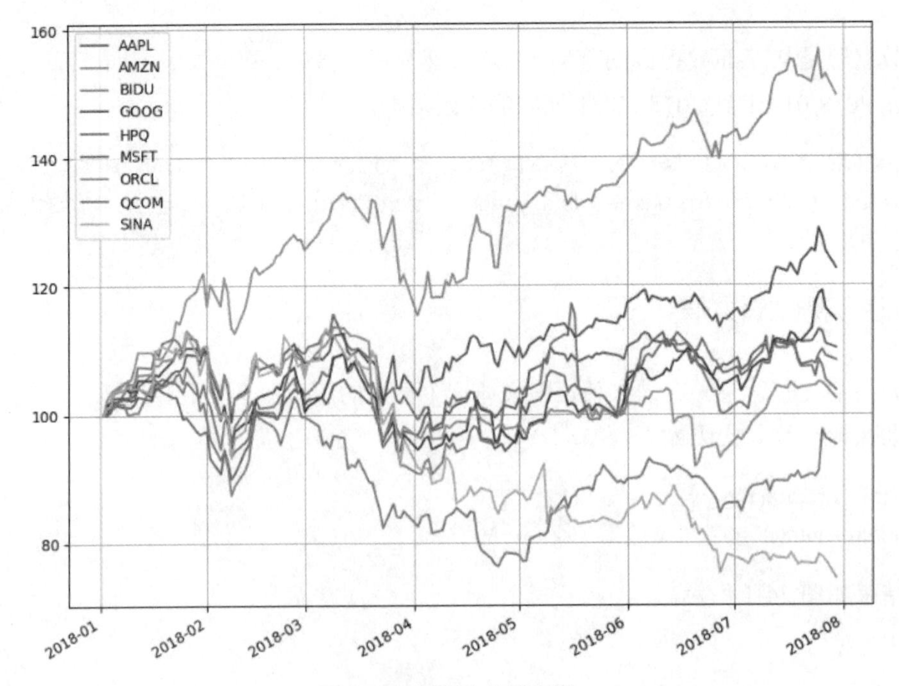

图 24-2 股票走势情况图

24.4.5　初步统计分析

现在需要计算个股的收益率。金融计算收益率时大部分使用对数收益率（log return）而不是用算数收益率。用当天的收盘价与前一天相比较。代码如下。

```
# 计算对数收益率
log_returns = np.log(data / data.shift(1))
log_returns.hist(bins=50, figsize=(12, 9))
fig = plt.gcf()# 获取当前图片
plt.savefig('2.png')
```

结果如图 24-3 所示。

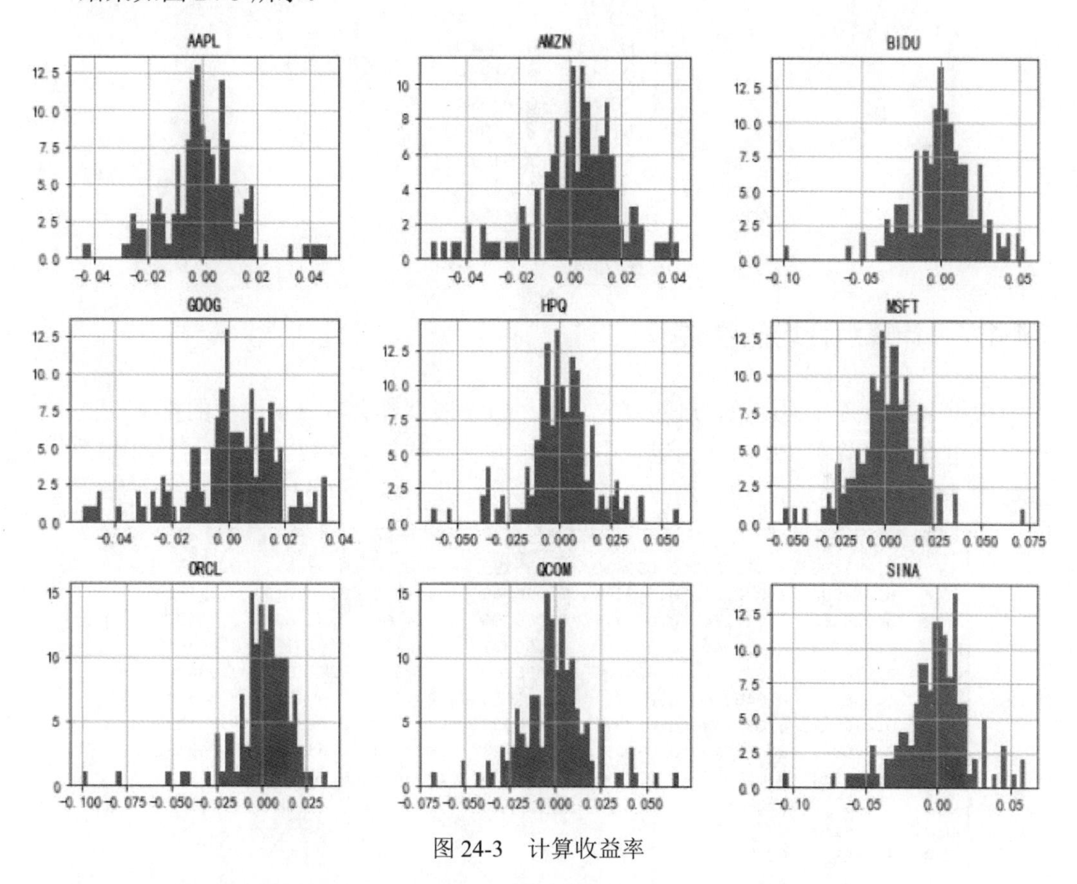

图 24-3　计算收益率

可以看到每支股票的分布形状与正态分布较为类似。

24.4.6　投资组合优化

Markowitz 均值-方差投资组合理论需要假设正态分布收益率，而投资组合的风险取决于投资各组合中资产收益率的相关性。基于此，年化收益率和协方差矩阵就是我们需要计算的内容。代码如下。

```
# 使用对数收益率
rets = log_returns
# 计算年化收益率
year_ret = rets.mean() * 252
# 计算协方差矩阵
year_volatility = rets.cov() * 252

print(year_ret)
print(year_volatility)
```

结果如图 24-4 所示。

```
AAPL     0.170704
GOOG     0.237410
AMZN     0.705345
MSFT     0.356497
ORCL     0.040803
QCOM    -0.086940
BIDU     0.063798
SINA    -0.517108
HPQ      0.140327
dtype: float64
```

图 24-4　年化收益率

24.4.7　计算组合均值收益率

根据金融投资相关理论，风险需要分散，每个股票都会有一定比例的投资权重。一个资产组合的收益率（均值）为组合中个股收益率（均值）的权重之和，组合均值收益率如图 24-5 所示。

```
          AAPL      GOOG      AMZN      MSFT      ORCL      QCOM      BIDU  \
AAPL  0.053196  0.040882  0.029860  0.039739  0.030070  0.038931  0.040511
GOOG  0.040882  0.072982  0.047174  0.056969  0.039722  0.046215  0.051358
AMZN  0.029860  0.047174  0.076375  0.049296  0.024109  0.034821  0.052378
MSFT  0.039739  0.056969  0.049296  0.066933  0.038260  0.046153  0.048991
ORCL  0.030070  0.039722  0.024109  0.038260  0.074030  0.034689  0.034763
QCOM  0.038931  0.046215  0.034821  0.046153  0.034689  0.094533  0.043442
BIDU  0.040511  0.051358  0.052378  0.048991  0.034763  0.043442  0.121545
SINA  0.039337  0.053110  0.050851  0.056828  0.032723  0.039460  0.067032
HPQ   0.035714  0.047952  0.037136  0.045776  0.036813  0.049078  0.049120

          SINA       HPQ
AAPL  0.039337  0.035714
GOOG  0.053110  0.047952
AMZN  0.050851  0.037136
MSFT  0.056828  0.045776
ORCL  0.032723  0.036813
QCOM  0.039460  0.049078
BIDU  0.067032  0.049120
SINA  0.149023  0.049974
HPQ   0.049974  0.072325
```

图 24-5　组合均值收益率

1．模拟权重分配

使用随机数来随机模拟权重分配，并将模拟权重分配给 9 个股票，代码如下。

```
# 一共有 9 支股票
number_of_assets = 9
# 生成 9 个随机数
weights = np.random.random(number_of_assets)
# 将 9 个随机数归一化，每一份就是一个权重，权重之和为 1
weights /= np.sum(weights)
```

假设有 6000 种投资组合，每一种投资组合由一组随机权重组成，这样可以产生 6000 组投资组合。代码如下。

```
portfolio_returns = []
portfolio_volatilities = []
for p in range (6000):

    weights = np.random.random(number_of_assets)
    weights /= np.sum(weights)
    portfolio_returns.append(np.sum(rets.mean() * weights) * 252)
    portfolio_volatilities.append(np.sqrt(np.dot(weights.T, np.dot(rets.cov() * 252, weights))))
```

2．收益率和波动率可视化

可以得到 6000 个组合收益率和波动率，代码如下。

```
portfolio_returns = np.array(portfolio_returns)
portfolio_volatilities = np.array(portfolio_volatilities)
plt.figure(figsize=(9, 5)) # 作图大小
plt.scatter(portfolio_volatilities, portfolio_returns, c=portfolio_returns / portfolio_volatilities, marker='o') # 画散点图
plt.grid(True)
plt.xlabel('expected volatility')
plt.ylabel('expected return')
plt.colorbar(label='Sharpe ratio')
fig = plt.gcf()# 获取当前图片
plt.savefig('3.png')
```

24.5　实训结果

实训结果如图 24-6 所示。

每个点对应某个投资组合，该点有其对应的收益率和波动率（标准差），其颜色对应不同的夏普率。可见，越往左上方，夏普率越高。

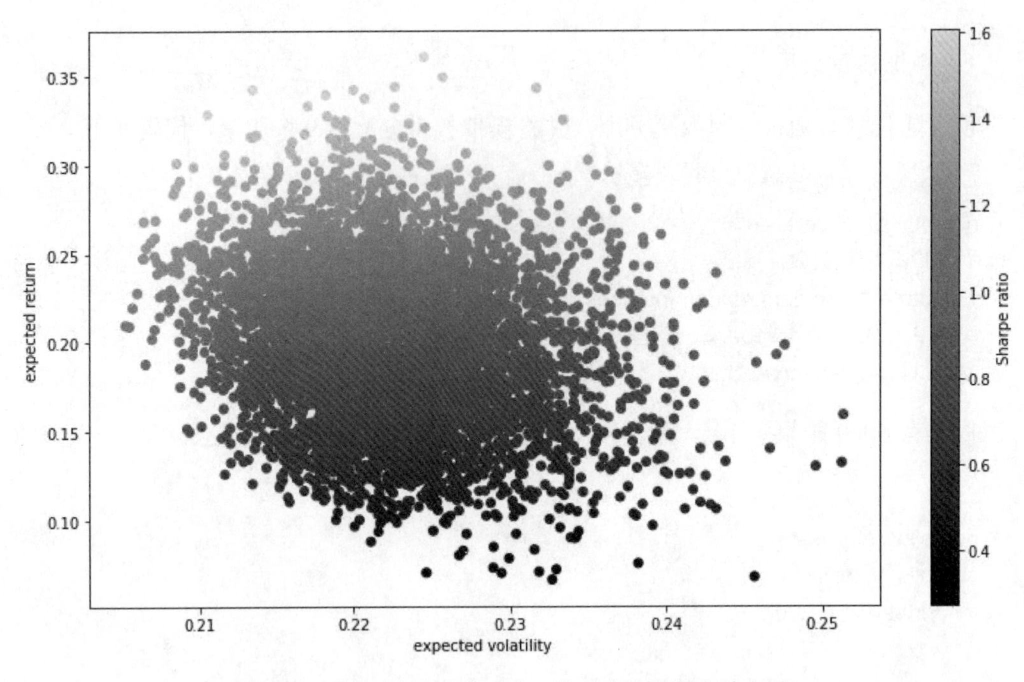

图 24-6 6000 个组合收益率、波动率和夏普率散点图

最优投资组合（下）

25.1 实训目的

- ❑ 了解金融相关知识和最大夏普比率投资组合、最小方差投资组合。
- ❑ 使用 Python 编写实训代码，利用 Matplotlib 绘制效果图。

25.2 实训要求

- ❑ 了解最大夏普比率投资组合、最小方差投资组合。
- ❑ 掌握使用 Python 读取网络股票信息的方法。
- ❑ 掌握利用 Matplotlib 绘制数据图的方法。
- ❑ 本实训需要外网连接。

25.3 实训原理

- ❑ 夏普比率：夏普比率（Sharpe ratio）又被称为夏普指数，是基金绩效评价标准化指标。夏普比率就是可以同时对收益与风险加以综合考虑的三大经典指标之一。
- ❑ 最小方差投资组合：最小方差投资组合是一系列投资组合中风险最小的投资组合，适合风险厌恶型投资者。由于风险和收益的对等关系，该种投资方式的收益也是最低的。

提前运行上半部分实训，代码如下。

```
%run /root/dataset/F17.ipynb
```

25.4 实训步骤

25.4.1 最大夏普比率投资组合

下面的实训将描述某个投资组合。这个投资组合类似于一个函数，即输入权重分配，输出该组合的收益率、波动率和夏普比率。函数定义如下。

```
import numpy as np
import pandas as pd
import matplotlib.pyplot as plt
import tushare as ts
import scipy.optimize as sco
import scipy.interpolate as sci
from scipy import stats
def statistics(weights):
    # 根据权重，计算资产组合收益率/波动率/夏普比率
    # 输入参数
    # ==========
    # weights : array-like
    # 权重数组，权重为股票组合中不同股票的权重
    # 返回值
    # =======
    # pret : float
    # 投资组合收益率
    # pvol : float
    # 投资组合波动率
    # pret / pvol : float
    # 夏普比率，等于组合收益率除以波动率，此处不涉及无风险收益率资产
    weights = np.array(weights)
    pret = np.sum(rets.mean() * weights) * 252
    pvol = np.sqrt(np.dot(weights.T, np.dot(rets.cov() * 252, weights)))
    return np.array([pret, pvol, pret / pvol])
```

假设某投资组合的某个点的夏普比率最大，即可认为该组合是最大夏普比率投资组合。夏普比率最大的那个点不一定是刚才 6000 个点里面的其中一个，而是需要通过优化算法，找到一个恰当的权重分配输入，使输出的夏普比率最大。

我们之前引入了优化算法包 import scipy.optimize as sco，使用其中的最小化优化算法 sco.minimize，那么最大化夏普比率问题可以转变为最小化负夏普比率问题。定义输入权重分配，返回负夏普比率的函数如下。

```
def min_func_sharpe(weights):
    return -statistics(weights)[2]
bnds = tuple((0, 1) for x in range(number_of_assets))
cons = ({'type': 'eq', 'fun': lambda x: np.sum(x) - 1})
opts = sco.minimize(min_func_sharpe, number_of_assets * [1. / number_of_assets,], method=
```

```
'SLSQP', bounds=bnds, constraints=cons)
opts['x']
```

其中，number_of_assets * [1. / number_of_assets,]为权重初始值[0.1, 0.1, 0.1, 0.1, 0.1, 0.1, 0.1, 0.1, 0.1, 0.1]；'SLSQP'为序列最小二次规划（sequential least squares programming）方法；bnds = tuple((0, 1) for x in range(number_of_assets))为边界条件，即每个权重需要在 0～1；cons = ({'type': 'eq', 'fun': lambda x: np.sum(x) - 1})为约束条件，即权重之和为 1；opts['x']为最大夏普比率投资组合的权重分配，若想精确到小数点后三位，则使用 opts['x'].round(3)。输出结果如图 25-1 所示。

```
array([0., 0., 1., 0., 0., 0., 0., 0., 0.])
```

图 25-1　权重分配

可以获得最大夏普比率投资组合的收益率、波动率和夏普比率，代码如下，结果如图 25-2 所示。

```
statistics(opts['x']).round(3)
```

```
array([0.705, 0.276, 2.552])
```

图 25-2　最大夏普比率投资组合的收益率、波动率和夏普比率

综合以上结论可知：假定最大夏普比率投资组合是最优风险投资组合，可以知道，100%投资 AMZN 的股票是最优的组合；根据以往数据，可以分析得出组合年化收益率为 70.5%，波动率为 27.6%，夏普比率为 2.552。

25.4.2　最小方差投资组合

最小方差投资组合即输入权重分配，输出该组合的收益率、波动率和最小方差。函数定义如下。

```
def min_func_variance(weights):
    return statistics(weights)[1] ** 2
optv = sco.minimize(min_func_variance,number_of_assets * [1./ number_of_assets,], method=
'SLSQP', bounds=bnds, constraints=cons)
```

有效边界上的每一个点即给定收益率情况下拥有最小波动率的投资组合的点。所以计算有效边界上的点，可以描述成已知该点的收益率，求权重组合，使得该点波动率最小。输入权重，输出波动率的函数代码如下。

```
def min_func_port(weights):
return statistics(weights)[1]
```

给定收益率为从 0.30 到 0.70 之间 40 等份的值。制造一个线性空间给收益率数组，预设好我们的目标收益率，代码如下。

```
target_returns = np.linspace(0.30, 0.70, 40)
# 目标波动率是我们需要求解的
target_volatilities = []
```

针对每个 target_returns 中的收益率，使得目标波动率最小。此处的约束多了一个，即目标收益率已经给定，也就是 target_returns 空间中的值固定不变。minimize 函数返回了对象 res，在 res 中挑选 fun 成员，即最优函数输出值 statistics(weights)[1]，也就是最小波动率。代码如下。

```
def min_func_port(weights):
return statistics(weights)[1]
target_returns = np.linspace(0.35, 0.65, 30)
target_volatilities = []
for tret in target_returns:
    cons = ({'type': 'eq', 'fun': lambda x:   statistics(x)[0] - tret},
            {'type': 'eq', 'fun': lambda x:   np.sum(x) - 1})
    res = sco.minimize(min_func_port, number_of_assets * [1. / number_of_assets,], method=
'SLSQP', bounds=bnds, constraints=cons)
    target_volatilities.append(res['fun'])
```

25.4.3 画散点图

代码如下。

```
# 画散点图
plt.figure(figsize=(9,  5))
# 圆点为随机资产组合
plt.scatter(portfolio_volatilities, portfolio_returns,
            c=portfolio_returns / portfolio_volatilities, marker='o')
# 叉号为有效边界
plt.scatter(target_volatilities, target_returns,
            c=target_returns / target_volatilities, marker='x')
# 右上角星号为最大夏普比率投资组合
plt.plot(statistics(opts['x'])[1], statistics(opts['x'])[0],
         'r*', markersize=15.0)
# 左侧星号为最小方差投资组合
plt.plot(statistics(optv['x'])[1], statistics(optv['x'])[0],
         'y*', markersize=15.0)
            # minimum variance portfolio
plt.grid(True)
plt.xlabel('expected volatility')
plt.ylabel('expected return')
plt.colorbar(label='Sharpe ratio')
```

25.5 实训结果

实训结果如图 25-3 所示。

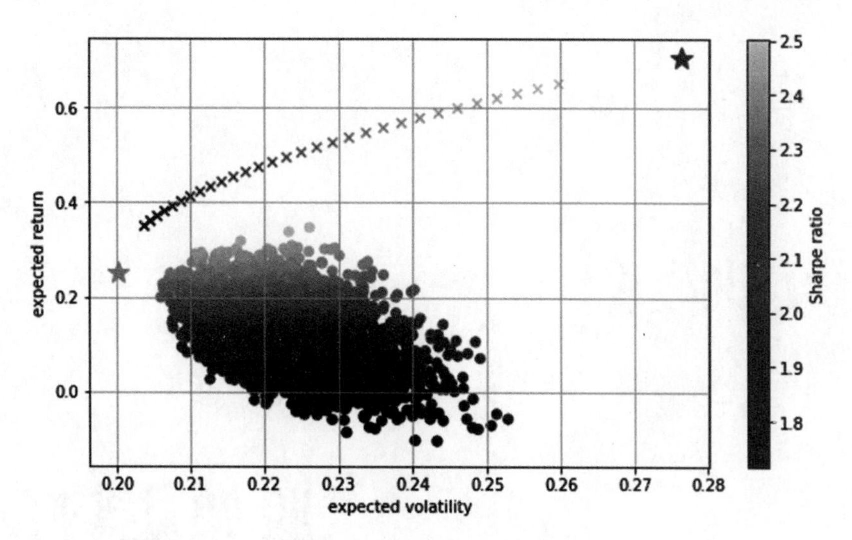

图 25-3　投资组合收益率图

实训 26 股票走势预测

26.1 实训目的

了解 ARIMA 模型建立、差分处理，预测股票走势。

26.2 实训要求

- 掌握 Pandas、NumPy、Matplotlib、ARIMA、fix_yahoo_finance 等模块的使用。
- 掌握使用 Python 读取网络股票信息的方法。
- 了解差分处理、ARIMA 模型、ACF 和 PACF 检验。
- 掌握利用 Matplotlib 绘制数据图的方法。
- 本实训需要外网连接。

26.3 实训原理

ARIMA(p, d, q)模型全称为自回归移动平均模型，AR 为自回归，p 为自回归项；MA 为移动平均，q 为移动平均项数，d 为时间序列成为平稳时所做的差分次数。

所谓 ARIMA 模型，是指将非平稳时间序列转化为平稳时间序列，然后将因变量仅对它的滞后值以及随机误差项的现值和滞后值进行回归所建立的模型。ARIMA 模型根据原序列是否平稳以及回归中所含部分的不同进行划分，包括移动平均过程（MA）、自回归过程（AR）、自回归移动平均过程（ARMA）以及 ARIMA 过程。

26.4 实训步骤

26.4.1 导入模块

启动实训后，进入 Python 3 环境，导入实训需要的模块，读取苹果公司的数据（数据已多次展示，这里不再赘述）。代码如下。

```
import numpy as np
import pandas as pd
import matplotlib as mpl

from pandas_datareader import data as pdr
import yfinance as yf
yf.pdr_override() # 需要调用这个函数
import matplotlib.pyplot as plt
from statsmodels.tsa.arima_model import ARIMA
from statsmodels.graphics.tsaplots import plot_acf, plot_pacf
from pylab import mpl
mpl.rcParams['font.sans-serif'] = ['SimHei'] # 指定默认字体/Microsoft YaHei
mpl.rcParams['axes.unicode_minus'] = False # 解决保存图像是负号'-'显示为方块的问题

# 读取苹果公司的数据
aapl = pdr.get_data_yahoo("AAPL", start="2016-01-01", end="2018-07-31")
```

26.4.2 ARIMA 模型建立

原始数据是股票每天的行情，将数据进行重采样，按每周的平均行情进行分析，'W-TUE' 表示以周为单位，指定周二为基准日，即周二到下个周二为一个计算周期，绘制收盘价走势图（图 26-1）。代码如下。

```
aapl=pd.read_csv('/root/dataset/aapl.csv', index_col=0)
aapl.index = pd.to_datetime(aapl.index)
# 将收盘价作为评判标准，resample 指按周统计平均数据（可以指定哪天为基准日，此处以周二为基准）
stock_week=aapl['Close'].resample('W-TUE').mean()
# 选取 2016 年至 2018 年的数据
stock_train=stock_week['2016':'2018'].dropna()
# 使用 Matplotlib 绘制收盘价曲线
stock_train.plot(figsize=(12, 8))
plt.title('收盘价')
fig = plt.gcf()
```

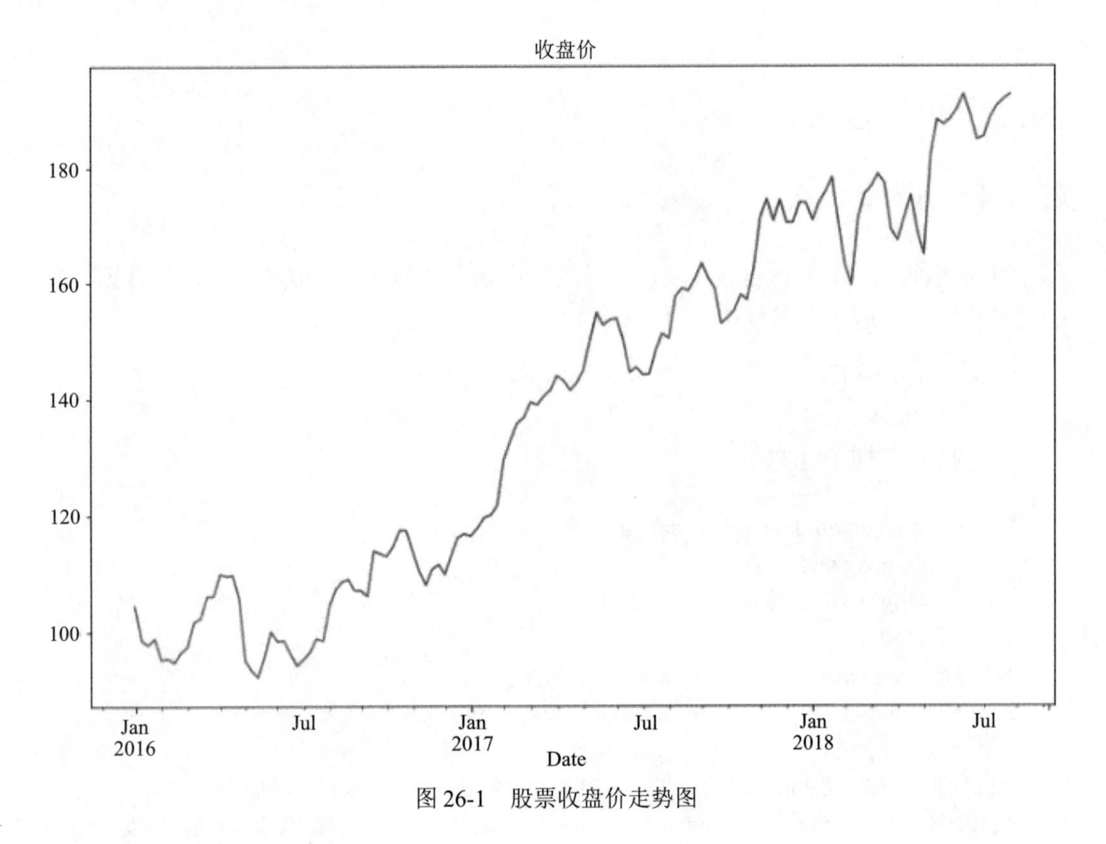

图 26-1 股票收盘价走势图

26.4.3 数据差分

由图 26-1 可以看出数据波动比较大，而时间序列模型要求数据平缓，满足平稳性的要求，因此需要对数据进行差分处理。

ARIMA 模型定义的是一个平稳时间序列，因此，如果从一个非平稳的时间序列开始，那么首先就需要做时间序列差分，直到得到一个平稳时间序列。如果必须对时间序列做 d 阶差分才能得到一个平稳序列，则使用 ARIMA(p, d, q)模型，其中 d 是差分的阶数。代码如下。

```
stock_diff=stock_train.diff().dropna()
plt.figure()
plt.plot(stock_diff)
font_loc=''
stock_train
plt.title('一阶差分')
fig = plt.gcf()
```

结果如图 26-2 所示。从一阶差分的结果可以看出数据基本已经趋于平缓。

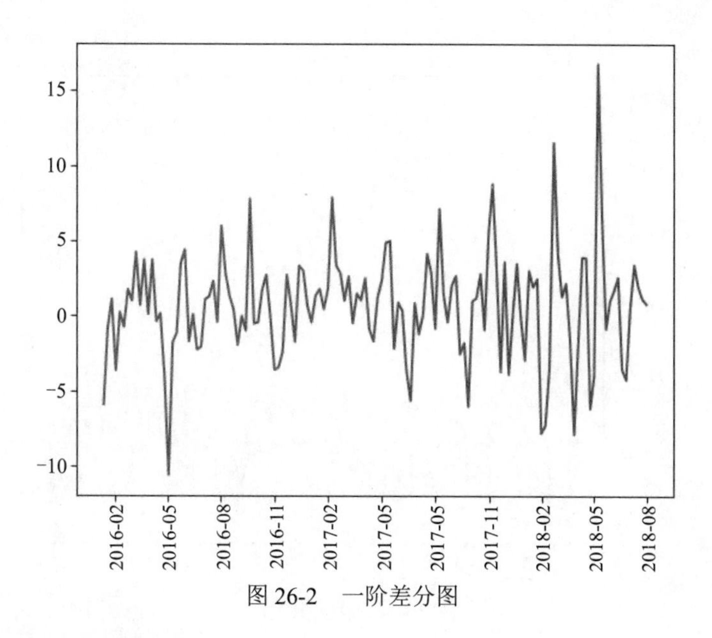

图 26-2　一阶差分图

26.4.4　自相关图和偏自相关图

为了确定一阶差分足以满足需求，再进行 ACF（自相关）和 PACF（偏自相关）检验，ACF 和 PACF 可以直接调用 statemodel 中的函数进行求算。代码如下。

```
acf=plot_acf(stock_diff, lags=20)
plt.title('ACF')
fig = plt.gcf()
plt.savefig('10.png')
pacf=plot_pacf(stock_diff, lags=20)
plt.title('PACF')
fig = plt.gcf()
```

结果如图 26-3 和图 26-4 所示。

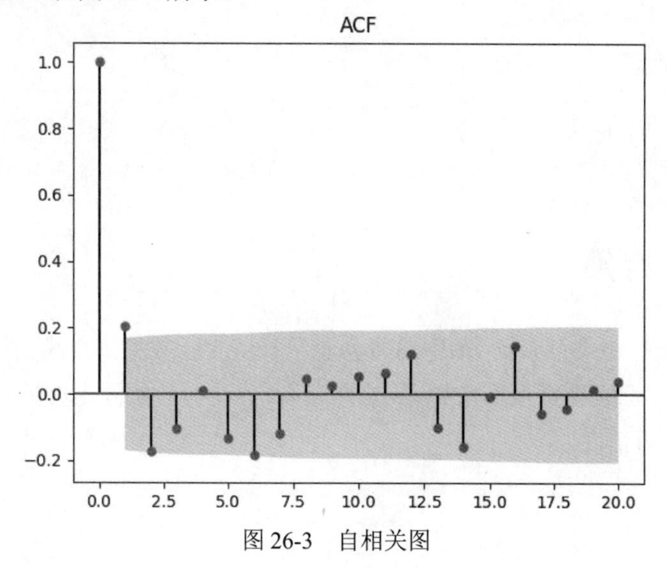

图 26-3　自相关图

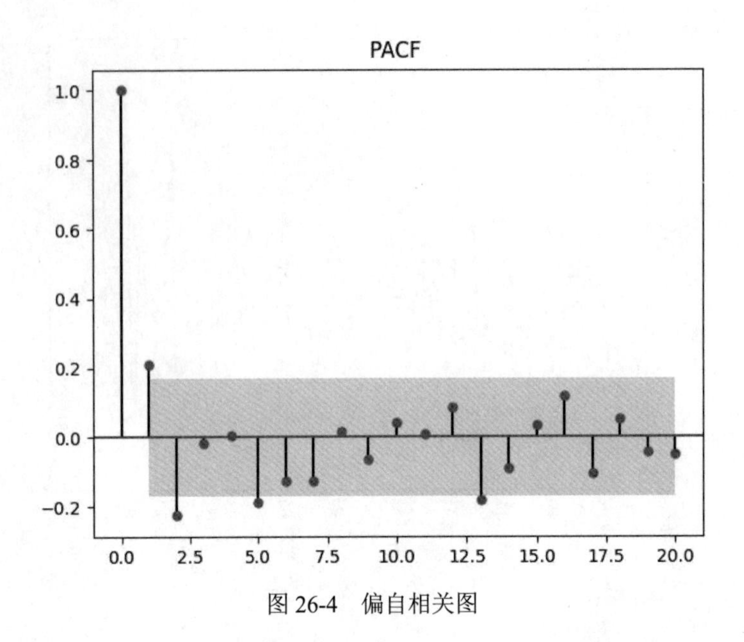

图 26-4 偏自相关图

从图 26-3 中可以看出，在滞后 1 阶的自相关值超出了置信边界，但是其他所有在滞后 2～20 阶的自相关值都没有超出置信边界。

从图 26-4 中可以看出，进行一阶差分时，结果已经落在了置信区间内（图中阴影区域），因此可以确定进行一阶差分是可靠有效的。

26.4.5 模型训练

代码如下。

```
model=ARIMA(stock_train, order=(1, 1, 1), freq='W-TUE')
result=model.fit()
pred=result.predict('20160816', '20180731', dynamic=True, typ='levels')
plt.figure(figsize=(6, 6))
plt.xticks(rotation=45)
plt.plot(pred)
plt.plot(stock_train)
fig = plt.gcf()
```

26.5 实训结果

实训结果如图 26-5 所示，图中曲线为股票行情实际数据，直线为模型预测的行情走势，预测结果显示股票呈上涨趋势，从长期来看，还是符合实际走势的，证明了 ARIMA 模型具有一定的可信性。

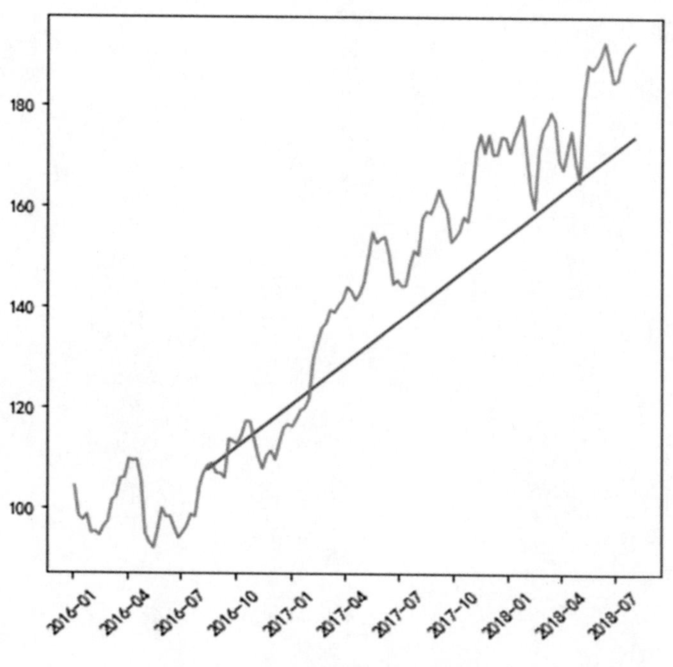

图 26-5　ARIMA 模型预测结果

第六篇

商业大数据实战

电商产品评论数据情感分析

27.1 实训目的

- 分析某一个品牌热水器的用户情感倾向。
- 从评论文本中挖掘出该品牌热水器的优点和不足。
- 提炼不同品牌热水器的卖点。

27.2 实训要求

- 掌握 Pandas、gensim、jieba 等模块的使用方法。
- 掌握文本去重、前缀评分处理和分词处理的方法。
- 了解 LDA 主题模型的应用。
- 本实训不需要与外网连接。

27.3 实训原理

本次建模针对京东商城上××品牌热水器的消费者的文本评论数据，在对文本进行基本的机器预处理、中文分词、停用词过滤后，通过建立包括栈式自编码深度学习、语义网络与 LDA 主题模型等多种数据挖掘模型，实现对文本评论数据的倾向性判断以及所隐藏的信息的挖掘和分析，以期望得到有价值的内容。

LDA（latent Dirichlet allocation）是一种文档主题生成模型，也称为一个三层贝叶斯概率模型，包含词、主题和文档三层结构，可以用来识别大规模文档集（document collection）或语料库（corpus）中潜藏的主题信息。

27.4 实训步骤

27.4.1 评论数据抽取

评论数据抽取旨在选择某一个具体品牌进行评论分析，本实训选择抽取××品牌热水器的评论数据，代码如下。

```
import pandas as pd
inputfile='huizong.csv'
outputfile='1_1my_meidi_jd.txt'
data=pd.read_csv(inputfile, encoding='utf-8')
data=data[[u'评论']][data[u'品牌']==u'XX']
data.to_csv(outputfile, index=False, header=False, encoding='utf-8')
data.head()
```

结果如图 27-1 所示。

	评论
95898	京东商城信得过，买得放心，用得省心、安心、放心！
95899	给公司宿舍买的，上门安装很快，快递也送得及时，不错 。 给五分吧
95900	值得信赖，质量不错
95901	不错哦，第一次在京东买这些产品，感觉相当好
95902	很满意，水放一晚上都还是热的， 早上还能再洗

图 27-1 评论数据部分截图

27.4.2 评论文本去重

文本去重即去掉评论数据中重复的部分，比如一些默认评论、同一个人购买多件商品所出现的重复评论、不同用户为了省事复制粘贴的评论等。处理完全重复的语料直接采用简单的比较删除法即可，也就是两两对比，完全相同就去除的方法。代码如下。

```
import pandas as pd
inputfile = '1_1my_meidi_jd.txt' # 评论汇总文件
data = pd.read_csv(inputfile, encoding = 'utf-8', header = None) #(***)
data.head()

l1 = len(data)
print (u'原始数据有%d 条' % l1)
data = pd.DataFrame(data[0].unique())# (*****)
```

```
l2 = len(data)
print (u'去重后数据有%d 条' % l2)
data.to_csv('2_1my_meidi_jd_delduplis.txt',header=False, index = False, encoding='utf-8') # (***)
```

结果如图 27-2 所示。

```
原始数据有55400条

去重后数据有53048条
```

图 27-2 评论文本去重

27.4.3 模型准备

在构建模型之前，先利用武汉大学的内容分析工具 ROSTCM6 对文本'2_1my_meidi_jd_delduplis.txt'进行情感分析，得出了积极样本和消极样本(meidi_jd_process_end_negative_result.txt; meidi_jd_ process_end_positive_result.txt)，然后需要对两者进行删除前缀评分处理和分词处理。

27.4.4 删除前缀评分

工具 ROSTCM6 分析结果中还有前缀评分，因此需要对前缀评分进行删除，并且分类文本是 Unicode 编码，需要统一另存为 UTF-8 编码后再删除评分。代码如下。

```
inputfile1 = u'meidi_jd_process_end_negative_result.txt' # 评论汇总文件
inputfile2 = u'meidi_jd_process_end_positive_result.txt' # 评论汇总文件


data1 = pd.read_csv(inputfile1, encoding = 'utf-8', header = None) #读入数据
data2 = pd.read_csv(inputfile2, encoding = 'utf-8', header = None) #读入数据

data1 = pd.DataFrame(data1[0].str.replace('.*?\d+?\\t', '')) # 使用正则表达式替换掉前缀
data2 = pd.DataFrame(data2[0].str.replace('.*?\d+?\\t', '')) # 使用正则表达式替换掉前缀

data1.to_csv(u'3_1my_meidi_jd_process_end_negative_result.txt', header = False, index =
False, encoding='utf-8') #保存结果
data2.to_csv(u'3_1my_meidi_jd_process_end_positive_result.txt', header = False, index =
False, encoding='utf-8') #保存结果

print(data1.head())
print(data2.head())
```

结果如图 27-3 所示。

```
data1 负面情感结果
                                   0
0         好像遥控是坏的 还是送的电池没有电 算了 热水器上将就着按吧
1                      要打十个字才能发 我就打十个字
2    调温的开关太紧了 不知道是不是都这样 送货和安装的师傅来得很准时 不像以前要等老半天
3               上面安装竟然花了我差不多*元 但是这热水器马马虎虎吧
4                 这东西又不是什么高科技 比别的厂家还贵 想不明白

data2 正面情感结果
                                   0
0                        还好 安装费有点贵
1      商品已经收到 打开包装检查一下外观完美 还没有安装使用 用后再评论
2                      东西不错 租房子用的 足够了
3                      很好 今天安装好了 非常满意
4                        可以吧 能用就好 出租的
```

图 27-3 删除前缀评分结果

27.4.5 文本分词

分词是将连续的字序列按照一定的规范重新组合成词序列的过程，只有字、句和段落能够通过明显的分界符进行简单的划界，而对于“词”和“词组”来说，它们的边界模糊，没有一个形式上的分界符。因此，进行中文文本挖掘时，首先应对文本分词，这里采用 Python 的中文分词包——jieba 对评论数据进行分词。代码如下。

```
import pandas as pd
import jieba # 导入 jieba 分词，需要自行下载安装

# 参数初始化
inputfile1 = '3_1my_meidi_jd_process_end_negative_result.txt'
inputfile2 = '3_1my_meidi_jd_process_end_positive_result.txt'
outputfile1 = '3_2my_meidi_jd_process_end_negative_result.txt'
outputfile2 = '3_2my_meidi_jd_process_end_positive_result.txt'


data1 = pd.read_csv(inputfile1, encoding = 'utf-8', header = None) # 读入数据
data2 = pd.read_csv(inputfile2, encoding = 'utf-8', header = None)

mycut = lambda s: ' '.join(jieba.cut(s))
# 自定义简单分词函数，先识别句子中的中文单词，然后把中文单词通过空格连接起来
# 上面一句代码中，s 是入口参数，.join 前面的空格表示把 jieba 库处理后的 s 中的词语分词，
用空格连接起来
data1 = data1[0].apply(mycut) # 通过“广播”形式分词，加快速度
data2 = data2[0].apply(mycut)

data1.to_csv(outputfile1, index = False, header = False, encoding = 'utf-8') # 保存结果
data2.to_csv(outputfile2, index = False, header = False, encoding = 'utf-8')

data1.head()
data2.head()
```

结果如图 27-4 所示。

```
负面结果
0      好像 遥控 是 坏 的   还是 送 的 电池 没有 电   算了   热水器 上将 就...
1                       要 打 十个 字 才能 发   我 就 打 十个 字
2      调温 的 开关 太紧 了   不 知道 是不是 都 这样   送货 和 安装 的 师傅 ...
3             上面 安装 竟然 花 了 我 差不多 * 元   但是 这 热水器 马马虎虎 吧
4              这 东西 又 不是 什么 高科技   比 别的 厂家 还贵   想 不 明白
Name: 0, dtype: object

正面结果

0                                     还好   安装费 有点 贵
1      商品 已经 收到   打开 包装 检查一下 外观 完美 还 没有 安装 使用   用...
2                               东西 不错   租房子 用 的   足够 了
3                              很 好   今天 安装 好 了   非常 满意
4                                 可以 吧   能用 就 好   出租 的
Name: 0, dtype: object
```

图 27-4 文本分词结果

27.4.6 模型构建

本实训所用模型为 LDA 主题模型。该模型是由 Blei 等人在 2003 年提出的生成式主题模型，模型认为每一篇文档的每一个词都是“以一定概率选择了某个主题，并从这个主题中以一定概率选择某个词语”。LDA 具体原理可参考解析。Python 中的自然语言处理包 gensim 中有 LDA 算法。

关于模型构建的代码如下。

```
import pandas as pd
# 参数初始化
inputfile1 = u'meidi_jd_process_end_negative_result.txt'
inputfile2 = u'meidi_jd_process_end_positive_result.txt'
inputfile3 = u'stoplist.txt' # 停用词表

data1 = pd.read_csv(inputfile1, encoding = 'utf-8', header = None) # 读入数据
data2 = pd.read_csv(inputfile2, encoding = 'utf-8', header = None) # 读入数据
stop = pd.read_csv(inputfile3, encoding = 'utf-8', sep = 'tipdm', header = None)
# sep 设置分隔词，由于 csv 默认以半角逗号为分隔词，而该词恰好在停用词表中，因此会导致读取出错
# 所以，解决方法是手动设置一个不存在的分隔词，如 tipdm

stop = [' ', ''] +list(stop[0]) # Pandas 自动过滤了空格符，所以手动将其加入

data1 [1] = data1[0].apply(lambda s: s.split(' ')) # 定义一个分隔函数，用 apply()广播
data1 [2] = data1[1].apply(lambda x: [i for i in x if i not in stop]) # 逐词判断是否是停用词

data2 [1] = data2[0].apply(lambda s: s.split(' ')) # 定义一个分隔函数，用 apply()广播
data2 [2] = data2[1].apply(lambda x: [i for i in x if i not in stop]) # 逐词判断是否是停用词

from gensim import corpora, models

# 负面主题分析
data1_dict = corpora.Dictionary(data1[2]) # 建立词典
```

```
data1_corpus = [data1_dict.doc2bow(i) for i in data1[2]] # 建立语料库

data1_LDA = models.LdaModel(data1_corpus, num_topics =3, id2word = data1_dict) # LDA 训练模型
for i in range(3):
    data1_LDA.print_topic(i)# 输出每个主题

# 正面主题分析
data2_dict = corpora.Dictionary(data2[2]) # 建立词典
data2_corpus = [data2_dict.doc2bow(i) for i in data2[2]] # 建立语料库

data2_LDA = models.LdaModel(data2_corpus, num_topics =3, id2word = data2_dict) # LDA 训练模型
for i in range(3):
    data2_LDA.print_topic(i)# 输出每个主题



data1_LDA.print_topics()

data2_LDA.print_topics()
```

经过 LDA 主题分析后，评论文本被聚成 3 个主题，每个主题下生成 10 个最有可能出现的词语以及相应的概率，结果如图 27-5 所示。

```
data1_LDA.show_topics()

[(0,
  '0.055*"安装" + 0.021*"热水器" + 0.014*"好" + 0.013*"加热" + 0.012*"买" + 0.012*"师傅" + 0.010*"一个" + 0.009
*"安装费" + 0.008*"有点" + 0.008*"使用"'),
 (1,
  '0.040*"不错" + 0.019*"知道" + 0.019*"好" + 0.018*"买" + 0.018*"安装" + 0.017*"热水器" + 0.011*"东西" + 0.011
*"美的" + 0.010*"京东" + 0.008*"送货"'),
 (2,
  '0.036*"安装" + 0.019*"买" + 0.013*"美的" + 0.010*"京东" + 0.009*"师傅" + 0.009*"热水器" + 0.008*"售后" + 0.00
8*"问题" + 0.008*"装" + 0.006*"东西"')]

data2_LDA.show_topics()

[(0,
  '0.105*"好" + 0.060*"安装" + 0.043*"不错" + 0.025*"送货" + 0.024*"师傅" + 0.021*"挺" + 0.019*"很快" + 0.016
*"服务" + 0.016*"热水器" + 0.015*"速度"'),
 (1,
  '0.052*"不错" + 0.044*"安装" + 0.024*"美的" + 0.020*"热水器" + 0.018*"买" + 0.016*"高" + 0.015*"东西" + 0.013
*"值得" + 0.013*"性价比" + 0.013*"品牌"'),
 (2,
  '0.037*"不错" + 0.032*"买" + 0.023*"加热" + 0.016*"价格" + 0.013*"好用" + 0.013*"实惠" + 0.008*"美的" + 0.008
*"一个" + 0.008*"便宜" + 0.007*"方便"')]
```

图 27-5　LDA 分析结果

27.5　实训结果

综合以上主题及其中的高频特征词可以看出，××热水器的优势有以下几个方面：价格实惠、性价比高、外观好看、热水器实用、使用起来方便、加热速度快、服务好。相对而言，用户对××热水器的抱怨点主要体现在安装的费用高及售后服务等。

eBay 汽车销售数据分析

28.1 实训目的

根据 eBay 网站上的二手车销售数据来分析消费者偏好，分析与汽车操作相关的特征。

28.2 实训要求

- 本实训需要用到 Pandas、NumPy、Matplotlib、warnings、Seaborn、sklearn、iPython 和 Plotly 库。
- Pandas：Python 第三方库，提供高性能易用数据类型和分析工具。
- NumPy：数组操作和处理库，用于在程序中做格式转换和预处理。
- Matplotlib：图形展示库，用来在建模前做多个字段关系分析。
- warnings：模块的帮助文档，可以利用过滤器来实现忽略告警。
- Seaborn：基于 Matplotlib 的 Python 可视化库。它提供了一个高级界面来绘制有吸引力的统计图形，可以使数据的可视化更加方便、美观。
- sklearn：基于 NumPy 和 SciPy 的一个机器学习算法库，设计得非常优雅，能够使用同样的接口来实现所有不同的算法调用。
- iPython：一个 Python 的交互式 Shell，比默认的 Python Shell 好用得多，支持变量自动补全、自动缩进，支持 bash Shell 命令，内置了许多强大的功能和函数。
- Plotly：一个用于做分析和可视化的在线平台，它功能强大，不仅可以实现与多个主流绘图软件的对接，还可以像 Excel 那样实现交互式制图，图表种类齐全，并且可以实现在线分享以及开源等。

28.3　实训原理

28.3.1　数据标准化

在数据分析之前，我们通常需要先将数据标准化，利用标准化后的数据进行数据分析。数据标准化也就是统计数据的指数化。数据标准化处理主要包括数据同趋化处理和无量纲化处理两个方面。数据同趋化处理主要解决不同性质数据问题，对不同性质指标直接加总并不能正确反映不同作用力的综合结果，须先考虑改变逆指标数据性质，使所有指标对测评方案的作用力同趋化，再加总才能得出正确结果。

28.3.2　数据可视化

数据可视化是关于数据视觉表现形式的科学技术研究。其中，这种数据的视觉表现形式被定义如下：一种以某种概要形式抽提出来的信息，包括相应信息单位的各种属性和变量。

数据可视化主要指的是技术上较为高级的技术方法，而这些技术方法允许利用图形、图像处理、计算机视觉以及用户界面，通过表达、建模以及对立体、表面、属性及动画的显示，对数据加以可视化解释。与立体建模之类的特殊技术方法相比，数据可视化所涵盖的技术方法要广泛得多。

28.4　实训步骤

28.4.1　数据加载和描述

数据集包含 10 个列的 9576 个观测数据。图 28-1 显示了所有列的名称及其描述。

```
car     制造商品牌
price     卖方广告价格
body     车体风格
mileage     行驶公里数 (‘000 km)
engV     发动机体积 (‘000 cubic cm)
engType     燃料类型
registration     是否注册
year     生产日期
model     车型
drive     驱动方式
```

图 28-1　数据展示

1. 导入模块

代码如下。

```
import numpy as np
import pandas as pd
```

```
import pandas_profiling
import matplotlib.pyplot as plt
import seaborn as sns
%matplotlib inline
sns.set()
import warnings
warnings.filterwarnings('ignore')
pd.set_option('display.max_columns', 100)
from subprocess import check_output
```

2．导入数据集

代码如下。

```
carsales_data = pd.read_csv("car_sales_new.csv")
```

28.4.2 数据剖析

在这一步中，我们将找到数据集的哪些列需要预处理，并且处理列的错误和缺失值。

1．打印所有列的名称

代码如下。

```
carsales_data.columns
```

运行结果如图 28-2 所示。

```
Index(['car', 'price', 'body', 'mileage', 'engV', 'engType', 'registration',
       'year', 'model', 'drive'],
      dtype='object')
```

图 28-2　列名

2．打印数据帧的行数和组合数

代码如下。

```
carsales_data.shape
```

运行结果如下：

```
(9576, 10)
```

3．提供索引、数据类型和内存信息

代码如下。

```
carsales_data.info()
```

运行结果如图 28-3 所示。

4．提供数据详细信息

代码如下。

```
carsales_data.describe(include='all')
```

```
<class 'pandas.core.frame.DataFrame'>
RangeIndex: 9576 entries, 0 to 9575
Data columns (total 10 columns):
car             9576 non-null object
price           9576 non-null float64
body            9576 non-null object
mileage         9576 non-null int64
engV            9142 non-null float64
engType         9576 non-null object
registration    9576 non-null object
year            9576 non-null int64
model           9576 non-null object
drive           9065 non-null object
dtypes: float64(2), int64(2), object(6)
memory usage: 748.2+ KB
```

图 28-3　数据信息

运行结果如图 28-4 所示。

	car	price	body	mileage	engV	engType	registration	year	model	drive
count	9576	9576.000000	9576	9576.000000	9142.000000	9576	9576	9576.000000	9576	9065
unique	87	NaN	6	NaN	NaN	4	2	NaN	888	3
top	Volkswagen	NaN	sedan	NaN	NaN	Petrol	yes	NaN	E-Class	front
freq	936	NaN	3646	NaN	NaN	4379	9015	NaN	199	5188
mean	NaN	15633.317316	NaN	138.862364	2.646344	NaN	NaN	2006.605994	NaN	NaN
std	NaN	24106.523436	NaN	98.629754	5.927699	NaN	NaN	7.067924	NaN	NaN
min	NaN	0.000000	NaN	0.000000	0.100000	NaN	NaN	1953.000000	NaN	NaN
25%	NaN	4999.000000	NaN	70.000000	1.600000	NaN	NaN	2004.000000	NaN	NaN
50%	NaN	9200.000000	NaN	128.000000	2.000000	NaN	NaN	2008.000000	NaN	NaN
75%	NaN	16700.000000	NaN	194.000000	2.500000	NaN	NaN	2012.000000	NaN	NaN
max	NaN	547800.000000	NaN	999.000000	99.990000	NaN	NaN	2016.000000	NaN	NaN

图 28-4　数据描述性信息

5．统计空值结果

代码如下。

```
carsales_data.isnull().sum()
```

运行结果如图 28-5 所示。

6．统计缺失数据

代码如下。

```
total = carsales_data.isnull().sum().sort_values(ascending=False)
percent = (carsales_data.isnull().sum()/carsales_data.isnull().count()).sort_values (ascending=
False)
missing_data = pd.concat([total, percent], axis=1, keys=['Total', 'Percent'])
```

```
print(missing_data)
```

运行结果如图 28-6 所示。

```
car              0
price            0
body             0
mileage          0
engV           434
engType          0
registration     0
year             0
model            0
drive          511
dtype: int64
```

图 28-5 空值统计结果

	Total	Percent
drive	511	0.053363
engV	434	0.045322
model	0	0.000000
year	0	0.000000
registration	0	0.000000
engType	0	0.000000
mileage	0	0.000000
body	0	0.000000
price	0	0.000000
car	0	0.000000

图 28-6 缺失数据统计结果

从上面的输出中可以看到，engV 和 drive 列包含最大的空值。

28.4.3 预处理

1. 初步观察

此数据集中的数据类型如下：price 为浮点数，mileage 为整数，engV 为浮点数，year 为整数。

price 列数据有一些值为 0，这些值太小，不可能是实际价格。

mileage 列数据有一些值为 0，这些值太小，不可能是真正的里程。

以下变量具有可能需要处理的空值。

drive：有 511 个缺失值。我们需要找到原因。

engV：有 434 个缺失值。我们需要找到原因。

打印 price 的最大值、最小值和空值/0 值数量，代码如下。

```
print("'price'")
print("Minimum price: ", carsales_data["price"].min())
print("Maximum price: ", carsales_data["price"].max())
print("How many values are NaN?: ", pd.isnull(carsales_data['price']).sum())
print("How many values are 0? : ", carsales_data.price[carsales_data.price == 0].count())
```

运行结果如图 28-7 所示。

可以发现最低价格为 0，最高价格为 547 800.0，空值数量为 0，0 值数量为 267。

打印 mileage 的最大值、最小值和空值/0 值数量，代码如下。

```
print("'mileage'")
print("Minimum mileage: ", carsales_data["mileage"].min())
print("Maximum mileage: ", carsales_data["mileage"].max())
print("How many values are NaN?: ", pd.isnull(carsales_data['mileage']).sum())
print("How many values are 0? : ", carsales_data.price[carsales_data.mileage == 0].count())
```

运行结果如图 28-8 所示。

```
'price'
Minimum price:  0.0
Maximum price:  547800.0
How many values are NaN?:  0
How many values are 0? :  267
```

图 28-7　最低/最高价格和空值/0 值统计结果

```
'mileage'
Minimum mileage:  0
Maximum mileage:  999
How many values are NaN?:  0
How many values are 0? :  348
```

图 28-8　最短/最长里程和空值/0 值统计结果

可以发现最短里程为 0，最长里程为 999，空值数量为 0，0 值数量为 348。

2. 数据规范化

- ❑ price 和 mileage：删除离群值，因为列的离群值为 0，是可见的，并且离群值太小，不可能是实际值。
- ❑ drive 和 engV：用列平均值替换空值。
- ❑ 将所有列标头标准化为小写。

代码如下。

```
carsales_data.columns = map(str.lower, carsales_data.columns)
carsales_data.dtypes
```

运行结果如图 28-9 所示。

```
car              object
price           float64
body             object
mileage           int64
engv            float64
engtype          object
registration     object
year              int64
model            object
drive            object
dtype: object
```

图 28-9　各列数据的类型

- ❑ 将所有的字母都变成小写，以防错误。

3. 缺失值插补

通过判断里程数大于或小于平均值插入新的列 mileage_level 来去除缺失值，代码如下。

```
# mileage
mileage_avg = sum(carsales_data['mileage']) / len(carsales_data['mileage'])
carsales_data['mileage_level'] = ["high mileage" if i > mileage_avg else "low mileage" for i in
carsales_data['mileage']]
carsales_data.loc[:10]
```

运行结果如图 28-10 所示。

	car	price	body	mileage	engv	engtype	registration	year	model	drive	mileage_level
0	Ford	15500.000	crossover	68	2.5	Gas	yes	2010	Kuga	full	low mileage
1	Mercedes-Benz	20500.000	sedan	173	1.8	Gas	yes	2011	E-Class	rear	high mileage
2	Mercedes-Benz	35000.000	other	135	5.5	Petrol	yes	2008	CL 550	rear	low mileage
3	Mercedes-Benz	17800.000	van	162	1.8	Diesel	yes	2012	B 180	front	high mileage
4	Mercedes-Benz	33000.000	vagon	91	NaN	Other	yes	2013	E-Class	NaN	low mileage
5	Nissan	16600.000	crossover	83	2.0	Petrol	yes	2013	X-Trail	full	low mileage
6	Honda	6500.000	sedan	199	2.0	Petrol	yes	2003	Accord	front	high mileage
7	Renault	10500.000	vagon	185	1.5	Diesel	yes	2011	Megane	front	high mileage
8	Mercedes-Benz	21500.000	sedan	146	1.8	Gas	yes	2012	E-Class	rear	high mileage
9	Mercedes-Benz	22700.000	sedan	125	2.2	Diesel	yes	2010	E-Class	rear	low mileage
10	Nissan	20447.154	crossover	0	1.2	Petrol	yes	2016	Qashqai	front	low mileage

图 28-10 缺失值插补后前 10 条数据展示

28.4.4 可视化分析

1. 按年份观察

代码如下。

```
carsales_data['year'].value_counts().head(20).plot.bar()
```

运行结果如图 28-11 所示。

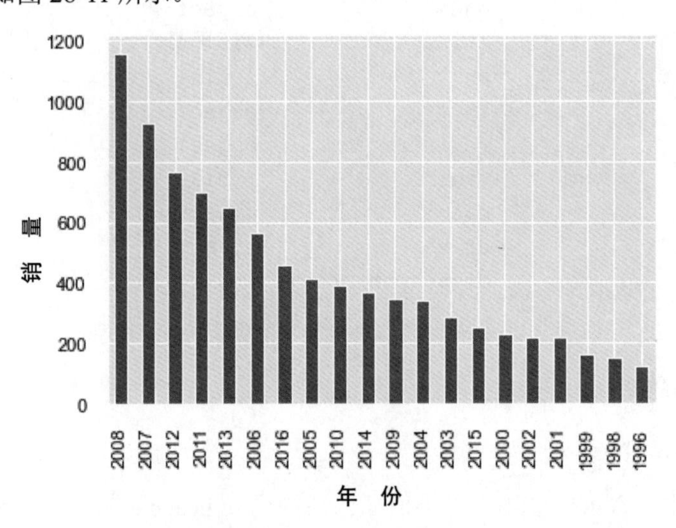

图 28-11 汽车年份销量图

可以看出，2008 年是汽车销量最高的一年。

2. 按车型观察

代码如下。

```
sns.countplot(carsales_data['body'])
```

运行结果如图 28-12 所示。

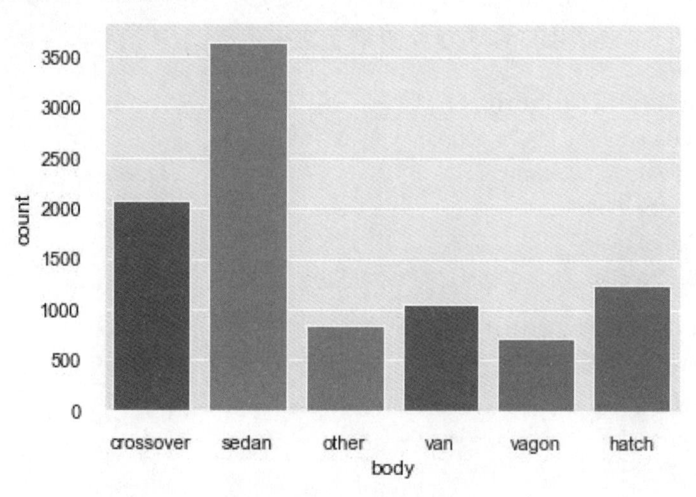

图 28-12　汽车车型销量图

可以看出，轿车是最受欢迎的私家车；在公共车辆中，货车是首选。

3．按注册类型观察

代码如下。

```
sns.boxplot(x='registration', y='price', hue='mileage_level', data=carsales_data)
```

运行结果如图 28-13 所示。

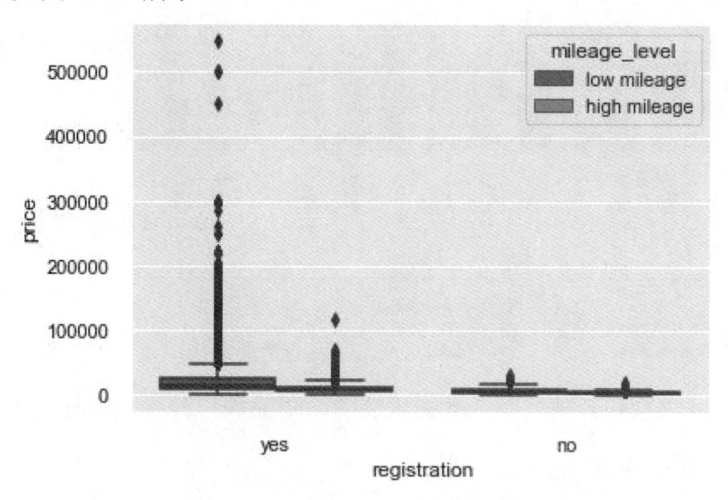

图 28-13　汽车注册类型与价格里程关系图

可以看出，大部分车辆都注册过，其中低里程数和高价车占大部分。

4．按品牌类型观察

代码如下。

```
from collections import Counter
country_count = Counter(carsales_data['car'].dropna().tolist()).most_common(15)
country_idx = [country[0] for country in country_count]
country_val = [country[1] for country in country_count]
print(country_idx)
fig，ax = plt.subplots(figsize=(8, 6))
sns.barplot(x = country_idx, y=country_val, ax =ax)
plt.title('Top fiveteen Car brands')
plt.xlabel('Car brand')
plt.ylabel('Count')
ticks = plt.setp(ax.get_xticklabels(), rotation=90)
```

排名前 15 名的汽车品牌如图 28-14 所示。

```
['Volkswagen', 'Mercedes-Benz', 'BMW', 'Toyota', 'VAZ', 'Renault', 'Audi', 'Opel', 'Nissan',
'Skoda', 'Hyundai', 'Ford', 'Mitsubishi', 'Chevrolet', 'Daewoo']
```

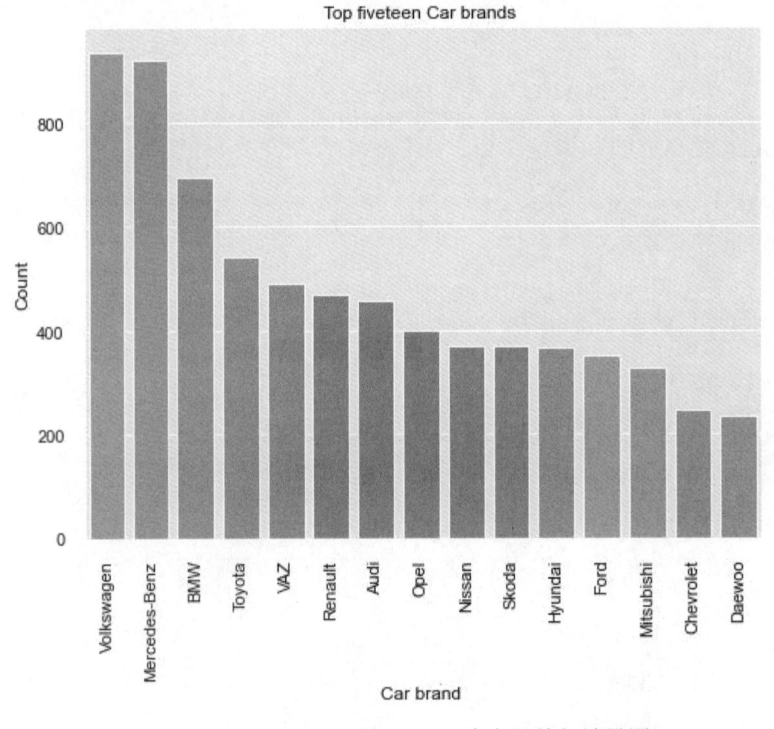

图 28-14 汽车品牌与销量图

可以看出，大众和奔驰汽车是最受欢迎的汽车品牌；其次是宝马、丰田等品牌。

5. 按能源类型观察

代码如下。

```
ct = pd.value_counts(carsales_data['engtype'].values, sort=False)
labels = carsales_data['engtype'].unique()
labels.sort()
sizes = ct
```

```
ct.sort_index(inplace=True)
colors = ['red', 'pink', 'green', 'blue']
plt.pie(sizes, labels=labels, colors=colors,
        autopct='%1.1f%%', shadow=True, startangle=140)

plt.axis('equal')
plt.show()
```

运行结果如图 28-15 所示。

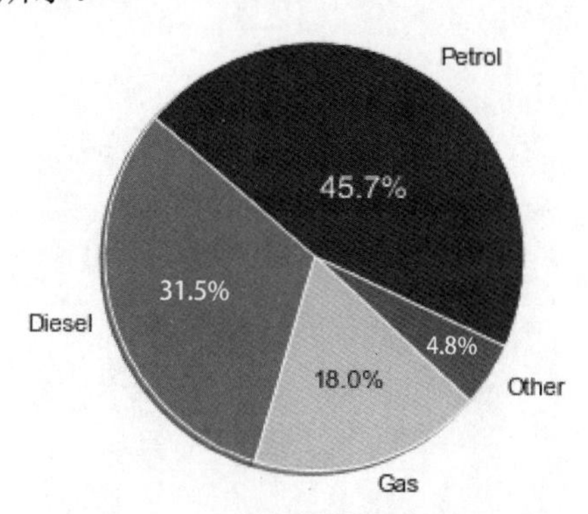

图 28-15　汽车能源与销量饼图

可以看出，汽油是最畅销的汽车发动机燃料，天然气和其他燃料并不常用。

6. 观察价格和里程数的相关性

代码如下。

```
carsales_data['drive'] = carsales_data['drive'].fillna("UnSpecified")
carsales_data.sample(100).plot.scatter(x='mileage', y='price')
sns.regplot(x='mileage', y='price', data=carsales_data)
```

运行结果如图 28-16 所示。

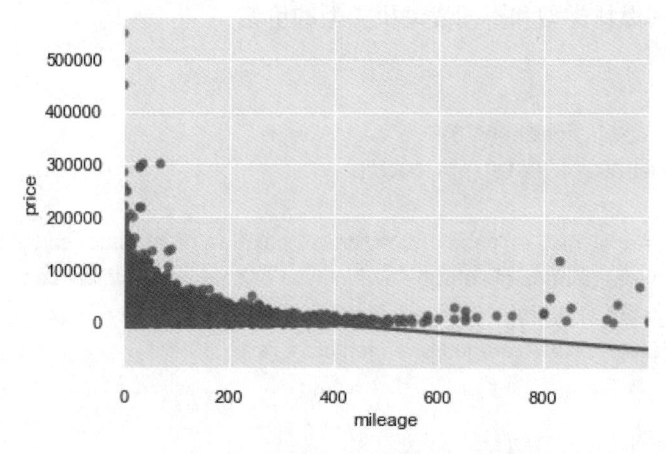

图 28-16　汽车价格和里程数关系图

可以看出，里程和价格是间接相关的，高价汽车里程较低。

7. 观察年份和价格散点图

代码如下。

```
carsales_data.plot(kind = 'scatter', x='year', y = 'price', alpha = 0.5, color = 'y')
plt.xlabel("year")
plt.ylabel("price")
plt.title("year - price Scatter Plot")
plt.show()
```

运行结果如图 28-17 所示。

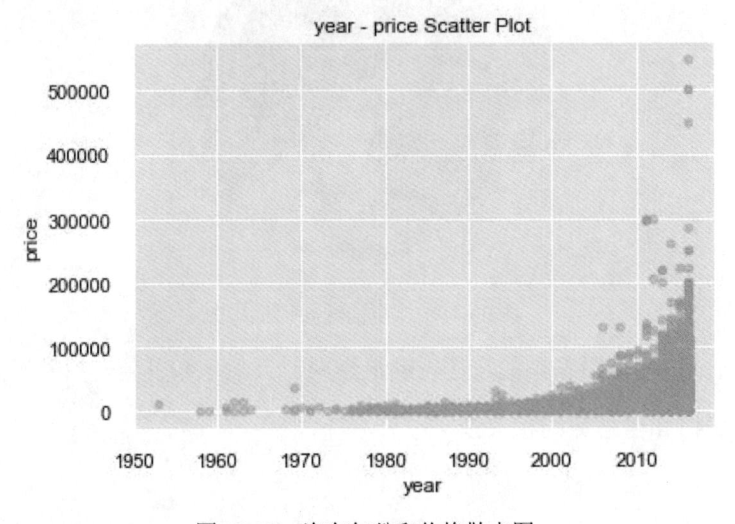

图 28-17　汽车年份和价格散点图

可以看出，在全球范围内，所有汽车的价格都在一段时间内上涨；近年来汽车价格总体呈上涨趋势。

8. 比较不同燃料类型和不同发动机类型的价格

代码如下。

```
fig, ax = plt.subplots(figsize=(8, 5))
colors = ["#00e600", "#ff8c1a", "#a180cc"]

sns.barplot(x="engtype", y="price", hue= "drive", palette="husl", data=carsales_data)
ax.set_title("Average price of vehicles by fuel type and drive", fontdict= {'size':12})
ax.xaxis.set_label_text("Type Of Fuel", fontdict= {'size':14})
ax.yaxis.set_label_text("Average Price", fontdict= {'size':14})
plt.show()
```

运行结果如图 28-18 所示。

可以看出，与其他燃料类型相比，所有发动机类型的全驱动汽车的价格都很高；汽油和柴油汽车的价格几乎相等。

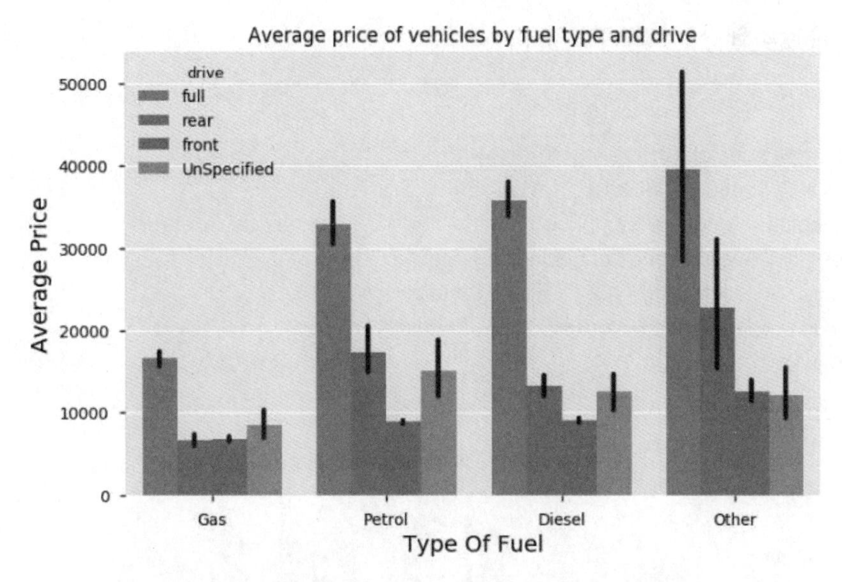

图 28-18　汽车价格与燃料类型和发动机类型关系图

9．观察不同品牌车辆的平均价格与燃料类型和里程数的关系

代码如下。

```
fig, ax = plt.subplots(figsize=(30, 10))
colors = ["#00e600", "#ff8c1a", "#a180cc"]
sns.barplot(x="car", y="price", hue= "mileage_level", palette="husl", data=carsales_data)
ax.set_title("Average price of vehicles by fuel type and drive")
ax.xaxis.set_label_text("Car make")
ax.yaxis.set_label_text("Average Price")
ticks = plt.setp(ax.get_xticklabels(), rotation=90)
plt.show()
```

运行结果如图 28-19 所示。

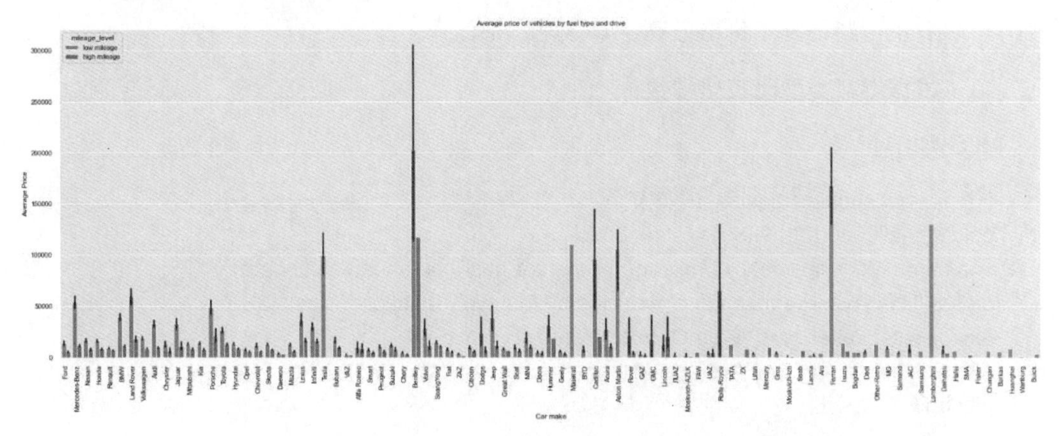

图 28-19　汽车不同品牌平均价格与燃料类型和里程数关系图

可以看出，所有品牌低里程数的汽车价格都高于高里程数的汽车。

10．按油类划分的汽车平均价格

代码如下。

```
fig, ax = plt.subplots(figsize=(8, 5))
colors = ["#00e600", "#ff8c1a", "#a180cc"]
sns.barplot(x="engtype", y="price", palette="husl", data=carsales_data)
ax.set_title("Average price of vehicles by fuel typ")
ax.xaxis.set_label_text("Type Of Fuel", fontdict= {'size':14})
ax.yaxis.set_label_text("Average Price", fontdict= {'size':14})
plt.show()
```

运行结果如图 28-20 所示。

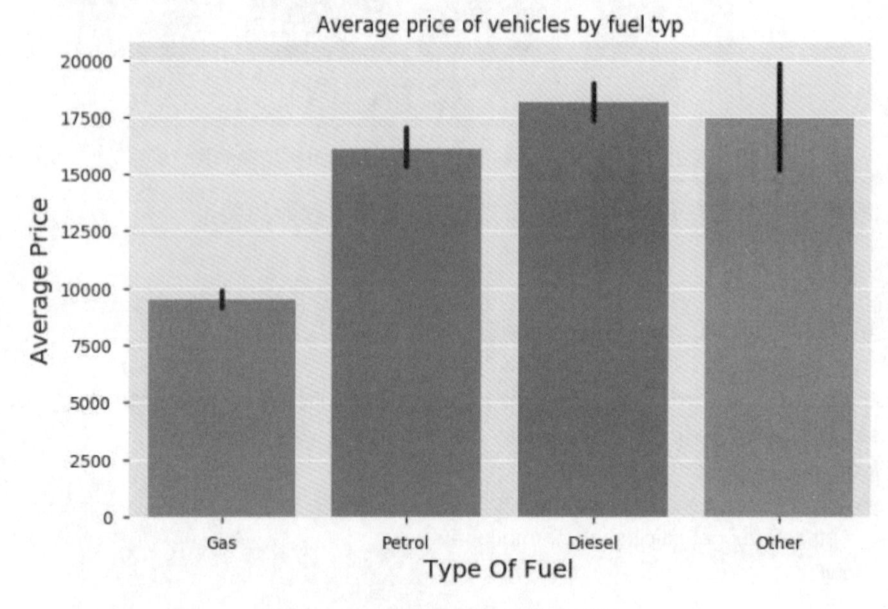

图 28-20　汽车价格与油类关系图

可以看出，柴油汽车价格最高，其次是汽油汽车。

11．根据燃料类型比较里程数

代码如下。

```
fig, ax = plt.subplots(figsize=(8, 5))
colors = ["#00e600", "#ff8c1a", "#a180cc"]
sns.barplot(x="engtype", y="mileage", palette="husl", data=carsales_data)
ax.set_title("Average mileage of vehicles by fuel typ", fontdict= {'size':12})
ax.xaxis.set_label_text("Type Of Fuel", fontdict= {'size':14})
ax.yaxis.set_label_text("Average Mileage", fontdict= {'size':14})
plt.show()
```

运行结果如图 28-21 所示。

可以看出，汽油汽车和柴油汽车的平均里程数更高。

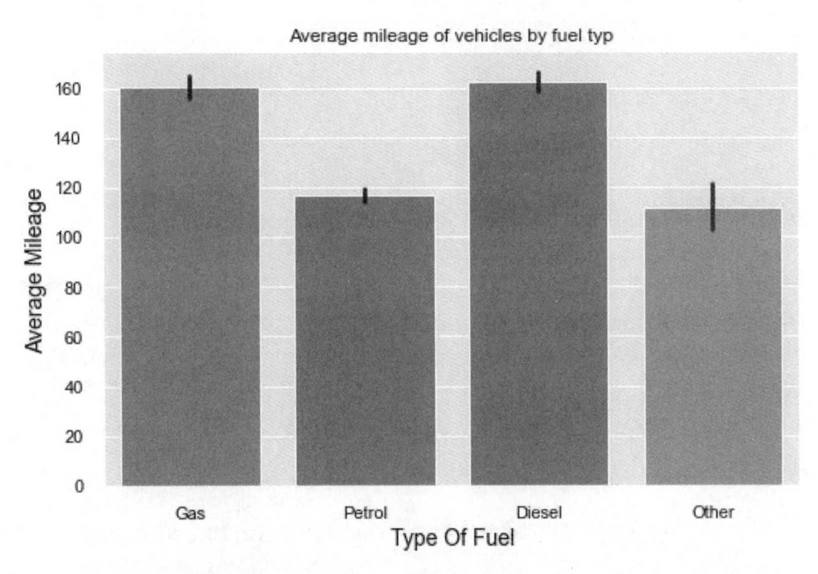

图 28-21　汽车平均里程数和燃料类型关系图

12. 观察里程数和驱动方式

代码如下。

```
carsales_data['mileage_cat'] = pd.cut(carsales_data.mileage, [0,200,400,600,800,1000],
labels=['<200','200-400','400-600','600-800','800+'], include_lowest=True)
fig, ax =plt.subplots(figsize=(8, 6))
sns.countplot(data = carsales_data, x = 'mileage_cat', hue='drive')
plt.title('Mileage vs Car drive')
```

运行结果如图 28-22 所示。

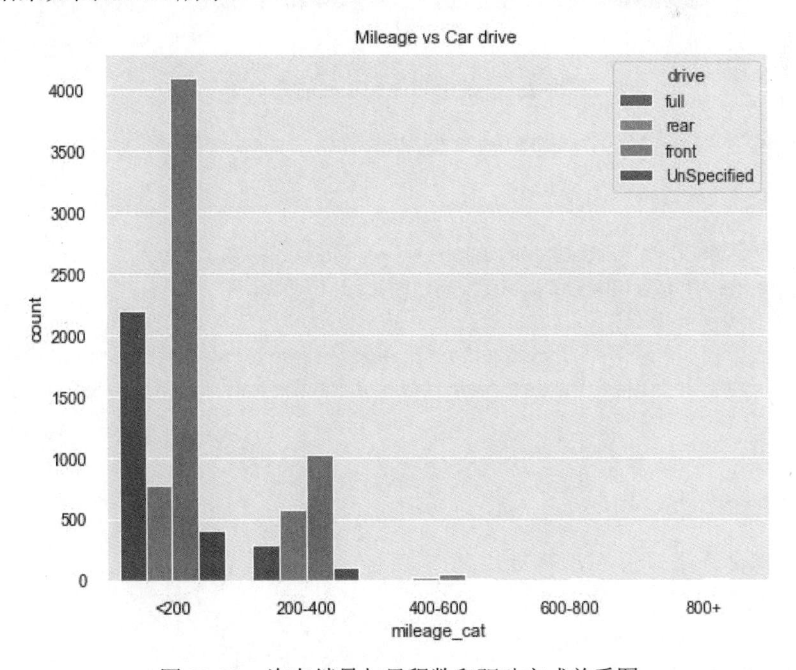

图 28-22　汽车销量与里程数和驱动方式关系图

可以看出，在所有里程数下，前驱汽车最受青睐。

13. 观察受欢迎排名前十的大众车型

代码如下。

```
usa = carsales_data.loc[carsales_data['car'] == 'Volkswagen']
top_10_model = usa['model'].value_counts()[:10].to_frame()
plt.figure(figsize=(10, 5))
sns.barplot(top_10_model['model'], top_10_model.index, palette="PuBuGn_d")
plt.title('Top 10 Volkswagen model in terms of contribution', fontsize=18, fontweight="bold")
plt.xlabel('')
plt.show()
```

运行结果如图 28-23 所示。

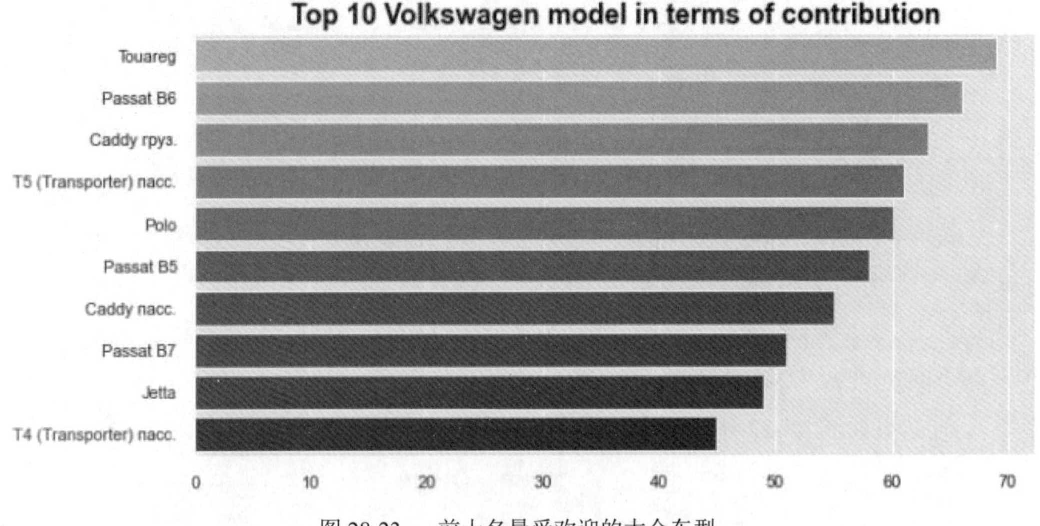

图 28-23 前十名最受欢迎的大众车型

14. 观察受欢迎排名前十的奔驰车型

代码如下。

```
usa1 = carsales_data.loc[carsales_data['car'] == 'Mercedes-Benz']
top_10_model1 = usa1['model'].value_counts()[:10].to_frame()
plt.figure(figsize=(10, 5))
sns.barplot(top_10_model1['model'], top_10_model1.index, palette="PuBuGn_d")
plt.title('Top 10 Mercedes-Benz model in terms of contribution', fontsize=18, fontweight="bold")
plt.xlabel('')
plt.show()
```

运行结果如图 28-24 所示。

15. 观察大众受欢迎车型驱动排名

代码如下。

```
usa = carsales_data.loc[carsales_data['car'] == 'Volkswagen']
```

```
top_10_model = usa['drive'].value_counts()[:].to_frame()
plt.figure(figsize=(10, 5))
sns.barplot(top_10_model['drive'], top_10_model.index, palette="PuBuGn_d")
plt.title('Volkswagen car drive types in terms of contribution', fontsize=18, fontweight="bold")
plt.xlabel('')
plt.show()
```

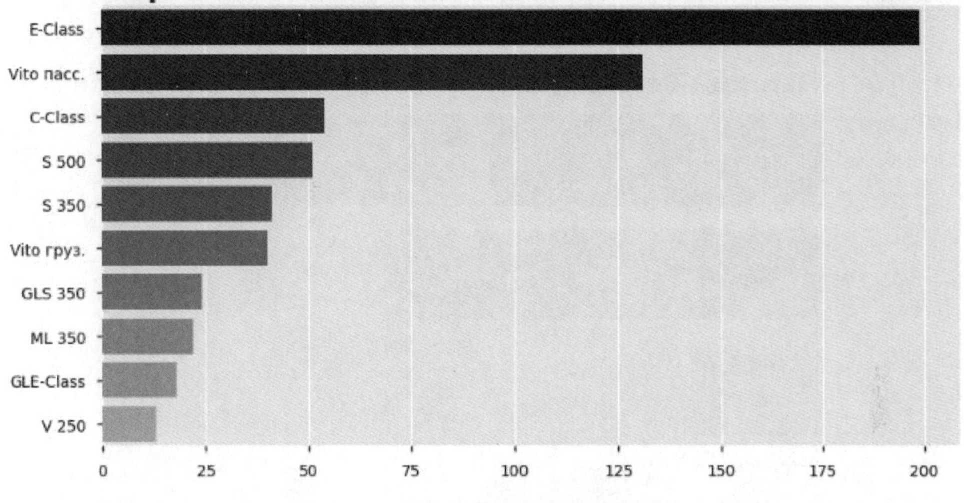

图 28-24　前十名最受欢迎的奔驰车型

运行结果如图 28-25 所示。

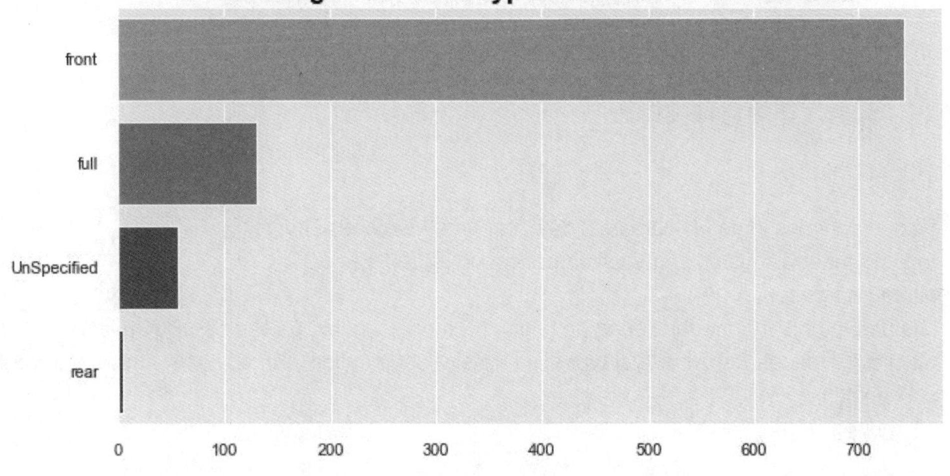

图 28-25　大众受欢迎车型的驱动排名

可以看出，车主基本选择前驱车型。

16. 观察奔驰受欢迎车型驱动排名

代码如下。

```
usa1 = carsales_data.loc[carsales_data['car'] == 'Mercedes-Benz']
```

```
top_10_model1 = usa1['drive'].value_counts()[:].to_frame()
plt.figure(figsize=(10, 5))
sns.barplot(top_10_model1['drive'], top_10_model1.index, palette="PuBuGn_d")
plt.title('Mercedes-Benz car drive types in terms of contribution', fontsize=18, fontweight=
"bold")
plt.xlabel('')
plt.show()
```

运行结果如图 28-26 所示。

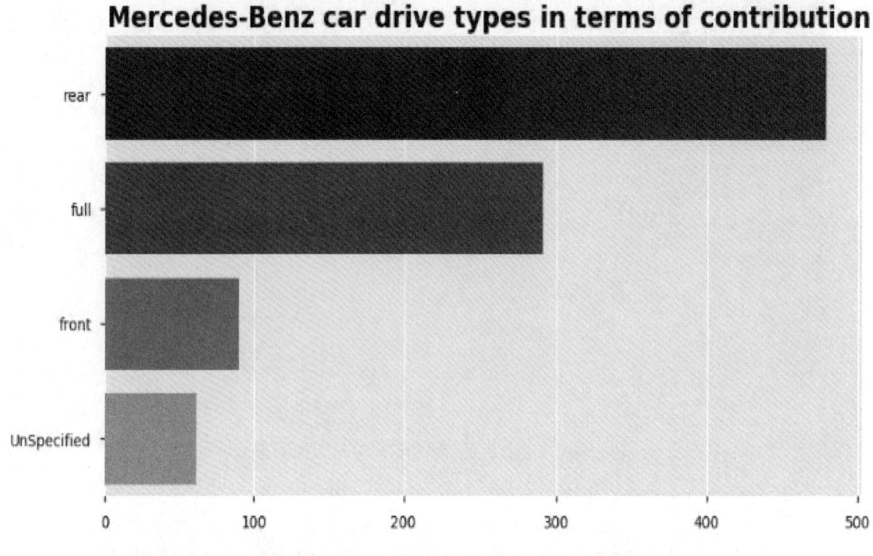

图 28-26　奔驰受欢迎车型的驱动排名

可以看出，奔驰车主接近半数选择后驱车型，其次选择全驱车型。

17．奔驰汽车燃料种类排行

代码如下。

```
usa1 = carsales_data.loc[carsales_data['car'] == 'Mercedes-Benz']
top_10_model1 = usa1['engtype'].value_counts()[:].to_frame()
plt.figure(figsize=(10, 5))
sns.barplot(top_10_model1['engtype'], top_10_model1.index, palette="PuBuGn_d")
plt.title('Mercedes-Benz car fuel types in terms of contribution', fontsize=18, fontweight="bold")
plt.xlabel('')
plt.show()
```

运行结果如图 28-27 所示。

可以看出，半数为柴油汽车，其次为汽油汽车。

18．大众汽车燃料种类排行

代码如下。

```
usa = carsales_data[carsales_data['car'] == 'Volkswagen']
top_10_model = usa['engtype'].value_counts()[:].to_frame()
```

```
plt.figure(figsize=(10, 5))
sns.barplot(top_10_model['engtype'], top_10_model.index, palette="PuBuGn_d")
plt.title('Volkswagen car fuel types in terms of contribution', fontsize=18, fontweight="bold")
plt.xlabel('')
plt.show()
```

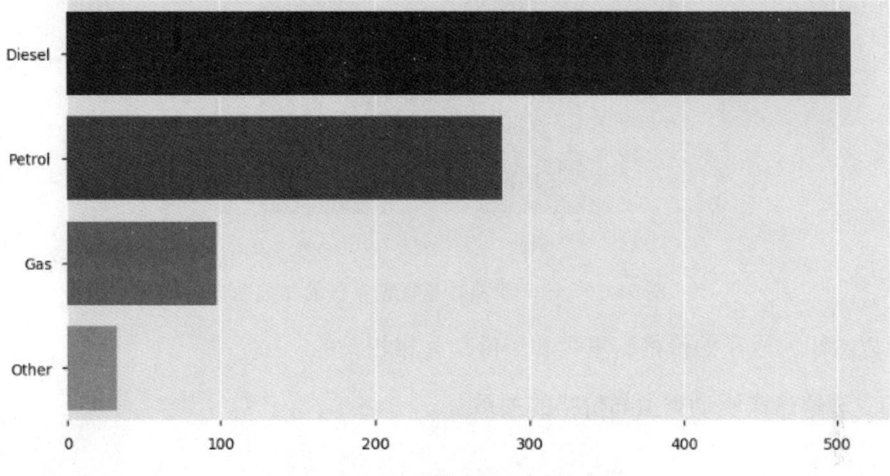

图 28-27　奔驰汽车燃料种类排行

运行结果如图 28-28 所示。

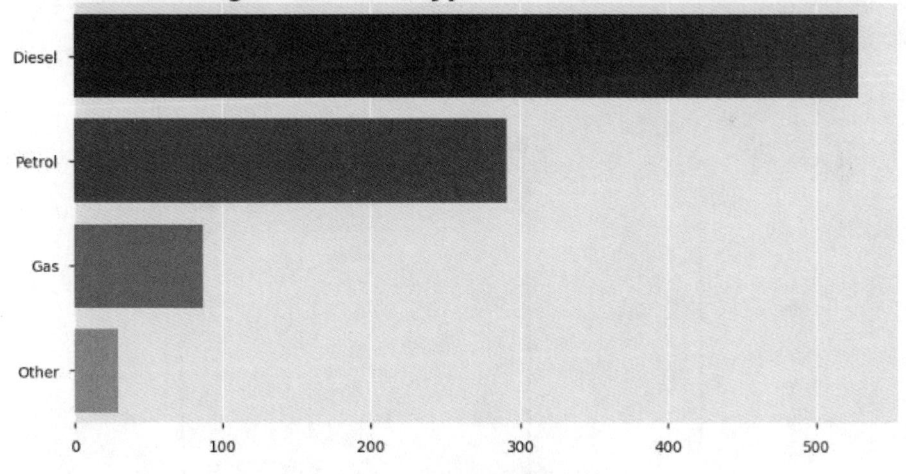

图 28-28　大众汽车燃料种类排行

可以看出，半数为柴油汽车，其次为汽油汽车。

19. 观察价格、里程和年份的相关性

代码如下。

```
corr = carsales_data.loc[:, carsales_data.dtypes != 'object'].corr()
sns.heatmap(corr, xticklabels=corr.columns, yticklabels=corr.columns, cmap=
sns.diverging_palette(220, 10, as_cmap=True))
```

运行结果如图 28-29 所示。

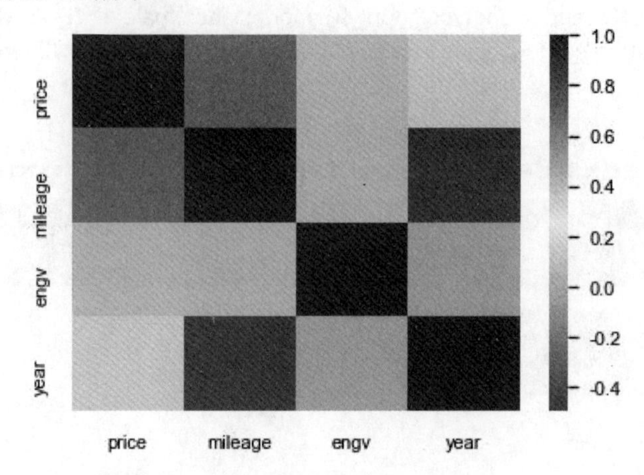

图 28-29 汽车价格、里程和年份的相关性

可以看出，汽车的价格、里程和年份是互相相关的。

20．观察汽车驱动类型与价格的关系

代码如下。

```
ax = sns.violinplot(x="drive", y="price", hue='mileage_level', palette="gnuplot", data=
carsales_data)
plt.xlabel("Car drive")
plt.ylabel("price")
plt.title("Car drive Vs. price", fontsize=18, fontweight = "bold")
```

运行结果如图 28-30 所示。

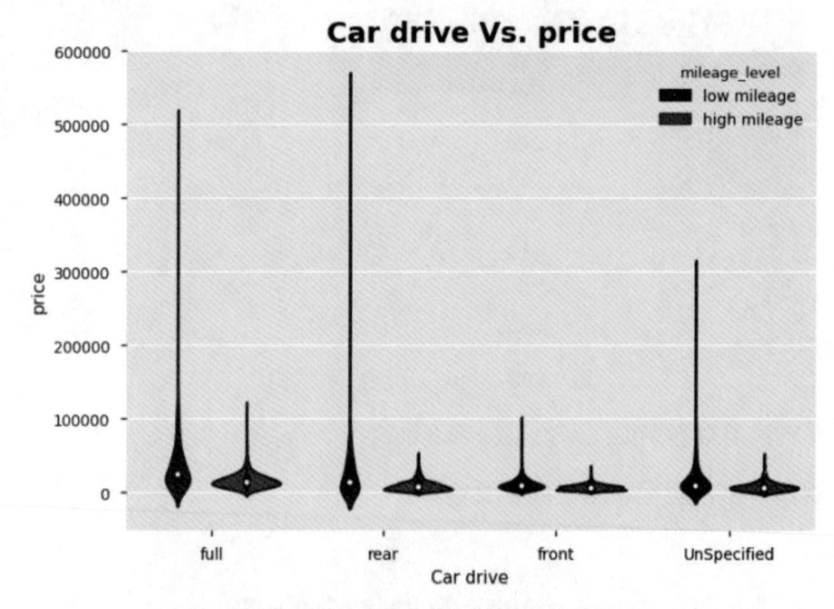

图 28-30 汽车价格与驱动类型关系图

可以看出，在所有的汽车驾驶类型中，低里程数的汽车价格都很高，高里程数的汽

车定价较低。

21．观察汽车燃料类型和价格的关系

代码如下。

```
ax = sns.violinplot(x="engtype", y="price", hue='mileage_level', palette="gnuplot", data=
carsales_data)
plt.xlabel("Car fuel type")
plt.ylabel("price")
plt.title("Car fuel type Vs. price", fontsize=18, fontweight = "bold")
```

运行结果如图 28-31 所示。

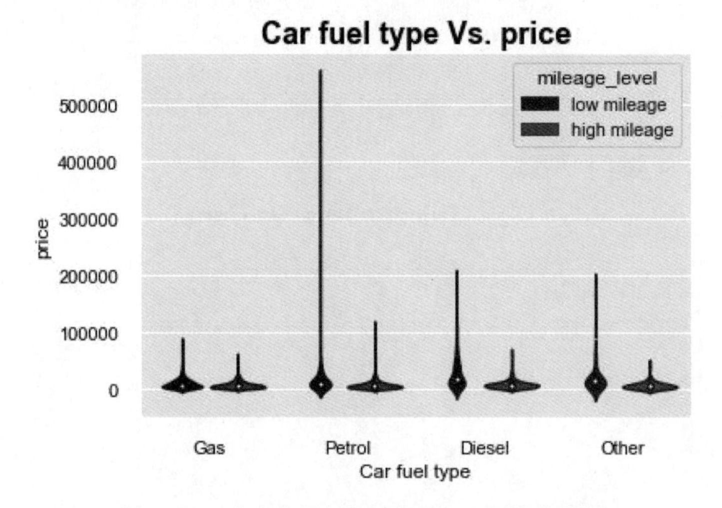

图 28-31　汽车价格与燃料类型和里程数关系图

可以看出，在所有的汽车燃料类型中，低里程数的汽车价格都很高，只有燃气汽车的价格受里程数影响较小。

22．观察不同驱动类型的市场分布

代码如下。

```
carsales_data['drive'].value_counts().plot(kind='bar')
```

运行结果如图 28-32 所示。

可以看出，市场上大部分是前驱汽车，其次是全驱汽车。

23．观察不同品牌的里程水平

代码如下。

```
carsales_plot = carsales_data[(carsales_data['mileage']> 200)]
fig, ax = plt.subplots(figsize=(10, 6))
sns.countplot(x='car', data=carsales_plot, hue='mileage_level')
plt.xlabel("Car")
plt.ylabel("Count")
plt.title("Mileage level vs Cars", fontsize=18, fontweight = "bold")
ticks = plt.setp(ax.get_xticklabels(), rotation=90)
```

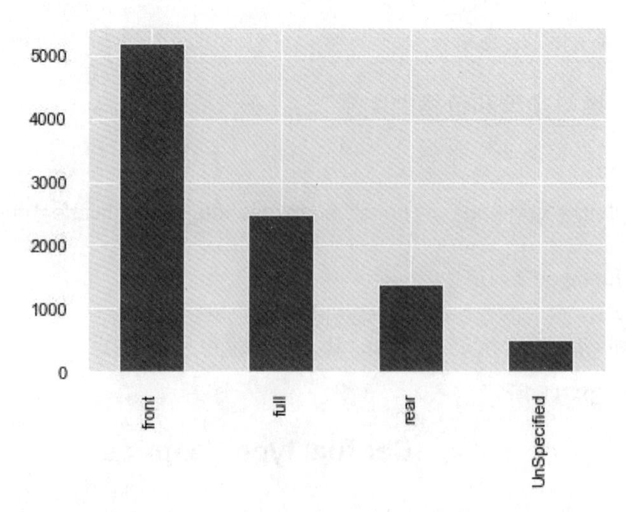

图 28-32　不同驱动类型的市场分布图

运行结果如图 28-33 所示。

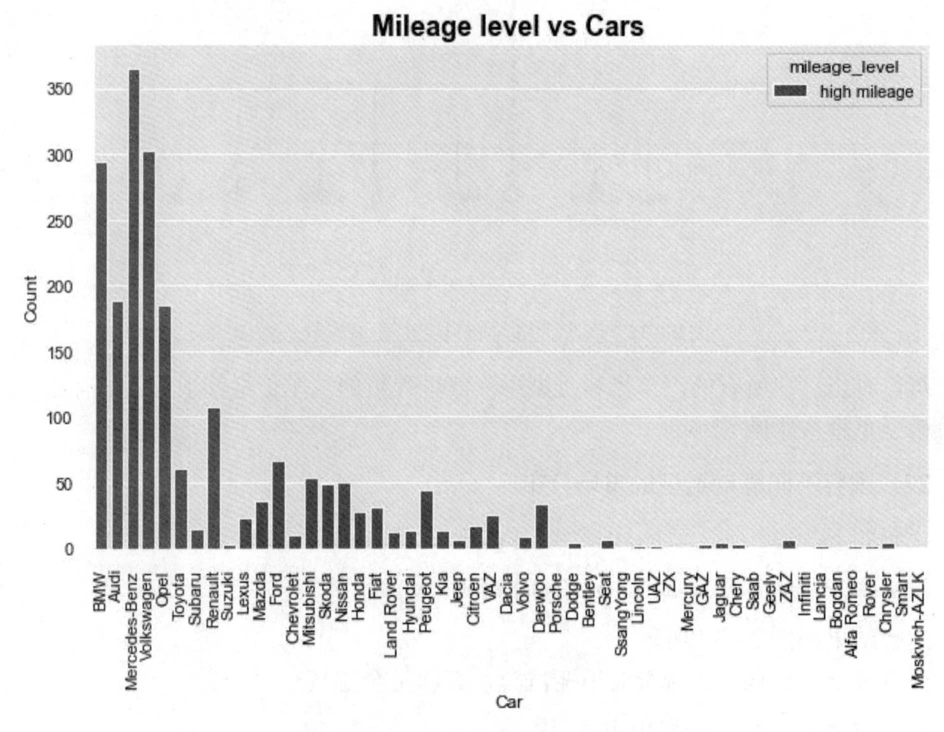

图 28-33　不同汽车品牌的里程水平

可以看出，奔驰和大众拥有更好的行驶里程水平。

24．观察所有属性的相关性，以及所有属性系数对价格的影响

代码如下。

```
carsales_data_new = carsales_data
from sklearn.preprocessing import LabelEncoder
number = LabelEncoder()
```

```
for i in carsales_data_new.columns:
    carsales_data_new[i] = number.fit_transform(carsales_data_new[i].astype('str'))

corr=carsales_data_new.corr()['mileage']
corr[np.argsort(corr, axis=0)[::-1]]
```

运行结果如图 28-34 所示。

对属性相关性进行可视化处理，代码如下。

```
features_correlation = carsales_data_new.corr()
plt.figure(figsize=(8, 8))
sns.heatmap(features_correlation, vmax=1, square=True, annot=False, cmap='Blues')
plt.show()
```

运行结果如图 28-35 所示。

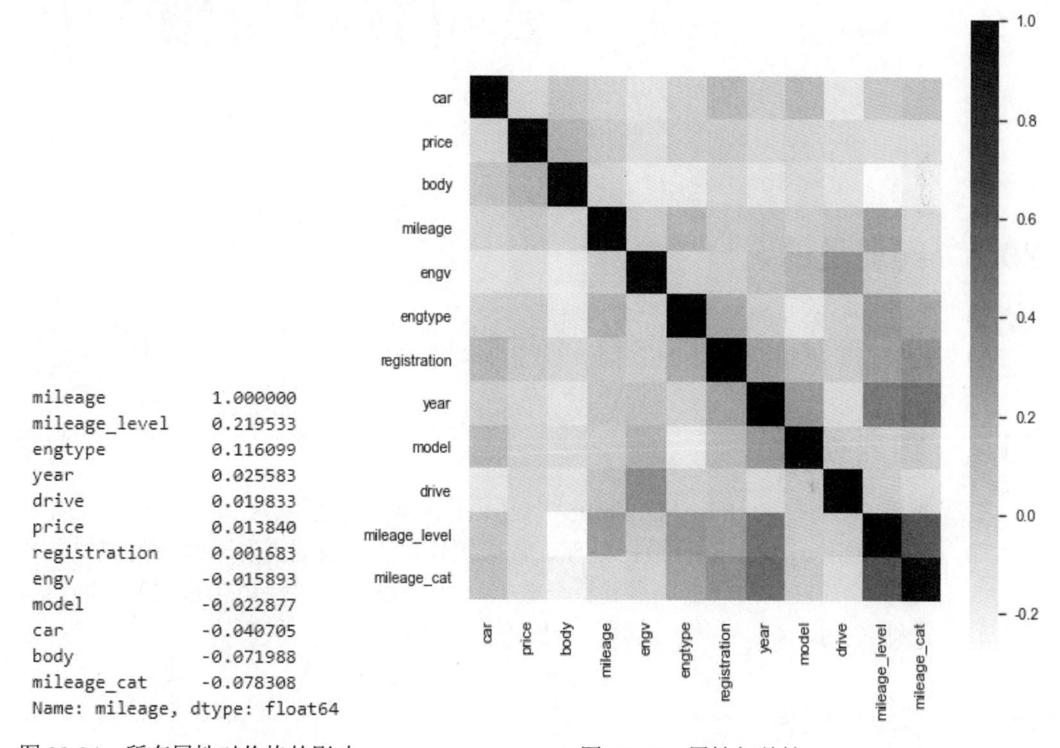

图 28-34　所有属性对价格的影响

图 28-35　属性相关性

可以看出，里程、价格、年份、驱动方式、发动机体积之间都相互关联。

28.5 实训结果

以上的汽车销售调查帮助我们了解到最受欢迎的汽车品牌和影响它的特点。

- 柴油汽车价格更高。
- 前驱汽车和低里程汽车更为昂贵。
- 大众前驱柴油汽车是最受青睐的，其次是奔驰后驱柴油汽车，因为它们的里程性能更好，且性价比更高。

航空公司客户价值分析

29.1 实训目的

- 借助航空公司的数据进行客户分类。
- 比较不同类别客户的价值并制定营销策略。

29.2 实训要求

- 掌握 Pandas、SciPy、Matplotlib、Sklearn 等模块的使用方法。
- 掌握使用 Python 进行数据处理、数据预处理〔如数据清洗（缺失值填补、舍弃等）、属性规约（提取需要特征数据）、数据变换（转换适当格式）〕的方法。
- 进行 K-means 聚类，识别客户价值。

29.3 实训原理

使用 LRFMC 模型对客户价值进行评价，其中 R 表示客户最近消费时间间隔；F 表示消费频率；M 表示一段时间内的累计飞行里程；C 表示客户在一定时间内乘坐舱位的折扣系数；L 表示客户关系长度。利用 K-means 聚类方法对 LRFMC 模型进行数据分析，从而对不同价值的客户类别提供个性化服务，指定相应的营销策略。

29.4 实训步骤

29.4.1 数据准备

数据集抽取 2012-04-01 到 2014-03-31 期间内乘客的数据，一共 62 988 条数据，包括了会员卡号、入会时间、性别、年龄等 44 个属性（图 29-1）。保存为 air_data.csv（这里要注意，文件的编码形式一定要与 Python 环境一致，即 UTF-8）。同时在 Windows 环境下需要将文件传输到 root 目录下（可以使用 WinSCP）再进行操作。

	MEMBER_NO	FFP_DATE	FIRST_FLIGHT_DATE	GENDER	FFP_TIER	WORK_CITY	WORK_PROVINCE	WORK_COUNTRY	AGE	LOAD_TIME	...	ADD_Point
0	54993	2006/11/02	2008/12/24	男	6	.	北京	CN	31.0	2014/03/31	...	
1	28065	2007/02/19	2007/08/03	男	6	NaN	北京	CN	42.0	2014/03/31	...	
2	55106	2007/02/01	2007/08/30	男	6	.	北京	CN	40.0	2014/03/31	...	
3	21189	2008/08/22	2008/08/23	男	5	Los Angeles	CA	US	64.0	2014/03/31	...	
4	39546	2009/04/10	2009/04/15	男	6	贵阳	贵州	CN	48.0	2014/03/31	...	

5 rows × 44 columns

图 29-1 部分数据展示

29.4.2 数据处理

对数据进行缺失值分析与异常值分析，并得出数据的规律以及异常值，通过观察数据，发现原始数据中存在票价为空值、票价最小值为 0、折扣率最小值为 0 的记录，查找每列属性观察值中的空值、最大值、最小值。代码如下。

```
import pandas as pd

datafile = '/root/dataset/air_customer_Data/air_data.csv'# 航空公司原始数据，第一行是属性名
result = 'explore.xlsx'
data = pd.read_csv(datafile, encoding='utf-8')
explore = data.describe( percentiles = [], include = 'all').T
explore['null'] = len(data)-explore['count']
explore1 = explore[['null', 'max', 'min']]
explore1.columns = [u'空值数', u'最大值', u'最小值']# 重命名列名
explore1.to_excel(result)
explore1
```

结果如图 29-2 所示。

	空值数	最大值	最小值
MEMBER_NO	0	62988	1
FFP_DATE	0		
IRST_FLIGHT_DATI	0		
GENDER	3		
FFP_TIER	0	6	4
WORK_CITY	2269		
WORK_PROVINCE	3245		
WORK_COUNTRY	26		
AGE	420	110	6
LOAD_TIME	0		
FLIGHT_COUNT	0	213	2
BP_SUM	0	505308	0
EP_SUM_YR_1	0	0	0
EP_SUM_YR_2	0	74460	0
SUM_YR_1	551	239560	0
SUM_YR_2	138	234188	0
SEG_KM_SUM	0	580717	368
VEIGHTED_SEG_KM	0	558440.1	0
AST_FLIGHT_DATE	0		
VG_FLIGHT_COUN	0	26.625	0.25
AVG_BP_SUM	0	63163.5	0
BEGIN_TO_FIRST	0	729	0
LAST_TO_END	0	731	1
AVG_INTERVAL	0	728	0
MAX_INTERVAL	0	728	0
D_POINTS_SUM_YF	0	600000	0
D_POINTS_SUM_YF	0	728282	0

图 29-2 数据空值、最大值、最小值统计

29.4.3 数据预处理

1．数据清洗

通过数据探索分析，发现数据中存在缺失值，由于原始数据量很大，而这类数据量很少，因此对其进行丢弃处理。

- 丢弃票价为空的记录。
- 丢弃票价为 0、平均折扣率不为 0、总飞行公里数等于 0 的记录。

使用 Pandas 对满足清洗条件的一行数据进行丢弃，代码如下。

```
# -*- coding:utf-8 -*-
#  数据预处理
from __future__ import division
from pandas import DataFrame, Series
import pandas as pd

datafile = '/root/dataset/air_customer_Data/air_data.csv'# 航空公司原始数据，第一行是属性名
data = pd.read_csv(datafile, encoding='utf-8')
# 数据清洗
# 丢弃票价为空的记录；丢弃票价为 0、平均折扣不为 0、总飞行公里数等于 0 的记录
cleanedfile = 'cleaned.xlsx'

data1 = data[data['SUM_YR_1'].notnull()*data['SUM_YR_2'].notnull()] # 票价非空值记录才保留，去掉空值记录
# 只保留票价非零的，或者平均折扣率与总飞行公里数同时为零的记录
index1 = data1['SUM_YR_1'] != 0
index2 = data1['SUM_YR_2'] != 0
index3 = (data1['SEG_KM_SUM'] == 0) & (data1['avg_discount'] == 0)
data1 = data1[index1 | index2 | index3] # 或关系

data1.to_excel(cleanedfile)
data2=data1[['LOAD_TIME', 'FFP_DATE', 'LAST_TO_END', 'FLIGHT_COUNT', 'SEG_KM_SUM', 'avg_discount']]
data2.to_excel('datadecrese.xlsx')
```

2．属性规约与数据变换

根据建立的 LRFMC 模型，提取这 5 个特征（客户关系长度 L、消费时间间隔 R、消费频率 F、飞行里程 M、折扣系数的平均值 C），删除与其不相关的属性，并将数据变换成 LRFMC 格式。

通过数据变换来构造这 5 个特征，计算方式如下。

- L=LOAD_TIME-FFP_DATE。
- R=LAST_TO_END。
- F=FLIGHT_COUNT。
- M=SEG_KM_SUM。

- C=AVG_DISCOUNT。

代码如下。

```
import numpy as np
data = pd.read_excel('datadecrese.xlsx')

data['L1'] = pd.to_datetime(data['LOAD_TIME']) - pd.to_datetime(data['FFP_DATE'])# 以纳秒为单位
# data['L3'] = data['L1'].astype('int64')/10**10/8640/30 # 假定每个月是 30 天，此方法不准确
data['L3'] = data['L1']/np.timedelta64(1, 'M') # 将间隔时间转换成以月份为单位，注意，此处必须加一个中间变量

# 将表中的浮点类型保留至小数点后 4 位
# f = lambda x:'%.2f' % x
# data[['L3']] = data[['L3']].applymap(f) # or data['L3'] = data['L3'].apply(f)
# data[['L3']] = data[['L3']].astype('float64')# 注意，使用 apply 或 applymap 后，数据类型变成Object，若后续有需要，则可以在此进行类型转换

data["L3"] = data["L3"].round(2) # 数据类型不变
data['LAST_TO_END'] = (data['LAST_TO_END']/30).round(2)
data['avg_discount'] = data['avg_discount'].round(2)

data.drop('L1', axis=1, inplace =True) # 删除中间变量
data.drop(data.columns[:2],axis=1,inplace=True) # 去掉不需要的 u'LOAD_TIME'和 u'FFP_DATE'
data.rename(columns={'LAST_TO_END':'R', 'FLIGHT_COUNT':'F', 'SEG_KM_SUM':'M', 'avg_discount':'C'，'L3':'L'}, inplace=True)
data.to_excel('sxgz.xlsx', index=False)
data
```

结果如图 29-3 所示。

R	F	M	C	L
0.03	210	580717	0.96	88.91
0.23	140	293678	1.25	85.32
0.37	135	283712	1.25	85.92
3.23	23	281336	1.09	67.25
0.17	152	309928	0.97	59.66
2.63	92	294585	0.97	73.63
0.03	101	287042	0.97	96.3
0.1	73	287230	0.96	47.71
0.2	56	321489	0.83	33.77
0.5	64	375074	0.71	44.85
0.73	43	262013	0.99	40.38
0.2	145	271438	0.95	112.53
2.23	29	321529	0.8	88.22
0.1	118	179514	1.4	89.17
0.07	50	270067	0.92	49.91
2.17	22	234721	1.03	72.08
0.23	101	172231	1.39	44.52
1.5	40	284160	0.84	40.64
0.07	64	169358	1.4	95.8
0.8	38	332896	0.71	31.05

图 29-3　特征构造

3. 观察极值

代码如下。

```
def f(x):
    return Series([x.min(), x.max()], index=['min', 'max'])
d = data.apply(f)
d.to_excel('summary_data.xlsx')
d
```

结果如图 29-4 所示。

	R	F	M	C	L
min	0.03	2	368	0.14	11.99
max	24.37	213	580717	1.5	112.92

图 29-4　特征的极值

我们注意到最大值和最小值间隔较大，需要对数据进行标准化。这里使用标准差标准化，可以使用如下方法进行处理。

```
# 数据标准化
# 标准差标准化
d1 = pd.read_excel('sxgz.xlsx')
d2 = (d1-d1.mean())/d1.std()
d1 =d2.iloc[:, [4, 0, 1, 2, 3]]
d1.columns = ['Z'+i for i in d1.columns]# 表头重命名
d1.to_excel('sjbzh.xlsx', index=False)
d1
```

结果如图 29-5 所示。

ZL	ZR	ZF	ZM	ZC
1.435876	-0.94549	14.03402	26.76115	1.286487
1.307004	-0.91244	9.073213	13.12686	2.855183
1.328542	-0.8893	8.718869	12.65348	2.855183
0.658334	-0.41664	0.781585	12.54062	1.989695
0.385871	-0.92235	9.923636	13.89874	1.34058
0.88736	-0.5158	5.671519	13.16995	1.34058
1.70116	-0.94549	6.309337	12.81166	1.34058
-0.04311	-0.93392	4.325015	12.82059	1.286487
-0.54352	-0.9174	3.120249	14.44788	0.583279
-0.14577	-0.86782	3.687198	16.99316	-0.06584
-0.30624	-0.82981	2.198957	11.62278	1.448766
2.283778	-0.9174	9.427556	12.07047	1.232394
1.411107	-0.58191	1.206796	14.44978	0.421
1.44521	-0.93392	7.514103	7.704099	3.666577
0.035869	-0.93888	2.695037	12.00535	1.070115
0.831719	-0.59182	0.710716	10.32642	1.665138
-0.15762	-0.91244	6.309337	7.358158	3.612484
-0.2969	-0.70255	1.986351	12.67476	0.637372
1.683211	-0.93888	3.687198	7.221691	3.666577
-0.64116	-0.81824	1.844614	14.98971	-0.06584

图 29-5　标准差标准化处理

29.4.4 构建模型

客户价值分析模型构建主要由两部分构成：第一部分是根据航空公司客户 5 个指标的数据对客户进行聚类分群；第二部分是结合业务对每个客户群进行特征分析，分析客户价值，并对每个客户群进行排名。

1. 客户聚类

采用 K-means 聚类算法对客户数据进行分组，聚成 5 组，Python 代码如下。

```
import pandas as pd
from pandas import DataFrame, Series
from sklearn.cluster import KMeans # 导入 K-means 聚类算法
k = 5 # 聚为 5 类
d3 = pd.read_excel('sjbzh.xlsx')

# 调用 K-means 算法，进行聚类分析
kmodel = KMeans(n_clusters=k, n_jobs=4)# n_jobs 是并行数，一般等于 CPU 数较好
kmodel.fit(d3)
labels = kmodel.labels_# 查看各样本类别
demo = DataFrame(labels, columns=['numbers'])
demo1= DataFrame(kmodel.cluster_centers_, columns=d3.columns) # 保存聚类中心
demo2= demo['numbers'].value_counts() # 确定各个类的数目

demo4 = pd.concat([demo2, demo1], axis=1)
demo4.index.name='labels'
demo4.to_excel('kmeansresults.xlsx')
demo4
```

结果如图 29-6 所示。

labels	numbers	ZL	ZR	ZF	ZM	ZC
0	24643	-0.70032	-0.41509	-0.16093	-0.16071	-0.2553
1	4216	0.054065	-0.00311	-0.22865	-0.23314	2.182757
2	5337	0.48297	-0.79943	2.482644	2.424072	0.309288
3	12125	-0.31387	1.686263	-0.5739	-0.5367	-0.17421
4	15723	1.160824	-0.37748	-0.08694	-0.09488	-0.1577

图 29-6 客户分组

2. 客户价值分析

绘制客户价值折线图，代码如下。

```
import matplotlib

import matplotlib.pyplot as plt
plt.rc('figure', figsize=(9, 7))
clu = kmodel.cluster_centers_
x = [1, 2, 3, 4, 5]
colors = ['red', 'green', 'yellow', 'blue', 'black']
```

```
for i in range(5):
    plt.plot(x, clu[i], label='客户群'+str(i+1), linewidth=6-I, color=colors[i], marker='o')

plt.xlabel('L                    R                    F                    M                    C')
plt.ylabel('values')
plt.legend()
plt.show()
```

结果如图 29-7 所示。

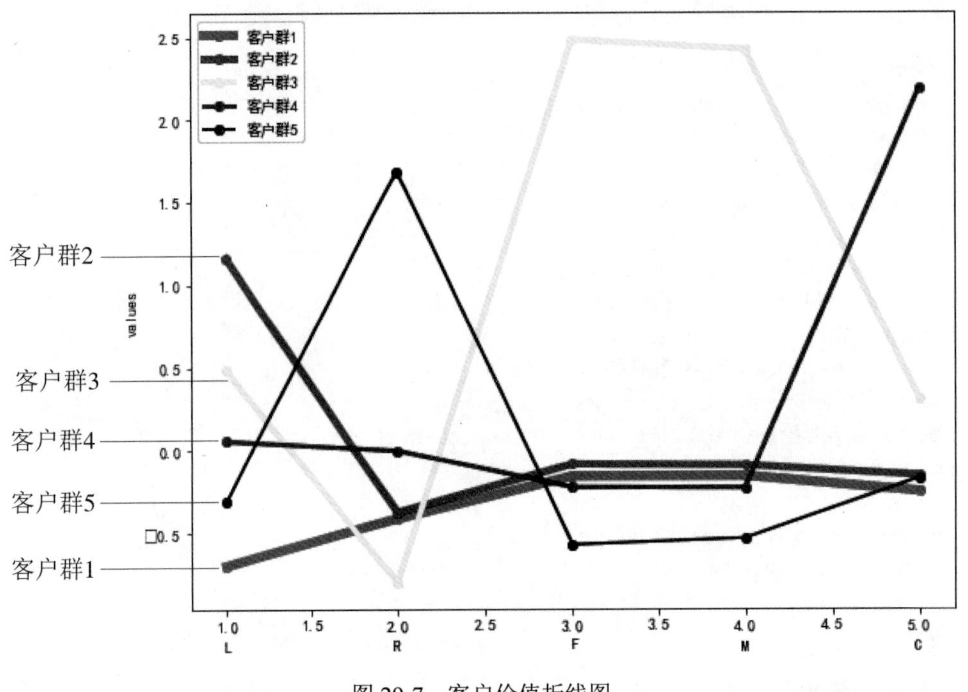

图 29-7　客户价值折线图

29.5　实训结果

对应节点上的客户群的属性值代表该客户群的该属性的程度，我们需要重点关注的是 L、F、M 属性。从图 29-7 中可以看到如下结论。

- 客户群 3 是重要保持客户；R（最近乘坐航班）低，F（乘坐次数）、C（平均折扣率）、M（里程数）高。属于最优先的目标，进行差异化管理，提高满意度。
- 客户群 4 是重要发展客户；R 低，C 高，F 或 M 较低，属于潜在价值客户。虽然当前价值不高，但是却有很大的发展潜力，促使这类客户在本公司消费和合作伙伴处消费。
- 客户群 2 是重要挽留客户；C、F、M 较高，但是较长时间没有乘坐（R 低）。增加与这类客户的互动，了解情况，采取一定手段，延长客户生命周期。
- 客户群 1 是一般客户；C、F、M、L 低，R 高。他们可能是在公司打折促销时才会乘坐本公司航班。
- 客户群 5 是低价值客户，情况与一般客户相同。

市场购物篮分析

30.1 实训目的

购物篮分析主要是挖掘出用户感兴趣的数据组合，常应用于电商、大型超市。比如京东推荐，购买了此产品的用户同时购买了××产品，浏览了此商品的用户同时浏览了××商品；对于大型超市来说道理也一样，这样就可以把产品组合打包卖给有兴趣的人。购物篮分析可以为推荐系统做好后台数据组合的工作。

30.2 实训要求

- 掌握 Pandas、MLxtend 等模块的使用方法。
- 熟悉关联规则挖掘实现过程。
- 实现使用 Apriori 算法挖掘频繁项集。

30.3 实训原理

30.3.1 MLxtend

MLxtend 是一个基于 Python 的开源项目，主要为日常处理数据科学相关的任务提供一些工具和扩展。

30.3.2 关联规则

关联规则（association rules）可以反映一个事物与其他事物之间的相互依存性和关

联性，如果两个或多个事物之间存在一定的关联关系，那么，其中一个事物就能通过其他事物预测到。关联规则是数据挖掘的一个重要技术，用于从大量数据中挖掘出有价值的数据项之间的相关关系。

采用关联规则对购物篮进行挖掘，通常包括如下两个步骤。

- 找出所有频繁项集（本实训使用 Apriori 算法≥最小支持度的项集）。
- 由频繁项集产生强关联规则，这些规则必须大于或者等于最小支持度和最小置信度。

30.3.3 Apriori 算法挖掘频繁项集

Apriori 算法是一种用于挖掘关联规则的数据挖掘算法，主要用于识别数据集中的频繁项集。频繁项集是指在一组事务（transactions）中经常一起出现的一组项（items）。关联规则则是对这些项之间的关联关系进行描述，通常以“如果……那么……”的形式呈现。Apriori 算法基于 Apriori 原理，该原理认为，如果一个项集是频繁的，那么它的所有子集也应该是频繁的。换句话说，如果某组项经常一起出现，那么其中的任何子组合也应该相对频繁。基于这个原理，Apriori 算法通过迭代的方式逐步发现频繁项集。

30.4 实训步骤

30.4.1 用 Pandas 和 MLxtend 代码导入并读取数据

代码如下。

```
import pandas as pd
from mlxtend.frequent_patterns import apriori
from mlxtend.frequent_patterns import association_rules
df = pd.read_excel('Online shopping list.xlsx')
df.head()
```

结果如图 30-1 所示。

	InvoiceNo	StockCode	Description	Quantity	InvoiceDate	UnitPrice	CustomerID	Country
0	536365	85123A	WHITE HANGING HEART T-LIGHT HOLDER	6	2015-12-01 08:26:00	2.55	17850.0	United Kingdom
1	536365	71053	WHITE METAL LANTERN	6	2015-12-01 08:26:00	3.39	17850.0	United Kingdom
2	536365	84406B	CREAM CUPID HEARTS COAT HANGER	8	2015-12-01 08:26:00	2.75	17850.0	United Kingdom
3	536365	84029G	KNITTED UNION FLAG HOT WATER BOTTLE	6	2015-12-01 08:26:00	3.39	17850.0	United Kingdom
4	536365	84029E	RED WOOLLY HOTTIE WHITE HEART.	6	2015-12-01 08:26:00	3.39	17850.0	United Kingdom

图 30-1 部分数据展示

30.4.2 数据处理

在数据处理过程中，需要删除空格和没有发票编号的行，并删除信用交易（发票编号包含 C）。代码如下。

```
df['Description'] = df['Description'].str.strip()
df.dropna(axis=0, subset=['InvoiceNo'], inplace=True)
df['InvoiceNo'] = df['InvoiceNo'].astype('str')
df = df[~df['InvoiceNo'].str.contains('C')]
```

30.4.3 One-Hot 编码

One-Hot 编码是将类别变量转换为机器学习算法易于利用的一种形式的过程。

One-Hot 编码又称为一位有效编码，主要是采用 *N* 位状态寄存器来对 *N* 个状态进行编码，每个状态都有它独立的寄存器位，并且在任意时候只有一位有效。

One-Hot 编码是分类变量作为二进制向量的表示。这首先要求将分类值映射到整数值。然后，每个整数值被表示为二进制向量，除整数的索引之外，其他都是 0，且被标记为 1。

由于数据量较大，先分析法国的销售记录，以便于我们观察。列名为商品名称，每一行为一个订单。代码如下。

```
basket = (df[df['Country'] =="France"]
          .groupby(['InvoiceNo', 'Description'])['Quantity']
          .sum().unstack().reset_index().fillna(0)
          .set_index('InvoiceNo'))

basket.head()
basket.to_excel('basket.xlsx')
```

结果如图 30-2 所示。

Description InvoiceNo	10 COLOUR SPACEBOY PEN	12 COLOURED PARTY BALLOONS	12 EGG HOUSE PAINTED WOOD	12 MESSAGE CARDS WITH ENVELOPES	12 PENCIL SMALL TUBE WOODLAND	12 PENCILS SMALL TUBE RED RETROSPOT	12 PENCILS SMALL TUBE SKULL	12 PENCILS TALL TUBE POSY	12 PENCILS TALL TUBE RED RETROSPOT	12 PENCILS TALL TUBE WOODLAND	...	WRAP VINTAGE PETALS DESIGN	YELL CC RA PAI FASHI
536370	0.0	0.0	0.0	0.0	0.0	0.0	0.0	0.0	0.0	0.0	...	0.0	
536852	0.0	0.0	0.0	0.0	0.0	0.0	0.0	0.0	0.0	0.0	...	0.0	
536974	0.0	0.0	0.0	0.0	0.0	0.0	0.0	0.0	0.0	0.0	...	0.0	
537065	0.0	0.0	0.0	0.0	0.0	0.0	0.0	0.0	0.0	0.0	...	0.0	
537463	0.0	0.0	0.0	0.0	0.0	0.0	0.0	0.0	0.0	0.0	...	0.0	

图 30-2　数据处理

数据中有很多 0，但是我们还需要确保将任何正则转换为 1，而将 0 仍设置为 0。此步骤将完成数据的 One-Hot 编码，并删除 POSTAGE 列。

- 0：此订单未购买列名商品。
- 1：此订单购买了列名商品。

代码如下。

```
def encode_units(x):
    if x <= 0:
        return 0
    if x >= 1:
        return 1
```

```
basket_sets = basket.applymap(encode_units)
basket_sets.drop('POSTAGE', inplace=True, axis=1)

basket_sets.head()
```

结果如图 30-3 所示。

Description	10 COLOUR SPACEBOY PEN	12 COLOURED PARTY BALLOONS	12 EGG HOUSE PAINTED WOOD	MESSAGE CARDS WITH ENVELOPES	12 PENCIL SMALL TUBE WOODLAND	12 PENCILS SMALL TUBE RED RETROSPOT	PENCILS SMALL TUBE SKULL	PENCILS TALL TUBE POSY	12 PENCILS TALL TUBE RED RETROSPOT	12 PENCILS TALL TUBE WOODLAND	...	WRAP VINTAGE PETALS DESIGN	CC RA PAI FASHI
InvoiceNo													
536370	0	0	0	0	0	0	0	0	0	0	...	0	
536852	0	0	0	0	0	0	0	0	0	0	...	0	
536974	0	0	0	0	0	0	0	0	0	0	...	0	
537065	0	0	0	0	0	0	0	0	0	0	...	0	
537463	0	0	0	0	0	0	0	0	0	0	...	0	

5 rows × 1562 columns

图 30-3　One-Hot 编码结果

30.4.4　使用算法包进行关联规则运算

生成支持度至少 7%的频繁项集，代码如下。

```
frequent_itemsets = apriori(basket_sets, min_support=0.07, use_colnames=True)
frequent_itemsets.head()
```

运行结果如图 30-4 所示。

	support	itemsets
0	0.071429	(4 TRADITIONAL SPINNING TOPS)
1	0.096939	(ALARM CLOCK BAKELIKE GREEN)
2	0.102041	(ALARM CLOCK BAKELIKE PINK)
3	0.094388	(ALARM CLOCK BAKELIKE RED)
4	0.081633	(BAKING SET 9 PIECE RETROSPOT)

图 30-4　支持度 7%以上的频繁项集

其中，frequent_itemsets 为频繁项集；support 列为支持度，即项集发生频率/总订单量。产生相应的关联规则，代码如下。

```
rules = association_rules(frequent_itemsets, metric="lift", min_threshold=1)
rules.head()
```

最终关联规则结果如图 30-5 所示。

	antecedents	consequents	antecedent support	consequent support	support	confidence	lift	leverage	conviction
0	(ALARM CLOCK BAKELIKE PINK)	(ALARM CLOCK BAKELIKE GREEN)	0.102041	0.096939	0.073980	0.725000	7.478947	0.064088	3.283859
1	(ALARM CLOCK BAKELIKE GREEN)	(ALARM CLOCK BAKELIKE PINK)	0.096939	0.102041	0.073980	0.763158	7.478947	0.064088	3.791383
2	(ALARM CLOCK BAKELIKE GREEN)	(ALARM CLOCK BAKELIKE RED)	0.096939	0.094388	0.079082	0.815789	8.642959	0.069932	4.916181
3	(ALARM CLOCK BAKELIKE RED)	(ALARM CLOCK BAKELIKE GREEN)	0.094388	0.096939	0.079082	0.837838	8.642959	0.069932	5.568878
4	(ALARM CLOCK BAKELIKE PINK)	(ALARM CLOCK BAKELIKE RED)	0.102041	0.094388	0.073980	0.725000	7.681081	0.064348	3.293135
5	(ALARM CLOCK BAKELIKE RED)	(ALARM CLOCK BAKELIKE PINK)	0.094388	0.102041	0.073980	0.783784	7.681081	0.064348	4.153061

图 30-5　最终关联规则结果

其中，antecedents 为前项集；consequents 为后项集；support 为支持度；confidence 为置信度；lift 为提升度。

30.4.5　结果检视

使用标准的 Pandas code 来过滤数据帧。选取置信度（confidence）大于 0.8 且提升度（lift）大于 6 的规则，按 lift 降序排序。代码如下。

```
rules[ (rules['lift'] >= 6) &
        (rules['confidence'] >= 0.8) ]
```

结果如图 30-6 所示。

	antecedents	consequents	antecedent support	consequent support	support	confidence	lift	leverage	conviction
2	(ALARM CLOCK BAKELIKE GREEN)	(ALARM CLOCK BAKELIKE RED)	0.096939	0.094388	0.079082	0.815789	8.642959	0.069932	4.916181
3	(ALARM CLOCK BAKELIKE RED)	(ALARM CLOCK BAKELIKE GREEN)	0.094388	0.096939	0.079082	0.837838	8.642959	0.069932	5.568878
16	(SET/6 RED SPOTTY PAPER PLATES)	(SET/20 RED RETROSPOT PAPER NAPKINS)	0.127551	0.132653	0.102041	0.800000	6.030769	0.085121	4.336735
18	(SET/6 RED SPOTTY PAPER PLATES)	(SET/6 RED SPOTTY PAPER CUPS)	0.127551	0.137755	0.122449	0.960000	6.968889	0.104878	21.556122
19	(SET/6 RED SPOTTY PAPER CUPS)	(SET/6 RED SPOTTY PAPER PLATES)	0.137755	0.127551	0.122449	0.888889	6.968889	0.104878	7.852041
20	(SET/6 RED SPOTTY PAPER PLATES, SET/20 RED RET...	(SET/6 RED SPOTTY PAPER CUPS)	0.102041	0.137755	0.099490	0.975000	7.077778	0.085433	34.489796
21	(SET/6 RED SPOTTY PAPER PLATES, SET/6 RED SPOT...	(SET/20 RED RETROSPOT PAPER NAPKINS)	0.122449	0.132653	0.099490	0.812500	6.125000	0.083247	4.625850
22	(SET/20 RED RETROSPOT PAPER NAPKINS, SET/6 RED...	(SET/6 RED SPOTTY PAPER PLATES)	0.102041	0.127551	0.099490	0.975000	7.644000	0.086474	34.897959

图 30-6　选取结果

在查看规则时，可以发现似乎绿色闹钟和红色闹钟是一起购买的，红纸杯、餐巾纸和纸板是以总体概率提高的方式一起购买的。

我们可能想要看看有多大的机会可以使用一种产品的受欢迎程度来推动另一种产品的销售。

例如，通过如下代码结果可以看到，我们销售 340 个绿色闹钟，但只有 316 个红色闹钟，所以也许我们可以通过科学的方法来推动红色闹钟的销售。

绿色闹钟代码如下。

```
basket['ALARM CLOCK BAKELIKE GREEN'].sum()
```

结果为：340

红色闹钟代码如下。

```
basket['ALARM CLOCK BAKELIKE RED'].sum()
```

结果为：316

30.4.6　德国流行的组合

代码如下。

```
basket2 = (df[df['Country'] =="Germany"]
           .groupby(['InvoiceNo', 'Description'])['Quantity']
           .sum().unstack().reset_index().fillna(0)
           .set_index('InvoiceNo'))

basket_sets2 = basket2.applymap(encode_units)
basket_sets2.drop('POSTAGE', inplace=True, axis=1)
frequent_itemsets2 = apriori(basket_sets2, min_support=0.05, use_colnames=True)
rules2 = association_rules(frequent_itemsets2, metric="lift", min_threshold=1)

rules2[ (rules2['lift'] >= 4) &
        (rules2['confidence'] >= 0.5) ]
```

结果如图 30-7 所示。

	antecedents	consequents	antecedent support	consequent support	support	confidence	lift	leverage	conviction
1	(PLASTERS IN TIN CIRCUS PARADE)	(PLASTERS IN TIN WOODLAND ANIMALS)	0.115974	0.137856	0.067834	0.584906	4.242887	0.051846	2.076984
7	(PLASTERS IN TIN SPACEBOY)	(PLASTERS IN TIN WOODLAND ANIMALS)	0.107221	0.137856	0.061269	0.571429	4.145125	0.046488	2.011670
10	(RED RETROSPOT CHARLOTTE BAG)	(WOODLAND CHARLOTTE BAG)	0.070022	0.126915	0.059081	0.843750	6.648168	0.050194	5.587746

图 30-7　德国流行的组合

德国人喜欢一起购买 PLASTERS IN TIN SPACEBOY 和 PLASTERS IN TIN WOODLAND ANIMALS。

附录 A 大数据和人工智能实验环境

A.1 大数据实验环境

对于大数据实验而言，一方面，大数据实验环境安装、配置难度大，高校难以为每个学生提供实验集群，实验环境容易被破坏；另一方面，实用型大数据人才培养面临实验内容不成体系、课程教材缺失、考试系统不客观、缺少实训项目以及专业师资不足等问题，实验开展束手束脚。

对此，云创大数据实验平台提供了基于 Docker 容器技术开发的多人在线实验环境。平台预装主流大数据学习软件框架——Hadoop、Spark、Kafka、Storm、Hive、HBase、Zookeeper 等，可快速部署训练环境，支持多人同时在线实验，并配套实验手册、实验代码、实验数据，同步解决大数据实验配置难度大、实验入门难、缺乏实验数据等难题，可用于大数据教学与实践应用。云创大数据实验平台架构与界面如图 A-1 和图 A-2 所示。

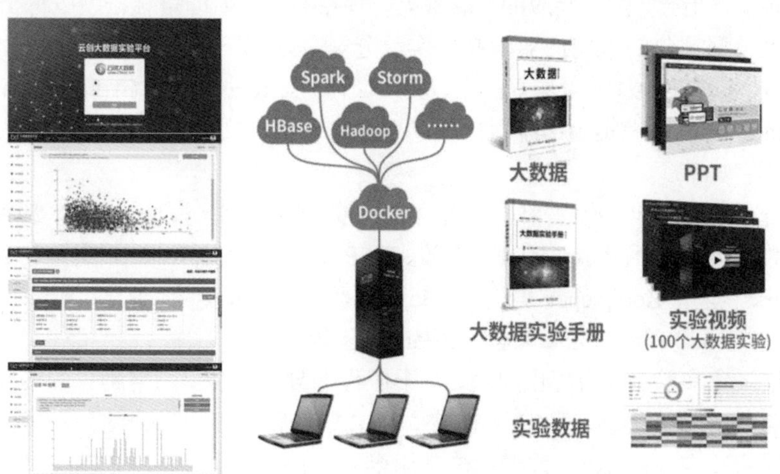

图 A-1　云创大数据实验平台架构

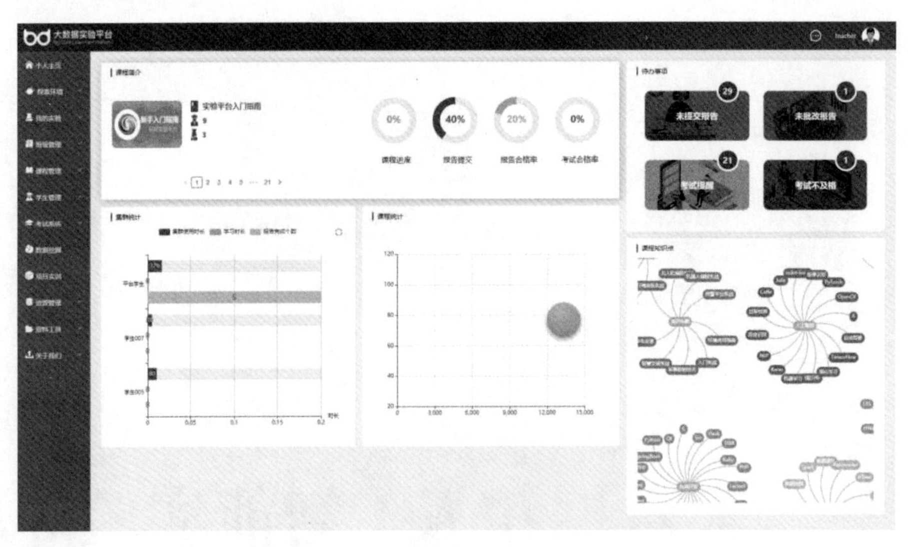

图 A-2 云创大数据实验平台界面

1. 实验环境可靠

云创大数据实验平台采用 Docker 容器技术，通过少量实体服务器资源虚拟出大量的实验服务器环境，可为学生同时提供多套集群进行基础实验训练，包括 Hadoop、Spark、Python 语言、R 语言等相关实验集群，集成了上传数据、指定列表、选择算法、数据展示的数据挖掘及可视化工具。

云创大数据实验平台搭建了一个可供大量学生同时完成各自大数据实验的集成环境。每个实验环境相互隔离、互不干扰，通过重启即可重新拥有一套新集群，可实时监控集群使用量并进行调整，大幅度节省硬件和人员管理成本。

2. 实验内容丰富

目前，云创大数据实验平台拥有 367 个以上大数据实验，涵盖原理验证、综合应用、自主设计及创新等多层次实验内容，每个实验在线提供详细的实验目的、实验内容、实验原理和实验步骤指导，配套相应的实验数据，参照实验手册即可轻松完成每个实验，帮助用户解决大数据实验的入门门槛限制。实验分类具体如下，部分实验如图 A-3 所示。

- Linux 系统实验：常用基本命令、文件操作、sed、awk、文本编辑器 vi、grep 等。
- Python 语言编程实验：流程控制、列表和元组、文件操作、正则表达式、字符串、字典等。
- R 语言编程实验：流程控制、文件操作、数据帧、因子操作、函数、线性回归等。
- 大数据处理技术实验：HDFS 实验、YARN 实验、MapReduce 实验、Hive 实验、Spark 实验、Zookeeper 实验、HBase 实验、Storm 实验、Scala 实验、Kafka 实验、Flume 实验、Flink 实验、Redis 实验等。
- 数据采集实验：网络爬虫原理、基于协程的异步爬虫、网络爬虫的多线程采集、爬取豆瓣电影信息、爬取豆瓣图书 Top250、爬取双色球开奖信息等。
- 数据清洗实验：Excel 数据清洗常用函数、Excel 数据分裂、Excel 快速定位和填充、住房数据清洗、客户签到数据的清洗转换、数据脱敏等。

- ❑ 数据标注实验：标注工具的安装与基础操作、车牌夜晚环境标框标注、车牌日常环境标框标注、不完整车牌标框标注、行人标框标注、物品分类标注等。
- ❑ 数据分析及可视化实验：Jupyter Notebook、Pandas、NumPy、Matplotlib、Scipy、Seaborn、Statsmodel 等。
- ❑ 数据挖掘实验：决策树分类、随机森林分类、朴素贝叶斯分类、支持向量机分类、K-means 聚类等。
- ❑ 金融大数据实验：股票数据分析、时间序列分析、金融风险管理、预测股票走势、中美实时货币转换等。
- ❑ 电商大数据实验：基于基站定位数据的商圈分析、员工离职预测、数据分析、电商产品评论数据情感分析、电商打折套路解析等。
- ❑ 数理统计实验：高级数据管理、基本统计分析、方差分析、功效分析、中级绘图等。

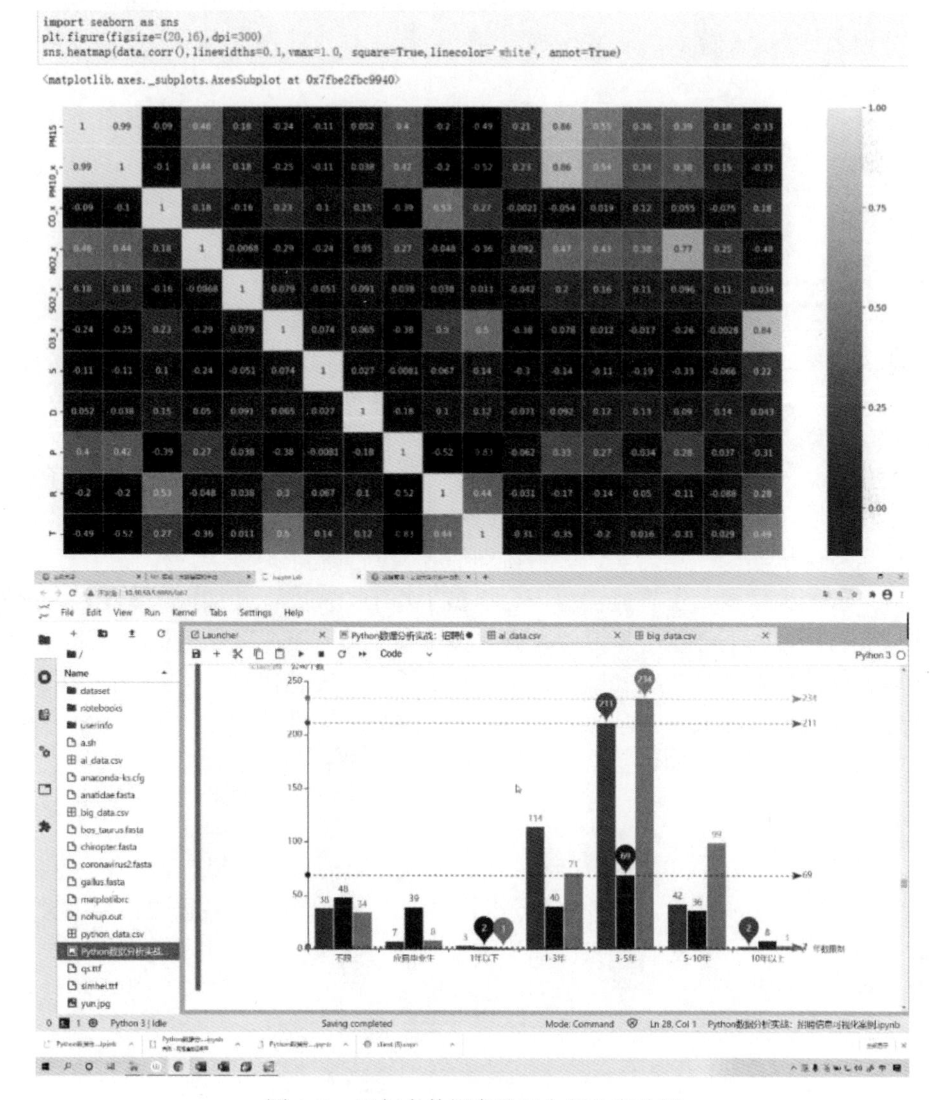

图 A-3　云创大数据实验平台部分实验图

3. 教学相长

- 实时掌握教师角色与学生角色对大数据环境资源的使用情况及运行状态，帮助管理者实现信息管理和资源监控。
- 平台优化了创建环境→实验操作→提交报告→教师打分的实验流程，学生可以在平台上完成实验并提交实验报告，教师可以在线查看每一个学生的实验进度，并对具体实验报告进行批阅。
- 平台具有海量题库、试卷生成、在线考试、辅助评分等应用的考试系统，学生可通过试题库自查与巩固，教师可通过平台在线试卷库考查学生对知识点的掌握情况（其中客观题实现机器评分），使教师完成备课+上课+自我学习，使学生完成上课+考试+自我学习。

4. 一站式应用

- 提供多种多样的科研环境与训练数据资源，包括人脸数据、交通数据、环保数据、传感器数据、图片数据等。实验数据做打包处理，为用户提供便捷、可靠的大数据学习应用。
- 平台提供由清华大学博士、中国大数据应用联盟人工智能专家委员会主任刘鹏教授主编的《大数据》《大数据库》《数据挖掘》等配套教材。
- 提供 OpenVPN、Chrome、Xshell 5、WinSCP 等配套资源下载服务。

A.2 人工智能实验环境

人工智能实验一直难以开展，主要有两方面原因。一方面，实验环境需要提供深度学习计算集群，支持主流深度学习框架，完成实验环境的快速部署，满足深度学习模型训练等教学实践需求，同时也需要支持多人在线实验。另一方面，人工智能实验面临配置难度大、实验入门难、缺乏实验数据等难题，在实验环境、应用教材、实验手册、实验数据、技术支持等多方面亟须支持，以大幅度降低人工智能课程的学习门槛，满足课程设计、课程上机实验、实习实训、科研训练等多方面需求。

对此，云创大数据人工智能实验平台提供了基于 OpenStack 调度 KVM 技术开发的多人在线实验环境。平台基于深度学习计算集群，支持主流深度学习框架，可快速部署训练环境，支持多人同时在线实验，并配套实验手册、实验代码、实验数据，同步解决人工智能实验配置难度大、实验入门难、缺乏实验数据等难题，可用于深度学习模型训练等教学与实践应用。云创大数据人工智能实验平台架构与界面如图 A-4～A-6 所示。

1. 实验环境可靠

- 平台采用 CPU+GPU 混合架构，基于 OpenStack 技术，用户可一键创建运行十分稳定的实验环境，即使服务器断电关机，虚拟机中的数据也不会丢失。
- 同时支持多个人工智能实验在线训练，满足实验室规模使用需求。
- 每个账户默认分配 1 个 VGPU，可以配置一定大小的 VGPU、CPU 和内存，满足人工智能算法模型在训练时对高性能计算的需求。
- 基于 OpenStack 定制化构建管理平台，可实现虚拟机的创建、销毁和管理，用户实验虚拟机相互隔离、互不干扰。

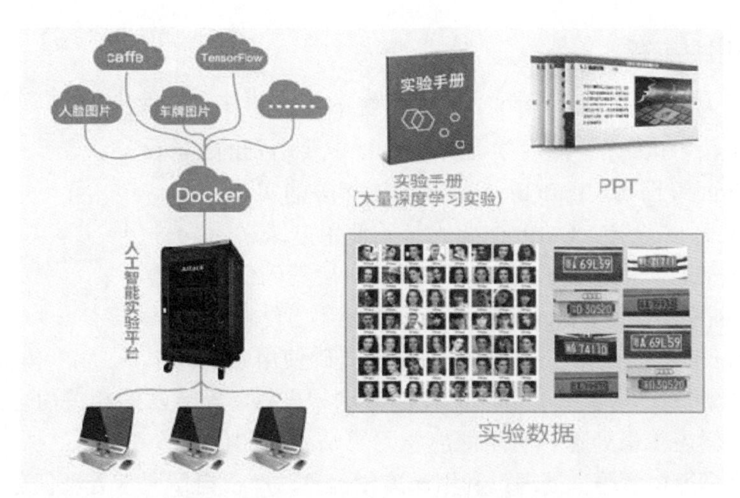

图 A-4　云创大数据人工智能实验平台架构

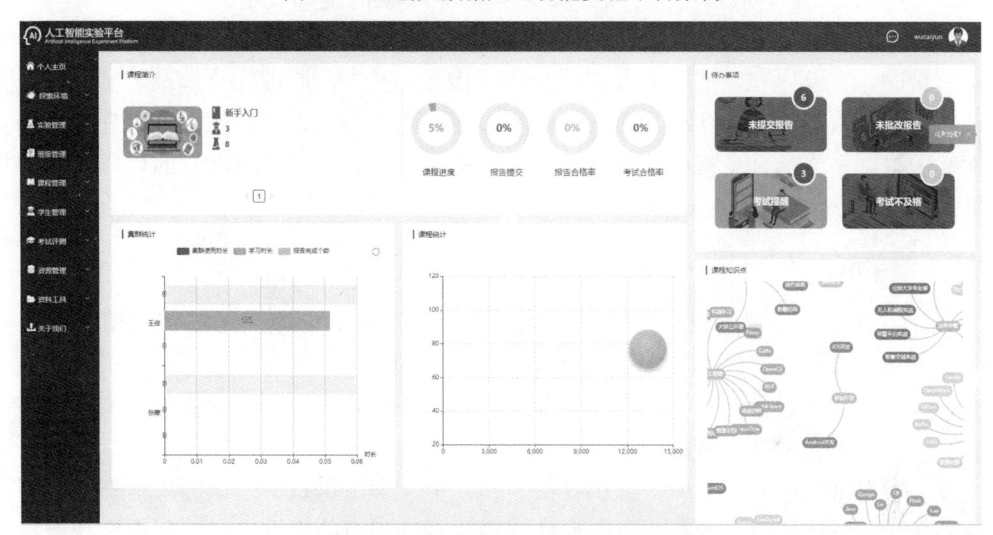

图 A-5　云创大数据人工智能实验平台界面

图 A-6　实验报告

2. 实验内容丰富

目前实验内容主要涵盖了 10 个模块，每个模块的具体内容如下。

- Linux 操作系统：深度学习开发过程中要用到的 Linux 知识。
- Python 编程语言：Python 基础语法相关的实验。
- Caffe 程序设计：Caffe 框架的基础使用方法。
- TensorFlow 程序设计：TensorFlow 框架基础使用案例。
- Keras 程序设计：Keras 框架的基础使用方法。
- PyTorch 程序设计：PyTorch 框架的基础使用方法。
- 机器学习：常用 Python 库的使用方法和机器学习算法的相关内容。
- 深度学习图像处理：利用深度学习算法处理图像任务。
- 深度学习自然语言处理：利用深度学习算法解决自然语言处理任务相关的内容。
- ROS 机器人编程：介绍机器人操作系统 ROS 的基础使用。

目前平台实验总数达到了 144 个，并且还在持续更新中。每个实验都可以呈现详细的实验目的、实验内容、实验原理和实验步骤指导。其中，原理部分涉及数据集、模型原理、代码参数等内容，以帮助用户了解实验需要的基础知识；步骤部分具有详细的实验操作，参照手册执行步骤中的命令，即可快速完成实验。实验所涉及的代码和数据集均可在平台上获取。

3. 教学相长

- 实时监控与掌握教师角色与学生角色对人工智能环境资源的使用情况及运行状态，帮助管理者实现信息管理和资源监控。
- 学生在平台上实验并提交实验报告，教师在线查看每一个学生的实验进度，并对具体实验报告进行批阅。
- 增加试题库与试卷库，提供在线考试功能，学生可以通过试题库自查与巩固，教师可以通过平台在线试卷库考查学生对知识点的掌握情况（其中客观题实现机器评分），使教师完成备课+上课+自我学习，使学生完成上课+考试+自我学习。

4. 一站式应用

- 提供实验代码以及 MNIST、CIFAR-10、ImageNet、CASIA WebFace、Pascal VOC、Sift Flow、COCO 等训练数据集，实验数据做打包处理，为用户提供便捷、可靠的人工智能和深度学习应用。
- 平台提供由清华大学博士、中国大数据应用联盟人工智能专家委员会主任刘鹏教授主编的《深度学习》和《人工智能》等配套教材，内容涉及人脑神经系统与深度学习、深度学习主流模型，以及深度学习在图像、语音、文本中的应用等。
- 提供 OpenVPN、Chrome、Xshell 5、WinSCP 等配套资源下载服务。

5. 软硬件高规格

- 硬件采用 GPU+CPU 混合架构，实现对数据的高性能并行处理。
- CPU 选用英特尔 Xeon Gold 6240R 处理器，搭配英伟达多系列 GPU。

- 最大可提供每秒 176 万亿次的单精度计算能力。
- 预装 CentOS/Ubuntu 操作系统，集成 TensorFlow、Caffe、Keras、PyTorch 等行业主流深度学习框架。

专业技能和项目经验既是学生的核心竞争力，也将成为其求职路上的“强心剂”，而云创大数据实验平台和人工智能实验平台从实验环境、实验手册、实验数据、实验代码、教学支持等多方面为大数据学习提供一站式服务，大幅度降低学习门槛，可满足用户课程设计、课程上机实验、实习实训、科研训练等多方面需求，有助于提升用户的专业技能和实战经验，使其在职场中脱颖而出。

目前，致力于大数据、人工智能与云计算培训和认证的云创智学（http://edu.cstor.cn）平台，已引入云创大数据实验平台和人工智能实验平台环境，为用户提供集数据资源、强大算力和实验指导于一体的在线实训平台，并将数百个工程项目经验凝练成教学内容。在云创智学平台上，用户可以兼顾课程学习、上机实验与考试认证，省时省力，快速学到真本事，成为既懂原理又懂业务的专业人才。